国家级实验教学示范中心联席会
计算机学科组规划教材

鸿蒙应用开发

袁 媛 王洪伟 主编

清华大学出版社
北京

内 容 简 介

本书涵盖了鸿蒙操作系统应用程序开发的核心知识与技能，从基础概念出发，深入浅出地介绍了鸿蒙操作系统的架构、界面设计、数据存储、多媒体处理等方面的内容。本书的独特之处在于，采用实际项目案例，通过手把手的实战指导，让读者能够系统地学习如何构建鸿蒙应用，提高开发实力。

本书主要面向鸿蒙应用程序开发的初学者。无论读者是否具备编程经验，本书将以浅显易懂的方式引导读者进入鸿蒙开发的精彩世界。

版权所有，侵权必究。举报: 010-62782989, beiqinquan@tup.tsinghua.edu.cn。

图书在版编目（CIP）数据

鸿蒙应用开发 / 袁媛，王洪伟主编. -- 北京：清华大学出版社，2025.5.
(国家级实验教学示范中心联席会计算机学科组规划教材).
ISBN 978-7-302-68506-7

Ⅰ. TN929.53

中国国家版本馆 CIP 数据核字第 2025VS7477 号

责任编辑：赵　凯
封面设计：刘　键
责任校对：胡伟民
责任印制：刘海龙

出版发行：清华大学出版社
网　　址：https://www.tup.com.cn, https://www.wqxuetang.com
地　　址：北京清华大学学研大厦 A 座　　邮　编：100084
社 总 机：010-83470000　　邮　购：010-62786544
投稿与读者服务：010-62776969, c-service@tup.tsinghua.edu.cn
质量反馈：010-62772015, zhiliang@tup.tsinghua.edu.cn

印 装 者：大厂回族自治县彩虹印刷有限公司
经　　销：全国新华书店
开　　本：185mm×260mm　　印　张：17　　字　数：428 千字
版　　次：2025 年 5 月第 1 版　　印　次：2025 年 5 月第 1 次印刷
印　　数：1~1500
定　　价：59.00 元

产品编号：105115-01

前　言

欢迎阅读《鸿蒙应用开发》！在当今科技快速发展的时代，鸿蒙操作系统以其全场景、跨设备的特性引起了广泛关注。本书的诞生旨在为开发者提供一本系统且实用的指南，并帮助他们轻松驾驭鸿蒙应用开发的方方面面。

随着鸿蒙生态的逐渐成熟，越来越多的开发者希望深入了解和掌握鸿蒙应用程序的开发技术。然而，由于鸿蒙是相对新兴的操作系统，相关的高质量学习资料相对较少。为弥补这一空白，我们决定撰写本书，为鸿蒙开发者提供一本全面且易于理解的指南。

本书内容简明扼要、通俗易懂，充分考虑读者的不同水平和背景，以项目实战为线索贯穿全书，深入浅出地介绍了鸿蒙操作系统的核心概念和开发技术，同时通过丰富的实例演示，使读者能够迅速上手，快速掌握鸿蒙应用程序开发的要点。

本书的编写得益于团队的合作精神。作者各自擅长鸿蒙开发的不同领域，通过共同努力，将知识整合、梳理，以确保读者能够获得最全面、深入的学习体验。书中每章内容的设计都考虑到了读者的学习路径，以渐进式的方式引导读者逐步深入。

在本书的编写过程中，我们得到了许多人的支持和帮助。特别感谢那些在技术、写作和审阅方面给予我们宝贵建议的同行。感谢鸿蒙开发社区的热情反馈和参与，使本书更加完善。最后，衷心感谢家人和朋友在我们工作期间所给予的理解和支持。

希望本书能够成为您学习鸿蒙应用程序开发的得力助手。在这个共同奋斗的历程中，让我们携手前行，迎接鸿蒙技术的精彩未来！

作　者

2024 年 11 月

目　录

第 1 章　鸿蒙操作系统概述 ……………………………………………………… 1

1.1　HarmonyOS 产生背景 …………………………………………………… 1
1.1.1　HarmonyOS 技术架构 …………………………………………… 1
1.1.2　内核层 …………………………………………………………… 1
1.1.3　系统服务层 ……………………………………………………… 2
1.1.4　应用框架层 ……………………………………………………… 2
1.1.5　应用层 …………………………………………………………… 2
1.1.6　硬件互助，资源共享 …………………………………………… 3
1.1.7　一次开发，多端部署 …………………………………………… 5
1.2　HarmonyOS 开发环境搭建 ……………………………………………… 5
1.3　第一个 HarmonyOS 应用程序 …………………………………………… 9
1.4　本章小结 ………………………………………………………………… 11
1.5　课后习题 ………………………………………………………………… 12

第 2 章　鸿蒙移动应用开发过程 ………………………………………………… 13

2.1　鸿蒙应用程序框架 ……………………………………………………… 13
2.1.1　应用程序包结构 ………………………………………………… 13
2.1.2　ArkTS 工程目录文件 …………………………………………… 14
2.1.3　资源分类与访问 ………………………………………………… 15
2.2　应用程序的调试和运行 ………………………………………………… 16
2.2.1　预览器 …………………………………………………………… 16
2.2.2　模拟器 …………………………………………………………… 16
2.2.3　真机运行 ………………………………………………………… 19
2.3　HiLog 日志打印 ………………………………………………………… 22
2.3.1　日志级别 ………………………………………………………… 22
2.3.2　日志打印实例 …………………………………………………… 22
2.4　端云一体化开发 ………………………………………………………… 24
2.4.1　创建端云一体化开发工程 ……………………………………… 24
2.4.2　创建云函数 ……………………………………………………… 27
2.4.3　部署云函数 ……………………………………………………… 27

2.5 本章小结 ……………………………………………………………………… 28
2.6 课后习题 ……………………………………………………………………… 28

第 3 章 ArkTS 语言快速入门 …………………………………………………… 30

3.1 ArkUI 与 ArkTS 概述 ………………………………………………………… 30
  3.1.1 JS 语言和 TS 语言 ……………………………………………………… 30
  3.1.2 ArkTS ……………………………………………………………………… 31
3.2 TypeScript 基础知识 ………………………………………………………… 33
  3.2.1 数据类型 ………………………………………………………………… 33
  3.2.2 变量声明 ………………………………………………………………… 34
  3.2.3 控制语句 ………………………………………………………………… 35
  3.2.4 函数 ……………………………………………………………………… 37
  3.2.5 类 ………………………………………………………………………… 38
  3.2.6 命名空间和模块 ………………………………………………………… 39
  3.2.7 迭代器 …………………………………………………………………… 40
3.3 使用 ArkTS ……………………………………………………………………… 41
  3.3.1 自定义组件基本结构 …………………………………………………… 42
  3.3.2 页面和自定义组件生命周期 …………………………………………… 46
3.4 其他装饰器 …………………………………………………………………… 48
  3.4.1 @Builder 装饰器：用于自定义构建函数 …………………………… 49
  3.4.2 @BuilderParam 装饰器 ………………………………………………… 50
  3.4.3 @Styles 装饰器 ………………………………………………………… 51
  3.4.4 stateStyles ……………………………………………………………… 52
3.5 状态管理 ……………………………………………………………………… 53
  3.5.1 @State 装饰器 …………………………………………………………… 54
  3.5.2 @Prop 装饰器 …………………………………………………………… 55
  3.5.3 @Link 装饰器 …………………………………………………………… 56
  3.5.4 @Provide 装饰器和@Consume 装饰器 ……………………………… 58
3.6 应用间状态通信 ……………………………………………………………… 59
  3.6.1 LocalStorage：页面级 UI 状态存储 ………………………………… 60
  3.6.2 AppStorage：应用全局的 UI 状态存储 ……………………………… 62
  3.6.3 PersistentStorage：持久化存储 UI 状态 …………………………… 63
  3.6.4 @Watch 装饰器：状态变量更改通知 ………………………………… 64
3.7 渲染控制 ……………………………………………………………………… 66
  3.7.1 if/else：条件渲染 ……………………………………………………… 66
  3.7.2 ForEach：循环渲染 …………………………………………………… 67
  3.7.3 LazyForEach：数据懒加载 …………………………………………… 69
3.8 本章小结 ……………………………………………………………………… 72
3.9 课后习题 ……………………………………………………………………… 72

第4章 应用模型 … 73

- 4.1 Stage 模型开发概述 … 74
- 4.2 应用/组件级配置 … 75
- 4.3 UIAbility 组件概述 … 77
  - 4.3.1 UIAbility 组件启动模式 … 78
  - 4.3.2 UIAbility 组件基本用法 … 81
  - 4.3.3 UIAbility 组件与 UI 的数据同步 … 83
  - 4.3.4 UIAbility 组件间交互（设备内） … 87
- 4.4 应用上下文 Context … 94
- 4.5 信息传递载体 Want … 97
- 4.6 进程模型 … 101
  - 4.6.1 公共事件简介 … 101
  - 4.6.2 公共事件订阅概述 … 102
  - 4.6.3 公共事件发布 … 105
- 4.7 线程模型概述 … 106
  - 4.7.1 使用 Emitter 进行线程间通信 … 107
  - 4.7.2 使用 Worker 进行线程间通信 … 108
- 4.8 代码示例 … 108
  - 4.8.1 StageAbilityDemo … 108
  - 4.8.2 公共事件通知 … 113
- 4.9 本章小结 … 119
- 4.10 课后习题 … 119

第5章 UI 组件 … 120

- 5.1 组件的通用属性 … 120
  - 5.1.1 像素单位 … 120
  - 5.1.2 尺寸设置 … 122
  - 5.1.3 位置设置 … 125
  - 5.1.4 边框设置 … 127
  - 5.1.5 背景设置 … 128
  - 5.1.6 透明度设置 … 130
  - 5.1.7 文本样式设置 … 130
- 5.2 组件的通用事件 … 131
  - 5.2.1 单击事件 … 131
  - 5.2.2 触摸事件 … 133
  - 5.2.3 挂载/卸载事件 … 135
  - 5.2.4 拖曳事件 … 136
  - 5.2.5 焦点事件 … 139

- 5.3 展示组件 ··· 140
  - 5.3.1 Text 组件 ·· 140
  - 5.3.2 Image 组件 ·· 143
  - 5.3.3 TextClock 组件 ··· 145
  - 5.3.4 Navigation 组件 ·· 146
  - 5.3.5 Progress 组件 ··· 149
- 5.4 交互组件 ··· 151
  - 5.4.1 Button 组件 ·· 151
  - 5.4.2 TextArea 和 TextInput 组件 ·· 154
  - 5.4.3 Toggle 组件 ·· 157
  - 5.4.4 Checkbox 和 CheckboxGroup 组件 ·· 160
  - 5.4.5 Search 组件 ··· 162
- 5.5 高级组件 ··· 164
  - 5.5.1 ScrollBar 组件 ·· 165
  - 5.5.2 TimePicker 组件 ·· 166
  - 5.5.3 DatePicker 组件 ·· 167
  - 5.5.4 Web 组件 ··· 169
  - 5.5.5 Video 组件 ··· 170
- 5.6 本章小结 ··· 172
- 5.7 课后习题 ··· 172

第 6 章 容器组件 ··· 174

- 6.1 Row 组件 ·· 174
- 6.2 Column 组件 ·· 177
- 6.3 Stack 组件 ··· 178
- 6.4 List 组件 ··· 180
- 6.5 Scroll 组件 ·· 183
- 6.6 Grid 组件 ·· 185
- 6.7 GridItem 组件 ·· 188
- 6.8 Swiper 组件 ··· 191
- 6.9 Tabs 组件 ·· 194
- 6.10 低代码开发 ··· 196
  - 6.10.1 创建新工程支持低代码开发 ·· 197
  - 6.10.2 低代码开发 Demo 示例 ··· 198
- 6.11 本章小结 ·· 202
- 6.12 课后习题 ·· 202

第 7 章 数据与文件管理 ·· 203

- 7.1 数据管理 ··· 203

7.2 应用数据持久化 ·· 203
    7.2.1 通过用户首选项实现数据持久化 ·· 204
    7.2.2 通过键值型数据库实现数据持久化 ·· 208
    7.2.3 通过关系型数据库实现数据持久化 ·· 218
7.3 文件管理 ·· 226
    7.3.1 应用文件 ·· 226
    7.3.2 用户文件 ·· 229
7.4 本章小结 ·· 236
7.5 课后习题 ·· 236

第 8 章 网络与连接 ·· 237

8.1 HTTP 数据请求 ··· 238
8.2 使用 Axios 第三方库进行网络请求 ·· 240
8.3 本章小结 ·· 249
8.4 课后习题 ·· 249

第 9 章 案例展示 ·· 250

9.1 动画开发中的弹性效果实现 ··· 250
9.2 Game 2048 ·· 252
9.3 本章小结 ·· 255
9.4 课后习题 ·· 256

第 10 章 HarmonyOS 应用/服务发布 ··· 257

10.1 发布流程 ··· 257
10.2 生成密钥和证书请求文件 ··· 257
10.3 申请发布证书 ··· 258
10.4 申请发布 Profile ··· 259
10.5 配置签名信息 ··· 260
10.6 编译打包 ··· 260
10.7 上架 HarmonyOS 应用/元服务 ··· 261
10.8 本章小结 ··· 261
10.9 课后习题 ··· 261

参考文献 ··· 262

第1章

鸿蒙操作系统概述

华为鸿蒙操作系统（HUAWEI HarmonyOS）是华为公司在 2019 年 8 月 9 日于东莞举行的华为开发者大会（HDC.2019）上正式发布的操作系统，当时引起了极大的轰动。2020 年 9 月，华为公司在开发者大会上宣布将鸿蒙操作系统升级至 HarmonyOS 2.0 版本。至此，鸿蒙操作系统正式走进了大众的视野。

HarmonyOS 是一款面向未来的全场景分布式智慧操作系统，作为一款全新的操作系统，HarmonyOS 具有许多针对当前和未来使用场景的优秀特性。本章以 HarmonyOS 的诞生背景为起点，带领读者了解鸿蒙操作系统中的诸多特性，并搭建鸿蒙应用程序的开发环境。

1.1 HarmonyOS 产生背景

相较于鸿蒙操作系统的突然问世，华为公司对于鸿蒙的布局其实要追溯到 2012 年，在这八年当中，5G 迅猛发展，物联网时代来临，人工智能的兴起以及数字化新时代的到来，无疑都对操作系统提出了新的要求。华为公司多年前开始的布局也让华为公司在这一轮互联网的发展当中找到了 HarmonyOS 的定位与目标。

1.1.1 HarmonyOS 技术架构

HarmonyOS 采用了分层设计方案，自下而上依次划分为内核层、系统服务层、应用框架层和应用层。系统功能按照"系统>子系统>功能/模块"逐级展开，在多设备部署场景下，可以根据实际需求裁剪不需要的子系统或功能。HarmonyOS 技术架构如图 1-1 所示。

1.1.2 内核层

内核子系统：HarmonyOS 的多内核设计支持对不同设备选用适合的 OS 内核。内核抽象层（Kernel Abstract Layer，KAL）屏蔽了多内核的差异，向上提供基础的内核能力，包括进程/线程管理、内存管理、文件系统、网络管理和 I/O 管理等。

驱动子系统：HarmonyOS 驱动框架是 HarmonyOS 硬件生态开放的基础，提供统一外设访问能力和驱动开发、管理框架。

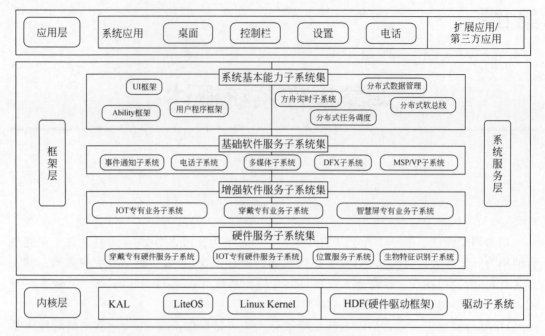

图 1-1　HarmonyOS 技术架构

1.1.3　系统服务层

系统服务层作为 HarmonyOS 的核心能力集合，通过框架层对程序提供服务，在实际的部署环境中，根据具体情况可以按照子系统粒度裁剪，每个子系统内部又可以按照功能粒度裁剪。

系统基本能力子系统集：为分布式应用在 HarmonyOS 多设备上的运行、调度、迁移等操作提供了相当丰富的功能模块，例如方舟多语言运行时、分布式软总线、分布式数据管理和任务调度等。

基础软件服务子系统集：为 HarmonyOS 提供了公共的软件服务，如事件通知、电话、多媒体等子系统。

增强软件服务子系统集：增强软件服务子系统负责为不同的穿戴设备提供差异化的软件服务，由智慧屏专有业务、穿戴专有业务、IoT 专有业务子系统组成。

硬件服务子系统集：为 HarmonyOS 提供硬件服务，例如位置服务、生物特征识别、穿戴专有硬件服务等。

1.1.4　应用框架层

应用框架层为 HarmonyOS 的应用程序提供了 Java/C/C++/JS 等多语言的用户程序框架和 Ability 框架，以及各种软硬件服务对外开放的多语言框架 API；同时采用 HarmonyOS 的设备提供了 C/C++/JS 等多语言的框架 API，不同设备支持的 API 与系统的组件化裁剪程度相关。

1.1.5　应用层

应用层包括系统应用和第三方非系统应用。本书将基于 HarmonyOS API9 进行讲解，旨在使读者能快速学习到最新的 HarmonyOS 应用开发方法。HarmonyOS API 9 新增 Stage 开发模型,是目前主推且会长期演进的模型。在该模型中,由于提供了 AbilityStage、WindowStage 等类作为应用组件和 Window 窗口的"舞台",因此称这种应用模型为 Stage 模型。API9 中仍支持先前版本中的 FA 开发模型,但本书将基于 Stage 模型进行讲解,请读者注意,如发现与本书内容不一致时,请将 IDE 和 SDK 更新为最新版本。基于 Stage/FA 模型开发的应用,能够实现特定的业务功能,支持跨设备调度与分发,为用户提供一致、高效的应用体验。

1.1.6 硬件互助,资源共享

HarmonyOS 能够在多种设备之间实现硬件互助、资源共享,依赖的关键技术包括分布式软总线、分布式设备虚拟化、分布式数据管理、分布式任务调度等。

分布式软总线:分布式软总线是多种终端设备的统一基座,为设备之间的互联互通提供了统一的分布式通信能力,实现设备间的快速连接和信息的高效传输。分布式软总线示意图见图 1-2。

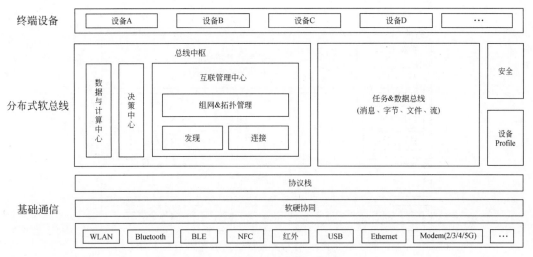

图 1-2 分布式软总线示意图

分布式设备虚拟化:分布式设备虚拟化平台可以对不同设备实现资源融合,统一进行设备管理和数据处理,充分发挥不同设备的硬件优势,使得业务在不同设备之间流转,让多个设备共同形成一个超级虚拟终端。例如,在视频通话时,手机与智慧屏连接,可以将智慧屏的屏幕与印象虚拟化为本地资源,替代手机自身的屏幕、摄像头、听筒和扬声器。分布式设备虚拟化示意图见图 1-3。

分布式数据管理:数据的分布式管理是基于分布式软总线的,分布式数据管理可以让用户的数据不再与单一物理设备绑定,数据处理可以在不同的设备上进行。例如,将手机上的文档投屏到智慧屏,在智慧屏上进行的操作可以在手机上同步显示。分布式数据管理示意图见图 1-4。

分布式任务调度:分布式任务调度是基于分布式软总线、分布式任务数据管理、分布式 Profile 等技术构建的分布式服务管理机制,支持对跨设备的应用进行远程启动、远程调用、远程连接以及迁移等操作。分布式任务调度示意图见图 1-5。

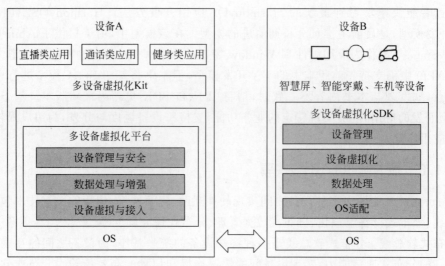

图 1-3　分布式设备虚拟化示意图

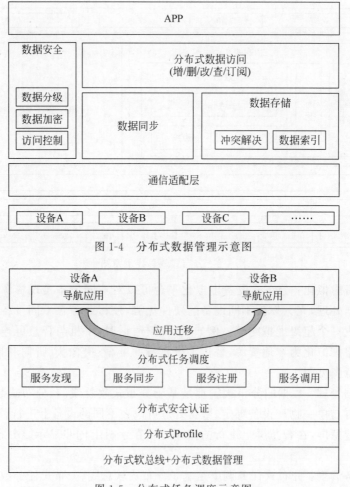

图 1-4　分布式数据管理示意图

图 1-5　分布式任务调度示意图

分布式连接能力：分布式连接能力提供了智能终端底层和应用层的连接能力，通过USB 接口共享终端部分硬件资源和软件能力。分布式连接示意图见图 1-6。

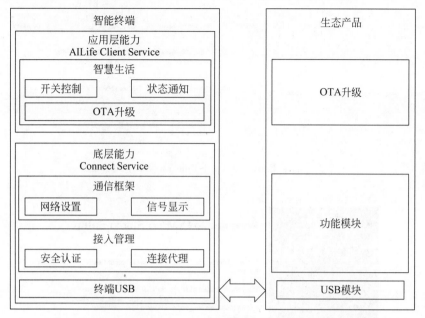

图 1-6　分布式连接能力示意图

1.1.7　一次开发，多端部署

HarmonyOS 提供了用户程序框架、Ability 框架以及 UI 框架，开发过程中对不同终端的页面逻辑和业务逻辑代码复用率较高，实现了一次开发、多端部署，提升了跨设备应用的开发效率。此外，HarmonyOS 也支持多种终端设备按需弹性部署，能够适配不同类别的硬件资源和功能需求。

1.2　HarmonyOS 开发环境搭建

HarmonyOS 的集成开发环境 DevEco Studio 是基于 IntelliJ IDEA Community 开源版本深度定制开发的，这也使得 DevEco Studio 使用起来与 IntelliJ IDEA 十分相似，使开发者可以快速上手。DevEco Studio 是跨平台的，目前支持 mac OS 和 Windows 操作系统，读者可以在产品官网上下载对应的版本为了兼容本书示例，请读者下载最新版本的 DevEco Studio。

进入官网后单击立即下载即可跳转到 DevEco Studio 3.1 Release 版本的下载界面，读者可以根据所使用的操作系统选择对应的版本进行下载，版本下载界面见图 1-7。

在本书中以 Windows 操作系统安装进行演示。下载对应版本完成后将对应的文件解压缩，可以在对应的文件夹中找到 DevEco Studio 的安装程序，双击运行后可以看到界面，如图 1-8 所示。

DevEco Studio 的安装过程跟随安装程序的指引进行安装即可，需要注意的是图 1-9 中对于安装选项的勾选，这里根据读者的需求进行勾选，选项的内容分别是创建桌面快捷方式、添加环境变量和添加到右键菜单。安装完成的界面如图 1-10 所示，单击 Finish 按钮即可完成对 DevEco Studio 3.1 的安装。

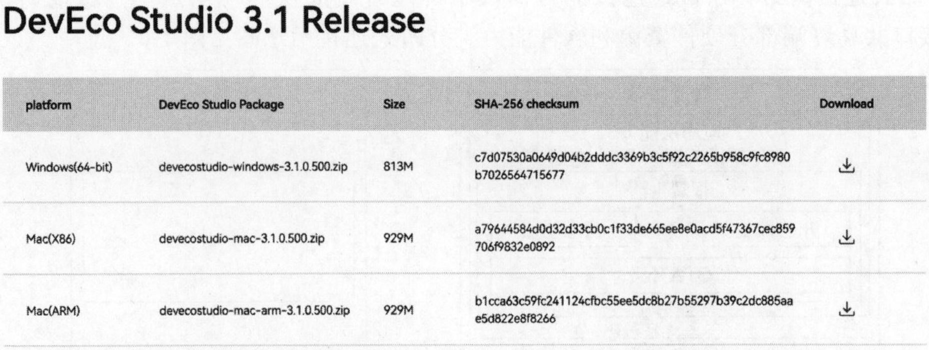

图 1-7　DevEco Studio 3.1 Release 版本下载界面

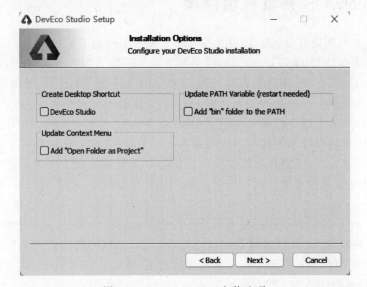

图 1-8　DevEco Studio 安装界面

图 1-9　DevEco Studio 安装选项

图 1-10　DevEco Studio 安装完成界面

经过以上步骤，初步完成了 DevEco Studio 的安装，第一次运行时会弹出弹框显示是否要导入相应的设置，导入则需要选择配置对应的目录，首次安装没有对应的配置，则勾选不配置，单击 OK 继续进行，上述过程示意图见图 1-11。

完成安装后，初次打开 IDE，软件会自动检测依赖包 Node.js 和 Ohpm 路径，用户如果已经在设备上安装过相关依赖包，IDE 会自动选择，当用户设备安装有多个依赖包时，用户可自行选择路径。用户也可选择 Install 从华为公司官方镜像中下载。相关依赖包安装选项如图 1-12 所示。

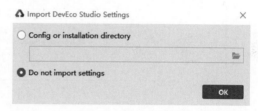

图 1-11　导入配置示意图

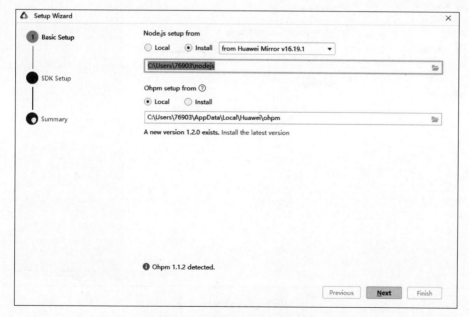

图 1-12　相关依赖包安装选项

安装完成后下一步进入 SDK 安装窗口,见图 1-13,安装时可以修改 SDK 安装目录,然后单击 Next 进入下一步。需要注意的是,安装路径中尽量不要出现中文。

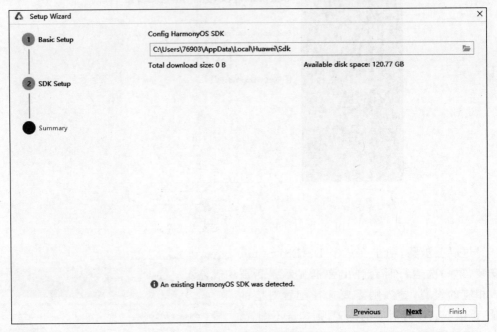

图 1-13　SDK 安装

当完成 SDK 安装,单击 Next 按钮后,进入最后的 Summary 页面,在此可以看到各个依赖环境的安装地址,如图 1-14 所示,如果读者想要修改路径,在此页面还可以返回先前的安装选项重新选择,确认无误后,选择 Next,相关环境就会开始下载安装到用户系统上。

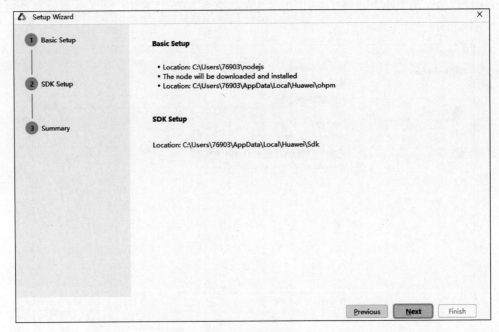

图 1-14　确认界面

下载完成后单击 Finish 按钮即可进入 DevEco Studio 的欢迎界面，见图 1-15。

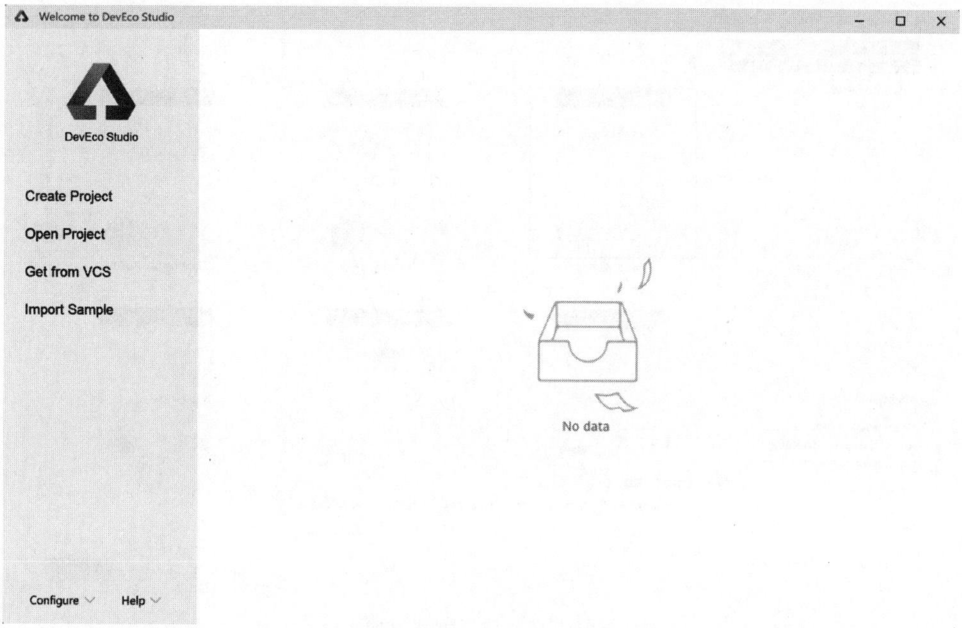

图 1-15　DevEco Studio 欢迎界面

1.3　第一个 HarmonyOS 应用程序

1.2 节中展示了 HarmonyOS 开发环境的搭建流程，本节将带领读者创建一个全新的 HarmonyOS 工程。

首先，打开 DevEco Studio 应用程序来到主界面。单击 Create Project 按钮创建一个新的工程，会显示出一个新的页签让用户选择 Ability 模板，如图 1-16 所示，可以根据该页面的向导轻松地创建适用于各类设备的工程。Empty Ability 是用于设备的 Feature Ability 模板；Native C++ 模板是用于手机、车载电脑的 Feature 模板；Iite Empty Ability 是用于轻量化设备的 Feature Ability 模板。上述模板都搭载了一个类似于 "Hello World" 的功能展示。

选择 Empty Ability 进行创建后会进入工程配置界面，可以在该界面中配置基本信息，如图 1-17 所示。

该界面中包含了一些工程的基本信息，以下对这些信息做出解释。

(1) Project name：工程名称，可以自定义，应由大小写字母、数字和下画线组成。

(2) Project type：工程类型，标识工程是传统方式需要安装的应用，或原子化服务。应用程序类型的工程可以在虚拟机屏幕上看到其应用图标。

(3) Bundle name：软件包名称，默认情况下，应用/服务 ID 也会使用该名称，应用/服务发布时，应用/服务 ID 需要唯一。如果 "Project type" 选择了 Atomic service，则 Bundle name 的扩展名必须是 hmservice。

(4) Save location：工程文件的本地存储路径。

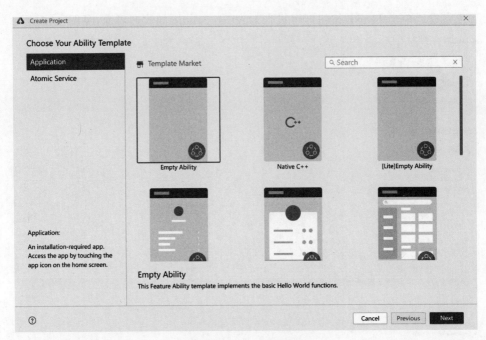

图 1-16　项目创建界面

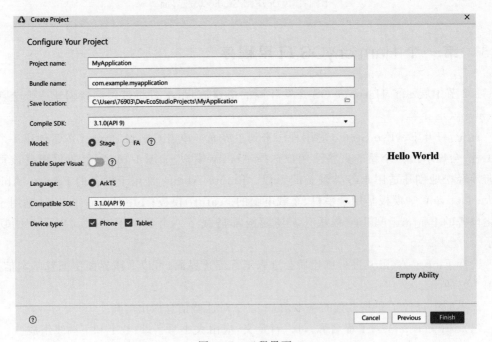

图 1-17　工程界面

（5）Compile SDK：应用/服务的目标 API 版本，在编译构建时，DevEco Studio 会根据指定的 Compile API 版本进行编译打包。在这里选择 API 版本 9。

（6）Model：应用支持的模式，本书选择 Stage 模式进行讲解，请读者选择相同模式。

（7）Enable Super Visual：低代码开发模式，在这里选择关闭。

（8）Language：进行开发语言的选择，选择 ArkTS。

（9）Compatible SDK：兼容的最低 API 版本。

（10）Device type：该工程模板支持的设备类型。

工程配置需要根据实际使用情况去配置，本书选择最新的 API 9，并基于 ArkTS 语言完成整个 HarmonyOS App 的构建，后续章节将对 TS 语言和 ArkTS 语言展开介绍。选择对应的配置后，单击 Finish 按钮，工具会自动生成实例代码和相关资源，项目即可创建完成。创建完成的工程界面见图 1-18。

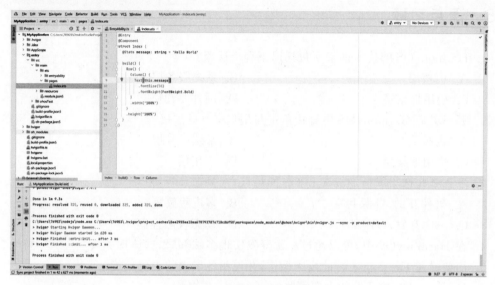

图 1-18　创建完成的工程界面

项目创建完成后生成的示例代码在真机上运行后将出现如图 1-19 所示效果。关于真机运行的步骤和流程将在第 2 章具体展示。

图 1-19　运行结果演示

1.4　本章小结

本章从 HarmonyOS 的产生背景出发，系统地介绍了鸿蒙操作系统的架构和技术特性。随后，搭建了 HarmonyOS 的开发环境，并完成了首个鸿蒙应用程序的创建和运行。本章的内容主要是为了后续开发学习做准备。此外，HarmonyOS 的特性较多且较为出众，但读者倘若仅从文字层面去理解这些特性往往只能一知半解，若要融会贯通则需要在实际应用中去体验。希望在后续章节的学习过程中，读者能逐步解开心中的疑惑，对 HarmonyOS 的开发有更加深入的理解，读者可从以下地址获取本书接下来的内容中的重要代码示例 https://gitee.com/voooooid/harmony-osexample.git。

1.5 课后习题

1. HarmonyOS 的技术框架不包括以下哪个层级？（　　）
   A. 内核层　　　　　　　　　　B. 系统服务层
   C. 应用框架层　　　　　　　　D. 硬件驱动层
2. 哪一层是 HarmonyOS 中直接负责与用户交互的层级？（　　）
   A. 内核层　　　　　　　　　　B. 系统服务层
   C. 应用框架层　　　　　　　　D. 应用层
3. 下列哪些选项算是 HarmonyOS 的特点？（多选）（　　）
   A. 硬件互助，资源共享　　　　B. 多进程管理
   C. 一次开发，多端部署　　　　D. 动态权限控制
4. 在 HarmonyOS 中，可以通过一次开发实现多端部署，这体现了其_____特性。
5. 简要描述 HarmonyOS 的技术架构，并说明各层次的主要功能。
6. HarmonyOS 的开发特点有哪些？

第2章

鸿蒙移动应用开发过程

本章将以第1章结尾处 HarmonyOS 项目创建完成后的示例工程为例,对整个鸿蒙应用程序的目录结构展开介绍,并详细介绍预览器、模拟器、真机等运行和调试手段,目的在于帮助读者快速上手 DevEco Studio 这一开发工具,后续的开发工作将主要围绕 DevEco Studio 这一集成开发环境展开。

2.1 鸿蒙应用程序框架

用户应用程序泛指运行在设备的操作系统之上,为用户提供特定服务的程序,简称"应用"。在 HarmonyOS 上运行的应用,分为传统方式的需要用户自行安装的应用和提供特定功能免安装的应用(原子化服务)。关于应用形态的选择,可以在工程创建界面中的 Project Type 选项下进行选择。

2.1.1 应用程序包结构

HarmonyOS 的用户应用程序包以(应用程序包,application package,App Pack)形式发布,它是由一个或多个鸿蒙系统包(HarmonyOS Ability Package,HAP)以及描述每个 HAP 属性的 pack.info 组成。HAP 是 Ability 的部署包,HarmonyOS 应用代码围绕 Ability 组件展开。一个 HAP 是由代码、资源、第三方库及应用配置文件组成的模块包,可分为 Entry 和 Feature 两种模块类型,如图 2-1 所示。

Entry 类型的 HAP:是应用的主模块,在 module.json5 配置文件中的 type 标签配置为"entry"类型。在同一个应用中,同一设备类型只支持一个 Entry 类型的 HAP,通常用于实现应用的入口界面、入口图标、主特性功能等。

Feature 类型的 HAP:是应用的动态特性模块,在 module.json5 配置文件中的 type 标签配置为"feature"

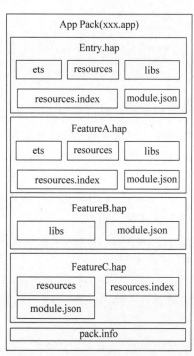

图 2-1 应用程序包结构(Stage 模型)

类型。一个应用程序包可以包含一个或多个 Feature 类型的 HAP，也可以不包含；Feature 类型的 HAP 通常用于实现应用的特性功能，可以配置成按需下载安装，也可以配置成与 Entry 类型的 HAP 一起下载安装。

每个 HarmonyOS 应用可以包含多个 hap 文件，一个应用中的 hap 文件合在一起称为一个 Bundle，而 bundleName 就是应用的唯一标识（请参见 app.json5 配置文件中的 bundleName 标签）。需要特别说明的是：在应用上架到应用市场时，需要把应用包含的所有 hap 文件（即 Bundle）打包为一个 app 后缀的文件用于上架，这个 app 文件称为 App Pack（Application Package），其中同时包含了描述 App Pack 属性的 pack.info 文件；在云端（服务器）分发和终端设备安装时，都是以 HAP 为单位进行的。

2.1.2 ArkTS 工程目录文件

接下来回到第 1 章创建的首个鸿蒙应用程序，在工程创建完成后，工程左侧可以看到该工程文件的目录，本小节将以该工程为例，介绍工程项目目录中的各个文件。工程项目目录见图 2-2。

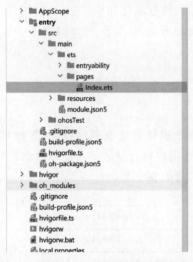

图 2-2 工程项目目录

后续的项目工程将主要围绕 entry 目录结构下的文件展开，因此，本小节将主要对 entry 下的目录结构展开介绍。该 entry 目录即一个名为 entry 的 Entry.hap 模块，与 2.1.1 节 App Pack 中的 Entry.hap 相对应。

src 作为根目录，大部分开发过程中需要接触的文件都被保存在该目录下，主要包括配置文件、构建 Ability 的源代码、资源文件 resources 和支持 HarmonyOS 测试框架的 ohosTest 文件。

src/main 目录下的 module.json 文件保存了 Module 的基本配置信息，例如 Module 名称、类型、描述、支持的设备类型等基本信息和应用组件信息，包含 UIAbility 组件和 ExtensionAbility 组件的描述信息以及应用运行过程中所需的权限信息。同时，在 module.json 中配置 distributionFilter 标签，该标签下的子标签均为可选字段，在应用市场云端分发时做精准匹配使用。distributionFilter 标签用于定义 HAP 对应的细分设备规格的分发策略，以便在应用市场进行云端分发应用包时做精准匹配。

src/main/ets 目录用于存放该项目的 ArkTS 源代码，对于不同类型 Ability 的构建将主要在该目录下展开。

src/main/resources 目录主要用于存放项目开发中可能运用到的各种资源，如图形、多媒体、字符串等。

src/main/resources/base/profile/main_pages.json 文件用于配置 pages，新添加的页面需要在此文件中注册，当右击文件，选择 page 选项时，系统会自动在此文件中进行页面注册。

src/ohosTest 目录中存放的文件用于支持 HarmonyOS 的测试框架，分别包含 HarmonyOS Test 和 HarmonyOS JUnit 测试能力。以上两种形式的测试用例被存放在 ohosTest 目录下。

src 目录之外的 build-profile.json5 和 hvigorfile.js 分别是模块级配置文件和模块级编译构建脚本，package.json 文件则是模块级依赖配置文件，以上三个文件与应用/服务的编译构建相关，一般情况下不需要开发者进行手动设置。oh_modules 文件夹是安装 node 后用来存放包管理工具下载安装的包的文件夹，在 npm install 执行完毕（新项目工程文件创建后 DevEco Studio 会自动执行）后，可以在 oh_modules 文件夹中看到所有依赖的包。

2.1.3 资源分类与访问

应用开发过程中，经常需要用到颜色、字体、间距、图片等资源，在不同的设备或配置中，这些资源的值可能不同。

应用资源：借助资源文件能力，开发者在应用中自定义资源，自行管理这些资源在不同的设备或配置中的表现。

系统资源：开发者直接使用系统预置的资源定义（即分层参数，同一资源 ID 在设备类型、深浅色等不同配置下有不同的取值）。

1. resources 目录

应用开发中使用的各类资源文件，需要放入特定子目录中存储管理。resources 目录包括三大类目录：一类为 base 目录，另一类为限定词目录，还有一类为 rawfile 目录。stage 模型多工程情况下共有的资源文件放到 AppScope 下的 resources 目录。

base 目录默认存在，而限定词目录需要开发者自行创建。应用使用某资源时，系统会根据当前设备状态优先从相匹配的限定词目录中寻找该资源。只有当 resources 目录中没有与设备状态匹配的限定词目录，或者在限定词目录中找不到该资源时，才会去 base 目录中查找。rawfile 是原始文件目录，不会根据设备状态去匹配不同的资源。

2. 访问应用资源

在工程中，通过"$r('app.type.name')"的形式引用应用资源。app 代表应用内 resources 目录中定义的资源；type 代表资源类型（或资源的存放位置），可以取"color" "float" "string" "plural" "media"；name 代表资源命名，由开发者定义资源时确定。

引用 rawfile 下载资源时使用"$rawfile('filename')"的形式，filename 需要设置为 rawfile 目录下的文件相对路径，文件名需要包含后缀，路径开头不可以"/"开头。

在 xxx.ets 文件中，可以使用在 resources 目录中定义的资源。资源分类中资源组目录下的"资源文件示例"显示了.json 文件内容，包含 color.json、float.json、string.json 和 plural.json 文件。应用资源的具体使用方法如下：

```
1.      Text($r('app.string.string_hello'))
2.        .fontColor($r('app.color.color_hello'))
3.        .fontSize($r('app.float.font_hello'))
4.
5.      Text($r('app.string.string_world'))
6.        .fontColor($r('app.color.color_world'))
7.        .fontSize($r('app.float.font_world'))
8.
9.      // 引用 string.json 资源。Text 中 $r 的第一个参数指定 string 资源，第二个参数用于替
         //换 string.json 文件中的 %s
10.     //如下示例代码 value 为"We will arrive at five of the clock"。
```

```
11.     Text( $ r('app.string.message_arrive', "five of the clock"))
12.       .fontColor( $ r('app.color.color_hello'))
13.       .fontSize( $ r('app.float.font_hello'))
14.
15.     // 引用 plural $ 资源.Text 中 $ r 的第一个参数用于指定 plural 资源,第二个参数用于指
        //复数定单(在中文中,单复数均使用 other.在英文中,one:代表单数,取值为 1;other:代表
        //复数,取值为大于或等于 1 的整数),第三个参数用于替换 % d
16.     // 如下示例代码为复数,value 为"5 apples"
17.     Text( $ r('app.plural.eat_apple', 5, 5))
18.       .fontColor( $ r('app.color.color_world'))
19.       .fontSize( $ r('app.float.font_world'))
20.
21.     Image( $ r('app.media.my_background_image'))    // media 资源的 $ r 引用
22.
23.     Image( $ rawfile('test.png'))                   // rawfile $ r 引用 rawfile 目录下图片
24.
25.     Image( $ rawfile('newDir/newTest.png'))         // rawfile $ r 引用 rawfile 目录下图片
```

2.2 应用程序的调试和运行

在 HarmonyOS 应用/服务开发过程中,DevEco Studio 为开发者提供了 UI 界面预览功能以及模拟器和真机调试的功能。预览器可以查看布局代码的实时预览,只要将开发的源代码进行保存,就可以通过预览器实时查看应用/服务运行效果,方便开发者随时调整代码。DevEco Studio 也提供了模拟器供开发者运行和调试 HarmonyOS 应用/服务,开发者可以选择创建本地或远程模拟器来进行应用的运行和调试。虽然 DevEco Studio 已经提供了模拟器作为开发者调试应用的手段,但开发者开发应用最终是要搭载在真实设备上的,因此,DevEco Studio 提供了相应的真机调试手段,分为真机调试和远程真机调试。

接下来,仍然以第 1 章创建的项目文件为例,展示项目创建完成时的初始代码通过不同方式展现出的运行效果。读者可以根据实际情况,选择适合的运行/调试方式。

2.2.1 预览器

预览器支持 JS 和 ArkTS 应用/服务"实时预览"和"动态预览"。预览器对"实时预览"和"动态预览"的支持使得开发者只要在代码中为组件添加 Preview 装饰器就可以在装饰器中实时看到页面变化,在单个源文件中,最多可以使用@Preview 装饰 10 个自定义组件。此外,开发者可以在预览器中对应用进行交互操作,如单击、跳转、滑动等,这部分的体验将与应用在真机设备上的交互体验一致。通过本章创建的工程打开预览器的示意图见图 2-3。

若将示例代码中的 message 字符串的值更改为"Hello HarmonyOS"并保存该代码,预览器的内容也会随代码的更改而变动,变动后的效果见图 2-4。预览器的动态功能在进行UI 设计时十分便利,开发者不用一遍一遍地运行程序,就可以实时观察到代码变动引起的UI 变化;但是预览器展现的 UI 样式并不是整个代码在真机上运行的最终形式,正式运行的效果会与预览器的预览效果有一些区别,并且预览器不支持应用的调试功能。

2.2.2 模拟器

模拟器是 DevEco Studio 提供的另一种运行/调试的手段,模拟器模拟开发者创建的应

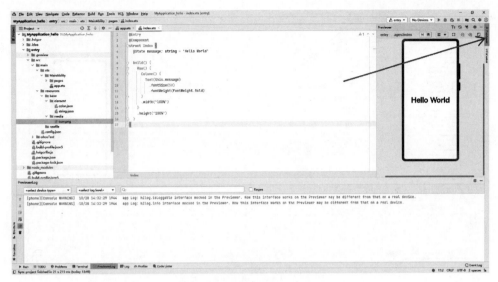

图 2-3　预览器运行示意图

图 2-4　预览器的动态预览

用程序在真机上运行的过程，开发者可以利用模拟器进行应用的运行和调试。DevEco Studio 提供了远程和本地模拟器两种方式，虽然本地模拟器相较于远程模拟器没有网络数据的交换，运行表现更为流畅和稳定，但是本地模拟器会在运行期间需要占用过多的计算机磁盘资源。所以，接下来将着重介绍远程模拟器的具体使用方式。

通过菜单栏下的 Tools > Device Manager 可以打开设备管理界面，在该界面中的 Remote Emulator 目录下需要单击 Sign in，在浏览器中弹出华为开发者联盟账号登录界面，需要输入已实名认证的华为开发者联盟账号的用户名和密码进行登录。Device Manager 导航和 Device Manager 界面分别如图 2-5 和图 2-6 所示。

在网页端完成账号登录后会弹出授权窗口，单击"允许"按钮完成授权后手动切换回 Device Manager 界面，可以在 Device Manager 界面查看到整个可供使用的远程设备列表，见图 2-7。

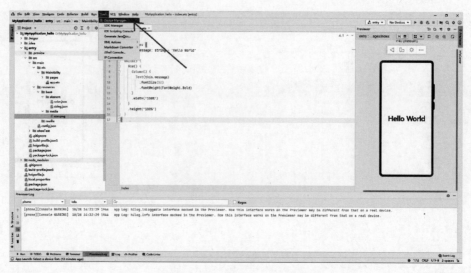

图 2-5　Devcie Manager 导航

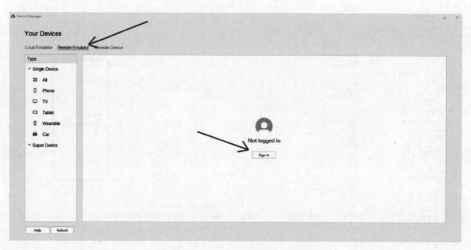

图 2-6　Device Manager 界面

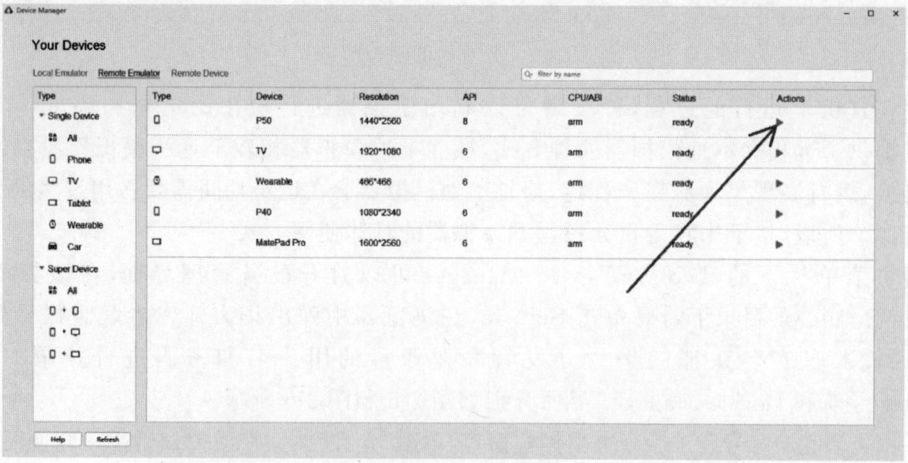

图 2-7　Device Manager 远程模拟器设备列表

在远程虚拟设备列表中,使用远程虚拟设备时需要使用与创建项目时相同的 API 版本号,可以看到目前支持 API8 的设备只有 P50,因此选择 P50 作为远程虚拟设备开始应用程序的运行。单击设备运行按钮,远程模拟器即可开始运行,单击 DevEco Studio 的 Run>"模块的名称",DevEco Studio 会启动应用的编译构建,构建完成后会运行在远程模拟器上。以第 1 章创建工程时的示例代码为例,该示例代码在远程模拟器上的具体运行效果见图 2-8。

图 2-8　模拟器运行效果

2.2.3　真机运行

真机设备分为本地物理真机和远程真机,都需要对应用或原子化服务进行签名才能运行。相比远程模拟器,远程真机是部署在云端的真机设备资源,远程真机的界面渲染和操作体验更加流畅,同时也可以更好地验证应用/服务在真机设备上的运行效果,比如性能、手机网络环境等。

对 HAP 进行签名可以借助 DevEco Studio 为开发者提供的自动化签名方案,签名完成后再设置需要调试的代码类型和完成 HAP 包安装方式的设置,完成如图 2-9 所示的整个前置流程之后,即可在真机上运行应用或服务,接下来对开始真机运行前的签名步骤做出运行说明。

进入 File > Project > Structure > Project > Sign-ing Configs 界面,勾选"Automatically generate signature"和

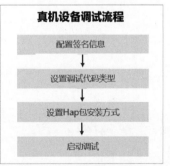

图 2-9　真机调试流程

"SupportHarmonyOS",签名之前需要登录实名认证的华为开发者账号。签名界面如图 2-10 所示。

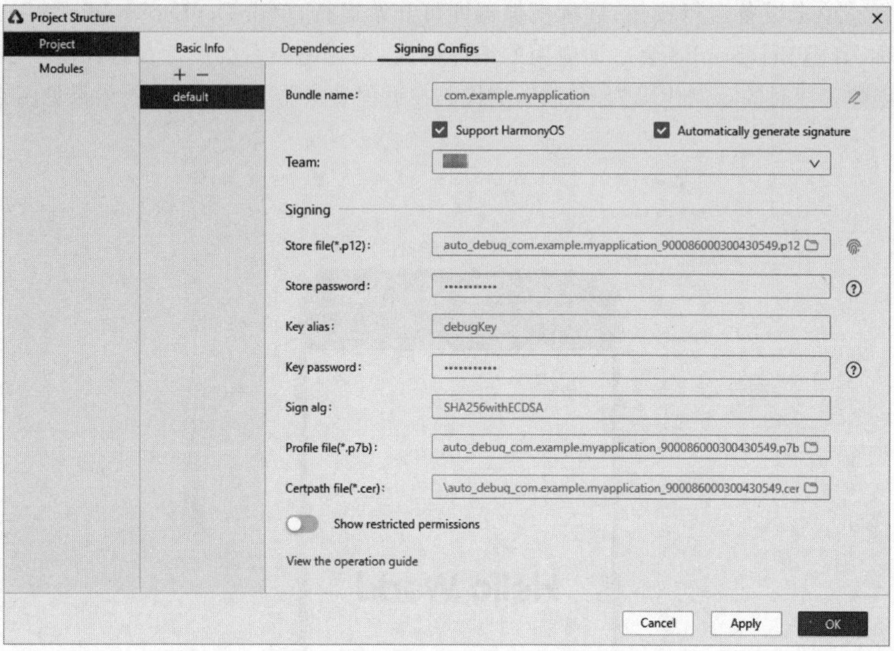

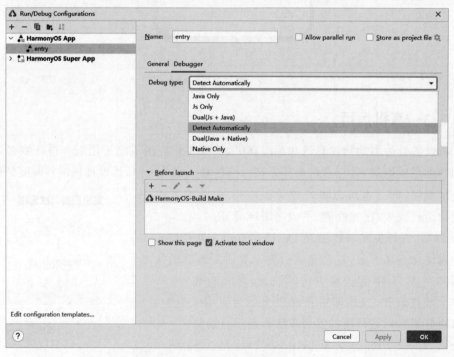

图 2-10　签名配置界面

关于调试代码类型的设置需要单击 Run > Edit Configurations > Debugger。在 HarmonyOS App 中,选择相应模块,可以进行 JS Only 类型的调试配置,该步骤的示意图见图 2-11。

图 2-11　HAP 包安装方式设置界面

关于 HAP 包的安装方式，在调试阶段，HAP 包在设备上的安装方式有两种，可以根据实际需求进行选择，默认安装方式是先卸载应用/服务后，再重新安装，该方式会清除设备上的所有应用/服务缓存数据；另一种安装方式采用覆盖安装方式，不卸载应用/服务，该方式会保留应用/服务的缓存数据。关于 HAP 包安装方式的设置见图 2-12。

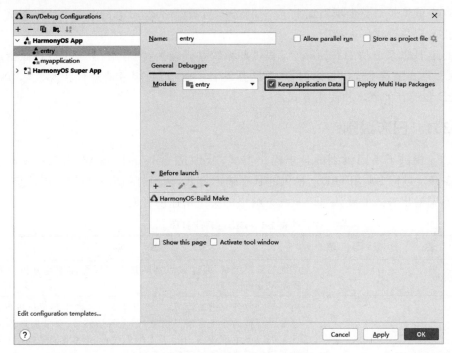

图 2-12　调试配置设置示意图

勾选 Keep Application Data 则表示采用覆盖安装方式，保留应用或服务的缓存数据。如果一个工程中存在多个模块，而在调试期间需要将多个模块的 HAP 包安装到设备中时，需要在待调试模块的设置选项中勾选 Deploy Multi Hap Packages 再启动调试。

完成对应用签名信息的配置、调试代码类型设置、HAP 包的安装设置后即可开始准备在真机上进行运行/调试。

首先，需要在手机/平板上打开"开发者模式"，可在设置>关于手机/关于平板中，连续多次单击"版本号"，直到提示"您正处于开发者模式"即可。然后在设置的系统与更新>开发人员选项中，打开"USB 调试"开关。

使用 USB 方式将手机/平板与 PC 端进行连接，将 USB 连接方式选择为"传输文件"，移动设备上会弹出"是否允许 USB 调试"的弹窗，单击"确定"按钮，如图 2-13 所示。

在菜单栏中，单击 Run > Run'模块名称'，或使用默认组合键 Shift + F10（macOS 为 Ctrl + R）运行应用/服务。DevEco Studio 启动 HAP 的编译构建和安装。安装成功后，手机/平板会自动运行安装的 HarmonyOS 应用/服务。以首个 HarmonyOS 程序为例，运行成功后会得到 1.3 节中如图 1-19 所示的运行效果。

图 2-13　USB 调试授权界面

2.3　HiLog 日志打印

在项目开发过程中,不可避免会使用到日志。没有日志虽然不影响项目的正常运行,但日志的存在就像是对整个项目加上了一层保险,当错误出现,日志的存在为代码调试和代码异常片段的定位提供了支持。

HiLog 日志系统是 HarmonyOS 提供的系统基础能力,使应用/服务可以按照指定的级别、标识和格式字符串输出日志内容,帮助开发者了解应用/服务的运行状态。本节将着重介绍 HiLog 的有关概念和使用方式。

2.3.1　日志级别

HiLog 提供了不同级别的日志输出方式,分别是 Debug、Info、Warn、Error 和 Fatal。开发者在开发过程中调用 HiLog 提供的日志输出方式,从而打印出完整的日志信息。表 2-1 列出了不同输出方式的默认值以及官方给出的关于用途的说明。

表 2-1　HiLog 日志打印

名　称	默　认　值	说　明
Debug	3	详细的流程记录,通过该级别的日志可以更详细地分析业务流程和定位分析问题
Info	4	用于记录业务关键流程节点,可以还原业务的主要运行过程;用于记录可预料的非正常情况信息,如无网络信号、登录失败等。这些日志都应该由该业务内处于支配地位的模块来记录,避免在多个被调用的模块或低级函数中重复记录
Warn	5	用于记录较为严重的非预期情况,但是对用户影响不大,应用可以自动恢复或通过简单的操作就可以恢复的问题
Error	6	应用发生了错误,该错误会影响功能的正常运行或用户的正常使用,可以恢复但恢复代价较高,如重置数据等
Fatal	7	重大致命异常,表明应用即将崩溃,故障无法排除

2.3.2　日志打印实例

若要在开发过程中使用 hilog 模块用于日志打印日志,需要导入 hilog 模块。

```
1.    import hilog from '@ohos.hilog';
```

DevEco Studio 在创建新的 Ability 时会在 app.ArkTS 中自动生成关于 Ability 的生命周期函数,关于 Ability 的生命周期函数会在第 4 章中作为重点介绍,读者在这里只需要知道 Ability 运行到某个阶段,该函数会被调用即可。示例代码在 app.arkts 中为 onCreate() 函数和 onDestroy() 函数创建了级别为 info 的 hilog 日志输出,用于标识该 Ability 的创建和销毁。

```
1.    // MainAbility/app.arkts
2.    import hilog from '@ohos.hilog';
3.
4.    import hilogger from '../utils/hilogger';
5.
```

```
6.  export default {
7.    onCreate() {
8.      hilog.isLoggable(0x0000, 'testTag', hilog.LogLevel.INFO);
9.      hilog.info(0x0000, 'testTag', '%{public}s', 'Application    onCreate');
10.   //   hilogger.info(0x0001,'test')
11.   },
12.   onDestroy() {
13.     hilog.isLoggable(0x0000, 'testTag', hilog.LogLevel.INFO);
14.     hilog.info(0x0000, 'testTag', '%{public}s', 'Application onDestroy');
15.   },
16. }
```

hilog.isLoggable 通常在打印日志前被调用，用于检查传入参数所指定的领域标识、日志标识和级别的日志是否可以被打印。其返回值为布尔型，若返回为 true，则该领域标识、日志标识和级别的日志可以打印，否则该日志无法打印。

HiLog 通过'.'指定不同级别的日志，关于日志级别前文已经有了详细的描述，不同级别的日志方法用法大同小异，均包含了 4 个需要被传入的参数，这里以 info 级别的日志展开说明。

（1）domain：domain 是日志的领域标识，参数类型为 number，标识范围是 0x0～0xFFFF，开发者可以根据需要自定义领域。

（2）tag：tag 为日志标识，类型为 string，该标识为任意字符串，通常标识为调用所在的类或者业务行为。

（3）format：格式字符串，类型为 string，用于日志的格式化输出。格式字符串中可以设置多个参数，参数需要包含参数类型、隐私标识。隐私标识分为{public}和{private}，默认为{private}。标识{public}的内容明文输出，标识{private}的内容以<private>过滤回显。

（4）args：args 是与格式字符串 format 对应的可变长度参数列表。参数数目、参数类型必须与格式字符串中的标识一一对应。

将第 1 章的示例代码在真机端运行，在日志输出窗口选择对应的级别 info，并用本例中的日志标识'testTag'定位，代码在真机上运行后会在日志输出窗口看到如图 2-14 所示的 HiLog 输出信息，该信息表明该 Ability 被成功创建。

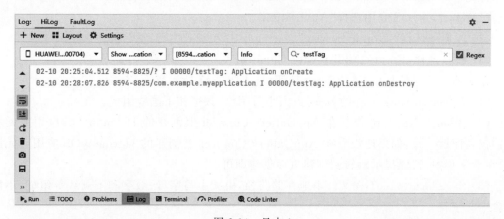

图 2-14　日志 1

若关闭示例程序的运行，则会在日志输出窗口看到第二条日志被打印，标识该程序被成功销毁，如图 2-15 所示。

图 2-15　日志 2

2.4　端云一体化开发

为丰富 HarmonyOS 对云端开发的支持、实现端云联动，DevEco Studio 推出了云开发功能，开发者在创建工程时选择云开发模板，即可在 DevEco Studio 内同时完成 HarmonyOS 应用/元服务的端侧与云侧开发，体验端云一体化协同开发。

相比于传统开发模式，DevEco Studio 一套开发工具即可支撑端侧与云侧同时开发，无须搭建服务器，工具成本低。依托 AppGallery Connect（以下简称 AGC）Serverless 云服务开放的接口，端侧开发人员也能轻松开发云侧代码，大大降低了开发门槛；另外，需要开发人员数量少，降低人力成本，提高沟通效率，同时项目可直接接入 AGC Serverless 云服务，实现免运维，无运维成本或资源浪费。

2.4.1　创建端云一体化开发工程

在创建端云一体化开发工程前，用户需要使用已实名认证的华为开发者账号登录 DevEco Studio 并保证华为开发者账号余额充足，如图 2-16 所示。

首先打开 DevEco Studio，菜单选择"File > New > Create Project"。

（1）HarmonyOS 应用选择"Application"。

（2）元服务选择"Atomic Service"。

（3）模板选择"Empty Ability with CloudDev"。

完成填写工程信息后，单击 Next 按钮，进入图 2-17 所示界面。

（1）Project name：工程的名称，由大小写字母、数字和下画线组成。

（2）Bundle name：必须与在 AppGallery Connect 上创建的 HarmonyOS 应用或元服务的包名保持一致，如果还没有在 AppGallery Connect 上创建的 HarmonyOS 应用或元服务的包名，在下一步中，按照提示跳转到创建页面创建即可。

（3）Save location：工程文件本地存储路径，由大小写字母、数字和下画线等组成，不能包含中文字符。

（4）Compile SDK：不能低于 API 9。

（5）Compatible SDK：不能低于 API 9。

接着选择应用/元服务所属的团队，系统将根据包名自动关联出 AppGallery Connect

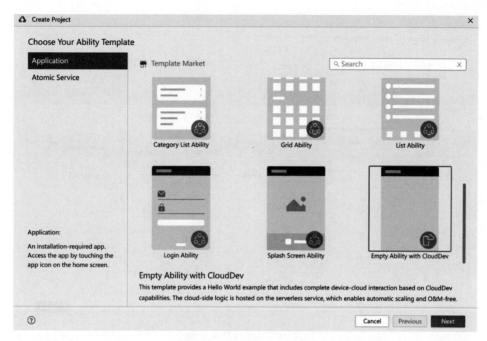

图 2-16　创建云开发工程 1

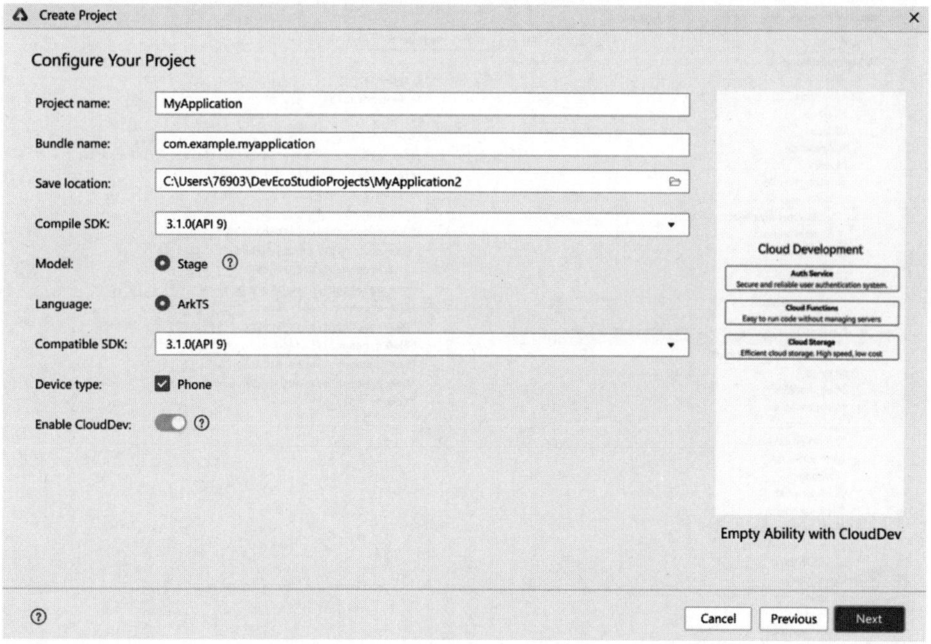

图 2-17　创建云开发工程 2

上已创建的 HarmonyOS 应用或者元服务，单击 Next 按钮，如图 2-18 所示。

关联成功后，如果账号所属的团队尚未签署云开发相关协议，单击协议链接仔细阅读协议内容后，勾选同意协议，单击 Finish 按钮，即可完成工程的创建。

最后，DevEco Studio 会自动完成一些初始化配置，并帮助用户自动开通一系列云开发相关服务，包括认证服务、云函数、云数据库、云托管、API 网关、云存储，完成后如图 2-19 所示。

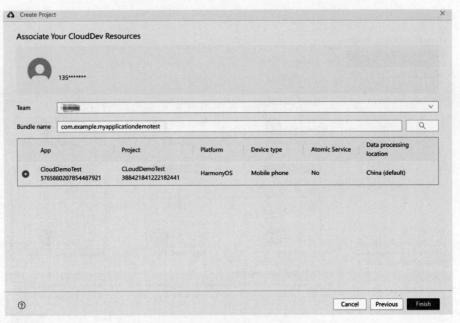

图 2-18　创建云开发工程 3

图 2-19　创建云开发工程 4

以上步骤结束后会自动生成两个工程模板，即移动端和云端。

2.4.2 创建云函数

右击"cloudfunctions"目录，选择"New > Cloud Function"。输入函数名称后，单击 OK 按钮。函数名称仅支持小写英文字母、数字、中画线(-)，首字符必须为小写字母，结尾不能为中画线(-)，创建云函数步骤见图 2-20 和图 2-21。

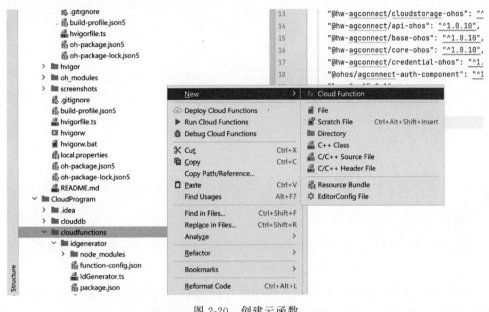

图 2-20　创建云函数

图 2-21　云项目中添加的云函数

node_modules：自动为该函数引入的依赖包。

function-config.json：函数的配置文件，可配置触发器，通过触发器暴露的触发条件实现函数调用。

鸿蒙云端一体化开发共有 5 种触发器 HTTP 触发器，即 CLOUDDB 触发器(云数据库触发器)、CLOUDSTORAGE 触发器(云存储触发器)、AUTH 触发器(用户登录注册触发器)、CRON 触发器(定时任务触发器)，在这里以最常用的 HTTP 触发器对云函数进行讲解，其余触发器内容可按照开发需求查阅官方文档进行学习。

function-config.json 文件中已为开发者自动完成 HTTP 触发器配置。函数部署到云端后会自动生成触发 URL，在用户向该 URL 发起 HTTP 请求时触发函数。

2.4.3 部署云函数

右击需要部署的函数目录，选择"Deploy Function"，见图 2-22。

接着进入鸿蒙 AppGallery Connect，进入当前项目的云函数服务菜单，可查看到开发者

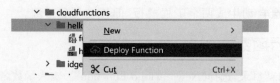

图 2-22　部署云函数

刚刚部署的函数,函数名称与本地工程的函数目录名相同,见图 2-23。

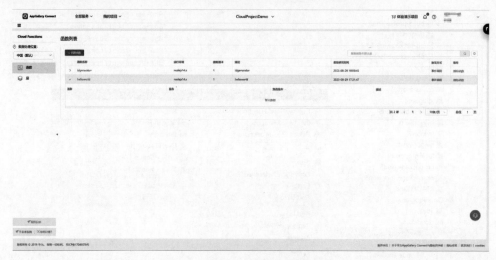

图 2-23　查看已经部署的云函数

开发者可以通过 DevEco Studio 右侧边栏中的 CloudFunction Requestor 测试部署的云函数,更多关于端云一体化内容开发者可以根据业务需求通过 AppGallery Connect 进行学习。

2.5　本章小结

本章在第 1 章创建的首个示例工程的基础上介绍了鸿蒙应用程序中关于包的概念,并针对第一个鸿蒙应用程序的工程目录结构和配置选项进行了简要分析。

随后,在第一个应用程序的基础上,介绍了 DevEco Studio 的预览器、模拟器和真机的使用方法,并介绍了鸿蒙应用程序在模拟器和真机上的运行和调试手段以及 HiLog 日志打印的相关概念和调用方式以及鸿蒙端云一体化开发。

2.6　课后习题

1. 在鸿蒙应用程序的调试和运行过程中,哪种工具用于在电脑上模拟鸿蒙设备?(　　)

　　A. 预览器　　　　　　B. 模拟器　　　　　　C. 真机运行　　　　　D. 虚拟机

2. 在端云一体化开发中,创建云函数的主要目的是(　　)。

　　A. 实现跨平台开发　　　　　　　　　　B. 提供本地服务

C. 执行服务器端逻辑 D. 优化应用性能
3. 鸿蒙应用程序的包结构包括_____和_____等主要部分。
4. 在鸿蒙系统中,ArkTS 工程目录文件用于管理和组织_____的开发资源和文件。
5. 描述鸿蒙应用程序包的机构,并解释 ArkTS 工程目录文件的主要内容。
6. 解释鸿蒙系统中 HiLog 日志打印的日志级别,并通过实例说明如何打印不同级别的日志。

第3章

ArkTS语言快速入门

3.1 ArkUI 与 ArkTS 概述

ArkUI 开发框架是方舟开发框架的简称,它是一套构建 HarmonyOS/OpenHarmony 应用界面的声明式 UI 开发框架,它使用极简的 UI 信息语法、丰富的 UI 组件以及实时界面语言工具,帮助开发者提升应用界面开发效率 30%,开发者只需要使用官方提供的 API,就能在多个 HarmonyOS/OpenHarmony 设备上实现既丰富又流畅的用户界面体验。

鸿蒙 UI 开发框架 ArkUI 支持多种编程语言,为了简化开发以及降低学习难度,本书将使用 ArkTS 语言作为主要开发语言。在正式进入应用程序开发之前,读者不妨先对 ArkTS 语言进行简要的了解。若要说到 ArkTS 语言,与之相关联的则是 JS(JavaScript)和 TS(TypeScript)这两种已有一定应用规模的语言。本章将从 JS 到 TS 再到 ArkTS 的发展顺序入手,了解 ArkTS 语言的前世今生,再着重对 ArkTS 语言的语法展开介绍。

3.1.1 JS 语言和 TS 语言

JS 语言由 Mozilla 创造,最初主要是为了解决页面中的逻辑交互问题,它和 HTML(负责页面内容)、CSS(负责页面布局和样式)共同组成了 Web 页面/应用开发的基础。后期随着 Web 和浏览器的普及,以及 Node.js 将 JS 扩展到浏览器以外的环境,JS 语言得到了飞速的发展。与之相应,为了提升开发效率,一大批框架不断涌现出来,例如当前常用的 React.js 和 Vue.js。

伴随着 JS 的迅速发展,在 JS 开发中伴随的问题也相应产生。在大型工程中会涉及较复杂的代码以及较多的团队协作,对语言的规范性,模块的复用性、扩展性以及相关的开发工具都提出了更高的要求,为了解决这些痛点,Microsoft 在 JS 的基础上,创建了 TS 语言。

TS 在 JS 的基础上引入了类型系统,并提供了类型检查以及类型自动推导能力,可以进行编译时错误检查。在类型系统的基础上,引入了声明文件来管理接口和其他的自定义类型,便于各个模块之间的分工协作。同时,TS 也有相应的编辑器、编译器、IDE 插件等相关工具。此外,TS 可以通过编译器编译出原生 JS 应用;同时,JS 的应用也是合法的 TS 应用,所以 TS 对 JS 生态也做出了较好的补充。

3.1.2 ArkTS

如上所述，基于 JS 的前端框架以及 TS 的引入，进一步提升了应用开发效率，但依然存在一些不足。从开发者视角来看，开发一个应用需要了解 3 种语言（JS/TS、HTML 和 CSS）。对非 Web 开发者来说，这无疑是较为沉重的负担；在运行时维度来看，尽管 TS 有了类型的加持，但也只用于编译时的检查，运行时引擎还是无法利用到基于类型系统的优化。

ArkTS 是鸿蒙生态的一种应用开发语言，从 ArkTS 的名字也可以看出，ArkTS 是在 TS 语言的基础上，进行了相应的扩展以适应鸿蒙应用程序的开发，可以说 ArkTS 是 TS 的超集，而 TS 则是 JS 的超集。

由于 JS/TS 的应用较为广泛，生态较为完善，所以 ArkTS 选择以 TS 为基础进行扩展，继承了 TS 的所有特性。当前，ArkTS 在 TS 的基础上主要扩展了以下能力。

（1）基本 UI 描述：ArkTS 定义了各种装饰器、自定义组件、UI 描述机制，再配合 UI 开发框架中的 UI 内置组件、事件方法、属性方法等共同构成了 UI 开发的主体。

（2）状态管理：ArkTS 提供了多维度的状态管理机制，在 UI 开发框架中，和 UI 相关联的数据，不仅可以在组件内使用，还可以在不同组件层级间传递，比如父子组件之间、爷孙组件之间，也可以是全局范围内的传递，还可以是跨设备传递。另外，从数据的传递形式来看，可分为只读的单向传递和可变更的双向传递。开发者可以灵活地利用这些能力来实现数据和 UI 的联动。

（3）动态构建 UI 元素：ArkTS 提供了动态构建 UI 元素的能力，不仅可自定义组件内部的 UI 结构，还可复用组件样式，扩展原生组件。

（4）渲染控制：ArkTS 提供了渲染控制的能力。条件渲染可根据应用的不同状态，渲染对应状态下的部分内容。循环渲染可从数据源中迭代获取数据，并在每次迭代过程中创建相应的组件。

（5）使用限制与扩展：ArkTS 在使用过程中存在限制与约束，同时也扩展了双向绑定等能力。

与声明式 UI 相对应的是命令式 UI，两者的区别在于声明式 UI 将页面声明出来而不需要手动更新，界面会自动完成更新。而在传统的命令式 UI 中，UI 在 xml 文件中被定义，若要修改 UI 中的某个元素，则需要手动使用代码命令 UI 进行更新。在声明式 UI 的框架下，自动更新的不仅是数据，页面中的任何元素发生更改时均可自动被更新。声明式 UI 不只是一种良好的代码风格，更是一种强大的开发功能，对代码的开发和运行效率提升均有一定的帮助。以下给出简单示例，帮助读者体会声明式 UI 中元素的自动更新特性。

```
1.  // entry/src/main/ets/pages/Index.ets
2.  @Entry
3.  @Preview
4.  @Component
5.  struct Index1 {
6.    @State message: string = 'Hello HarmonyOS'
7.    @State text_show : boolean = true
8.
9.    build() {
10.     Row() {
```

```
11.        Column() {
12.          Text(this.message)
13.            .fontSize(50)
14.            .fontWeight(FontWeight.Bold)
15.            .onClick(()=>{
16.              if(this.text_show){
17.                this.text_show = false
18.                this.message = 'hello world'
19.              }else{
20.                this.text_show = true
21.              }
22.            })
23.          if (this.text_show){
24.            Text(this.message)
25.              .fontSize(50)
26.              .fontWeight(FontWeight.Bold)
27.          }
28.        }
29.        .width('100%')
30.      }
31.      .height('100%')
32.    }
33.  }
```

在工程创建生成的初始代码的基础上做出一些修改,具体的创建过程见 1.3 节。在模板现有代码的基础上,定义一个由 @State 修饰器修饰的 boolean 类型的变量 text_show 来控制第二个 Text 组件的显示。对原有的 Text 组件添加一个单击监听事件,当该组件被单击触控时该事件被触发,在该事件中通过改变 text_show 的值来控制第二个组件是否被展示,并在 if 语句中修改原有 Text 组件展示的文本内容。图 3-1 展示了在本示例中,声明式 UI 范式对数据和组件的自动更新。当读者学习到这里时,可能会对此感到困难,不用担心,本书将在后面的例子中一一讲解对应的知识点。

图 3-1　声明式 UI 自动更新示意图

在本章后续内容中将从 TS 语言的变量和数据类型入手，TS 作为强类型语言，对于变量的要求与 JS 略有不同，不被声明数据类型的变量在 TS 中是不被允许使用的。因此，本节从 TS 语言基本知识入手，随后着重讲解 ArkTS 相对 TS 以及 JS 的扩展知识。

3.2 TypeScript 基础知识

从本节开始，将展开对 TS 语言语法的讲解。TS 语言作为强类型语言，对于变量的使用与 JS 有很大的不同，不被声明数据类型的变量在 TS 中是不被允许使用的，这样做的好处是可将许多 JS 项目在运行阶段出现的错误在编译阶段解决。

3.2.1 数据类型

数据类型是强类型语言编程中一个非常重要的概念，相当于对变量施加的限制，表 3-1 为 TS 语言中的变量介绍。

表 3-1 变量类型介绍

数据类型	关键字	描述
任意类型	any	any 类型的变量可以被赋予任何类型的值

数字类型	number	双精度浮点值，被用来表示整数和浮点数
		`let binaryLiteral: number = 0b1010;    // 二进制`
		`let octalLiteral: number = 0o744;      // 八进制`
		`let decLiteral: number = 6;            // 十进制`
		`let hexLiteral: number = 0xf00d;       // 十六进制`
		注意：TypeScript 和 JavaScript 没有整数类型

字符串类型	string	使用单引号或双引号表示字符串类型，反引号定义多行文本和内嵌表达式
		`let name: string = "HarmonyOS";`
		`let years: number = 2;`
		`let words: string = `您好，今年是 ${name} 发布 ${years + 1} 周年`;`

布尔类型	boolean	表示逻辑值 true 和 false `let flag: boolean = true;`

数组类型	无	变量声明为数组
		`// 在元素类型后面加上[]`
		`let arr: number[] = [1, 2];`
		`// 或者使用数组泛型`
		`let arr: Array<number> = [1, 2];`

元组	无	元组类型标识已知元素类型和数量的数组，元组中各个元素的类型不必相同，但对应位置的元素类型应该相同
		`let x: [string, number];`
		`x = ['HarmonyOS', 1];        // 运行正常`
		`x = [1, 'HarmonyOS'];        // 报错`
		`console.log(x[0]);           // 输出 Runoob`

续表

数据类型	关键字	描述

枚举	enum	枚举类型用于定义数值集合
		enum Color {Red, Green, Blue};
		let c: Color = Color.Blue;
		console.log(c); // 输出 2

void	void	用于标识方法返回值的类型
		function hello(): void {
		    alert("Hello HarmonyOS ");
		}

null	null	表示对象值缺失
undefined	undefined	用于初始化变量为一个未定义的值
never	never	其他类型,代表不会出现的值

3.2.2 变量声明

TS 是一门灵活的编程语言,但在 TS 中声明变量仍需遵循以下规则:
(1) 变量名称可以包含数字和字母。
(2) 除了下画线_和美元 $ 符号外,不能包含其他特殊字符,包括空格。
(3) 变量名不能以数字开头。

变量使用前必须先声明,在 TS 中,常用的变量声明关键词有 const,let,var 三种。

1. const

const 声明的是一个只读的常量,一旦赋值,就不能再改变它的值了。常量通常使用大写字母命名,以便于与变量区分。

```
1.    const num = 1
2.    const obj = {name:'Alice',age: 18}
3.    obj.age = 20              // 可以修改属性
4.    obj = {}                  //报错,不能重新赋值
```

2. let

let 作用域为块级作用域。和 var 不同,let 声明的变量只能在声明的块级作用域内访问,而不能在外部访问。

```
1.    if (true) {
2.        let x = 10
3.        console.log(x)          // 10
4.    }
5.    console.log(x)              // 报错,x 未定义
```

3. var

var 作用域为函数作用域或全局作用域。在函数内部声明的变量只能在函数内部访问,而在全局作用域声明的变量则可以在任何地方访问。此外,var 声明的变量可以被重复声明,而重复声明时,只有最后一个声明有效。

```
1.    function foo() {
2.        var x = 1
3.        if (true) {
4.            var x = 2
```

```
5.     }
6.     console.log(x)              // 2
7.   }
```

一般情况下，建议使用 const 或 let 来声明变量，这有助于避免一些常见的 JavaScript 的变量问题，如变量提升和作用域混乱等问题。

除了 const、let、var 外，在 TypeScript 中还有一些其他的声明变量的关键字。

（1）readonly：用于标识只读属性或只读数组，不能被重新赋值。

（2）static：用于标识类的静态属性或静态方法，不需要实例化类即可使用。

（3）abstract：用于标识抽象类或抽象方法，不能被实例化，只能被子类继承并实现。

（4）public、private、protected：用于标识类的属性或方法的访问权限。

3.2.3 控制语句

控制语句是用于控制程序的执行流程的语句。在 TypeScript 中，开发者可以使用各种控制语句来实现条件执行、循环和代码跳转等操作。以下是 TypeScript 中常见的控制语句的介绍和示例代码。

1. 条件语句

条件语句根据给定的条件决定是否执行特定的代码块。

（1）if 语句：if 语句用于根据条件执行特定的代码块。

```
1.   let num: number = 10;
2.
3.   if (num > 0) {
4.     console.log("Number is positive.");
5.   } else if (num < 0) {
6.     console.log("Number is negative.");
7.   } else {
8.     console.log("Number is zero.");
9.   }
```

（2）switch 语句：switch 语句根据表达式的值来匹配不同的情况，并执行相应的代码块。

```
1.   let day: number = 3;
2.   let dayName: string;
3.
4.   switch (day) {
5.     case 1:
6.       dayName = "Monday";
7.       break;
8.     case 2:
9.       dayName = "Tuesday";
10.      break;
11.    case 3:
12.      dayName = "Wednesday";
13.      break;
14.    default:
15.      dayName = "Unknown";
16.  }
17.
18.  console.log(`Today is ${dayName}.`);              //输出 Today is Wednesday.
```

2. 循环语句

循环语句用于重复执行特定的代码块,分为以下几种循环。

(1) for 循环:for 循环通过初始化语句、条件表达式和更新语句来控制循环的执行次数。

```
1.    for (let i = 1; i <= 5; i++) {
2.      console.log(i);
3.    }
```

(2) while 循环:while 循环在条件为真时重复执行代码块。

```
1.    let i = 1;
2.
3.    while (i <= 5) {
4.      console.log(i);
5.      i++;
6.    }
```

(3) do-while 循环:do-while 循环首先执行一次代码块,然后在条件为真时重复执行。

```
1.    let i = 1;
2.
3.    do {
4.      console.log(i);
5.      i++;
6.    } while (i <= 5);
```

3. 跳转语句

跳转语句用于在代码中进行跳转操作。

(1) break 语句:break 语句用于终止循环或跳出 switch 语句的执行。

```
1.    for (let i = 1; i <= 5; i++) {
2.      if (i === 3) {
3.        break;                      // 终止循环
4.      }
5.      console.log(i);
6.    }                               // 输出 1 2
```

(2) continue 语句:continue 语句用于跳过当前迭代并继续下一次迭代。

```
1.    for (let i = 1; i <= 5; i++) {
2.      if (i === 3) {
3.        continue;                   // 终止循环
4.      }
5.      console.log(i);               // 输出 1 2 4 5
6.    }
```

(3) return 语句:结束程序返回结果的语句。

```
1.    function addNumbers(a: number, b: number): number {
2.      if (a < 0 || b < 0) {
3.        return -1;                  // 返回负数并终止函数执行
4.      }
5.      return a + b;                 // 返回两个数字的和
6.    }
7.
8.    console.log(addNumbers(2, 3));       // 输出:5
9.    console.log(addNumbers(-2, 3));      // 输出:-1
```

3.2.4 函数

函数是一组一起执行一个任务的语句。开发者可以把代码划分到不同的函数中。如何将代码划分到不同的函数中是由开发者决定的,但在逻辑上,划分通常是根据每个函数执行一个特定的任务进行的。

函数声明告诉编译器函数的名称、返回类型和参数。函数定义提供了函数的实际主体。接下来通过以下代码示例介绍 TypeScrip 中函数的使用方法。

```
1.   // TypeScript 函数的介绍和使用方法示例
2.
3.   // 定义一个简单的函数,接收两个数字参数并返回它们的和
4.   function addNumbers(a: number, b: number): number {
5.     return a + b;
6.   }
7.
8.   // 调用函数并打印结果
9.   console.log(addNumbers(2, 3));              // 输出: 5
10.
11.  // 定义一个函数,接收一个字符串参数,并返回字符串的长度
12.  function getStringLength(str: string): number {
13.    return str.length;
14.  }
15.
16.  // 调用函数并打印结果
17.  console.log(getStringLength("Hello"));      // 输出: 5
18.
19.  // 定义一个函数,接收一个数组参数,并返回数组中所有元素的和
20.  function sumArray(numbers: number[]): number {
21.    let sum = 0;
22.    for (let num of numbers) {
23.      sum += num;
24.    }
25.    return sum;
26.  }
27.
28.  // 调用函数并打印结果
29.  console.log(sumArray([1, 2, 3, 4, 5]));     // 输出: 15
```

在上述示例中首先定义了一个简单的函数 addNumbers,它接收两个数字参数 a 和 b,并指定它们的类型为 number。函数的返回类型也被指定为 number,表示函数将返回一个数字。函数体内部通过将两个参数相加并返回结果实现了求和的逻辑。

接下来定义了另一个函数 getStringLength,它接收一个字符串参数 str,并返回字符串的长度(数字类型)。函数体内部使用了字符串的 length 属性来获取字符串的长度,并将其作为返回值。

最后定义了一个函数 sumArray,它接收一个数字数组参数 numbers,并返回数组中所有元素的和。函数内部使用了循环来遍历数组中的每个元素,并将其累加到变量 sum 中,最后将 sum 返回作为结果。

通过在函数定义中指定参数类型和返回类型,TypeScript 提供了更好的类型检查和类型推断功能,可以帮助用户在编写代码时捕获潜在的类型错误,并提供更好的开发体验。用户可以根据自己的需求为函数添加参数和返回类型,并根据函数的具体功能实现函数体内

部的逻辑。

3.2.5 类

TypeScript 是面向对象的 JavaScript。类描述了所创建的对象共同的属性和方法。TypeScript 支持面向对象的所有特性，比如类、接口等。

TypeScript 类定义方式如下：

```
1.    class class_name {
2.        // 类作用域
3.    }
```

定义类的关键字为 class，后面紧跟类名，类可以包含以下几个模块（类的数据成员）。

（1）字段：字段是类里面声明的变量。字段表示对象的有关数据。

（2）构造函数：类实例化时调用，可以为类的对象分配内存。

（3）方法：方法为对象要执行的操作。

本书将通过以下例子介绍 TypeScript 中类的使用方法。

```
1.    class Mobile{
2.        // 字段
3.        MobileName:string;
4.    
5.        // 构造函数
6.        constructor(MobileName:string) {
7.            this.MobileName = MobileName
8.        }
9.    
10.       // 方法
11.       showMobileName():void {
12.           console.log("函数中显示设备型号：" + this.MobileName)
13.       }
14.   }
15.   
16.   // 创建一个对象
17.   var obj = new Mobile("HuaweiP60")
18.   
19.   // 访问字段
20.   console.log("读取设备型号：" + obj.MobileName)
21.   
22.   // 访问方法
23.   obj.showMobileName()
```

在上述代码示例代码中定义了一个名为 Mobile 类，它有一个字段 MobileName 和一个构造函数。构造函数接收一个参数 MobileName，并将其赋值给类的字段 MobileName。类还有一个名为 showMobileName 的方法，用于打印设备型号。紧接着创建了一个 Mobile 类的对象 obj，通过传递"HuaweiP60"作为参数来实例化它。然后，通过使用 obj.MobileName 就可以访问字段，并使用 obj.showMobileName() 调用方法。

当运行这段代码时，它将输出以下内容：

```
1.    读取设备型号：HuaweiP60
2.    函数中显示设备型号：HuaweiP60
```

3.2.6 命名空间和模块

良好的代码组织和管理有助于提高代码可读性，便于推动团队合作及后续代码维护。TypeScript 为开发人员提供了模块（Modules）和命名空间（Namespaces）功能以便于组织和管理代码。

1. 模块 Modules

模块是一种将代码组织为可重用和可组合的单元的方式。与命名空间不同，模块将代码分割为多个文件，每个文件可以包含一个或多个模块。模块使用 export 关键字导出需要暴露的内容，并使用 import 关键字引入其他模块中的内容控制语句。

```
1.   //moduleA.ts
2.   // 导出一个变量
3.   export const num = 100
4.   export const str = 'Hello HarmonyOS '
5.   export const reg = /^鸿蒙开发$/
6.
7.   // 导出一个函数
8.   export function fn() {}
9.
10.  // 导出一个类
11.  export class Student {}
12.  export class Person extends People {}
13.
14.  // 导出一个接口
15.  export interface Users {}
16.
17.  //Ixdex.ts
18.  import { str as s } from './moduleA'
19.  console.log(s)
```

在上述代码示例中，在 moduleA.ts 文件中定义了多个变量和方法，在 Index.ts 中引入了 str 变量并且起别名为 s，执行 Index.ts 文件，使用者将会看到输出 Hello HormonyOS。

2. 命名空间 Namespaces

命名空间是一种将相关的代码组织在一起的方式，它可以防止全局命名冲突。可以将相关的类、接口、函数和其他类型放置在命名空间中，并使用该命名空间访问其中的内容。命名空间使用 namespace 关键字定义。在模块内容的介绍中，读者已经学习了使用 export 关键词用于暴露代码供其他模块使用，但是当引入多个文件时，如果多个文件中有相同命名的变量或方法就会产生冲突，命名空间则为开发者解决了这一问题。

```
1.   // 定义一个命名空间
2.   namespace MyNamespace {
3.     // 导出一个变量
4.     export const num: number = 100;
5.
6.     // 导出一个函数
7.     export function greet(name: string): void {
8.       console.log(`Hello, ${name}!`);
9.     }
10.
11.    // 导出一个类
12.    export class Person {
```

```
13.     constructor(private name: string) {}
14.
15.     public sayHello(): void {
16.       console.log(`Hello, my name is ${this.name}.`);
17.     }
18.   }
19. }
20.
21. // 使用命名空间中的成员
22. console.log(MyNamespace.num);
23. MyNamespace.greet("John");
24.
25. const person = new MyNamespace.Person("Alice");
26. person.sayHello();
```

在上述示例中定义了一个名为 MyNamespace 的命名空间。在命名空间中导出了一个变量 num，一个函数 greet，以及一个类 Person。这些成员可以通过 MyNamespace 访问到。

在代码的最后部分，通过 MyNamespace.num 访问了命名空间中的变量，调用了命名空间中的函数 MyNamespace.greet("John")，以及创建了一个命名空间中的类的实例，并调用了其中的方法。

注意事项：

（1）使用命名空间时，可以在一个文件中定义一个命名空间，也可以将命名空间拆分到多个文件中，使用< reference path="otherFile.ts">来引用其他文件中的命名空间。

（2）当命名空间的内容较多或需要与其他命名空间进行交互时，可以使用 import 和 export 来引入和导出命名空间的成员。

（3）命名空间的名称应具有描述性，并遵循合理的命名规范，以保证代码的可读性和维护性。

（4）命名空间可以嵌套，形成多层次的命名空间结构，以进一步组织和封装代码。

通过使用命名空间，开发者可以更好地组织和管理 TypeScript 代码，避免全局命名冲突，并提供更好的封装性和可维护性。

3.2.7 迭代器

TypeScript 中的迭代器（Iterator）表示一种流接口，用于顺序访问集合中的元素。它可以逐个访问集合内的元素，而不需要关心集合的内部实现。

要实现一个迭代器，需要实现以下两点。

（1）一个 next() 方法，它返回一个包含两个属性的对象。

① done：boolean 类型，表示迭代是否结束。

② value：表示当前迭代的值。

（2）实现 Iterable 接口，该接口要求实现一个方法：Symbol.iterator，该方法需要返回一个迭代器对象。

```
1.  class Numbers implements Iterable<number> {
2.    [Symbol.iterator]() {
3.      let n = 0;
4.      return {
5.        next() {
6.          n += 1;
```

```
7.            return { value: n, done: false };
8.        }
9.      }
10.    }
11.  }
12.
13.  let numbers = new Numbers();
14.  for (let n of numbers) {
15.    console.log(n);
16.  }
```

for…of 和 for…in 均可迭代一个列表,但是用于迭代的值却不同:for…in 迭代的是对象的键,而 for…of 则迭代的是对象的值。

```
1.  let list = [4, 5, 6];
2.
3.  for (let i in list) {
4.    console.log(i);              // "0", "1", "2",
5.  }
6.
7.  for (let i of list) {
8.    console.log(i);              // "4", "5", "6"
9.  }
```

3.3 使用 ArkTS

在上一节中,已经基本介绍了 TS 语言的基本知识,所以在此就可以使用 ArkTS 语言构建鸿蒙应用程序了,下面用一个简单的例子开始对 ArkTS 的基本组成。如图 3-2 所示的代码示例,UI 界面包含两段文本、一条分割线和一个按钮,当开发者单击按钮时,文本内容会从"Hello World"变为"Hello ArkUI"。

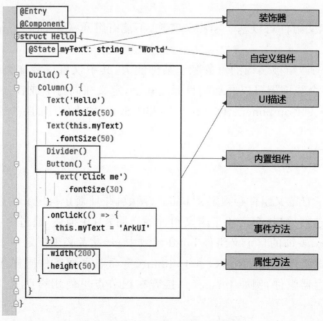

图 3-2   ArkTS 框架示意图

这个示例中包含了ArkTS声明式开发范式的基本组成说明如下。

（1）装饰器：用来装饰类、结构体、方法以及变量，赋予其特殊的含义，如上述示例中@Entry、@Component、@State 都是装饰器。具体而言，@Component 表示这是个自定义组件；@Entry 表示这是个入口组件；@State 表示组件中的状态变量，这个状态变化会引起 UI 变更。

（2）自定义组件：可复用的 UI 单元，可组合其他组件，如上述被 @Component 装饰的 struct Hello。

（3）UI 描述：声明式的方法来描述 UI 的结构，例如 build()方法中的代码块。

（4）内置组件：ArkTS 中默认内置的基本组件和布局组件，开发者可以直接调用，如 Column、Text、Divider、Button 等。

（5）属性方法：用于组件属性的配置，统一通过属性方法进行设置，如 fontSize()、width()、height()、color()等，可通过链式调用的方式设置多项属性。

（6）事件方法：用于添加组件对事件的响应逻辑，统一通过事件方法进行设置，如跟随在 Button 后面的 onClick()。

在接下来的内容中将逐步讲解上述内容。

3.3.1 自定义组件基本结构

在 ArkUI 中，UI 显示的内容均为组件，由框架直接提供的称为系统组件，由开发者定义的称为自定义组件。在进行 UI 界面设计时，通常并不是简单地将系统组件进行组合使用，而是需要考虑代码可复用性、业务逻辑与 UI 分离、后续版本演进等因素。因此，将 UI 和部分业务逻辑封装成自定义组件是不可或缺的能力。ArkTS 通过装饰器@Component 和@Entry 装饰 struct 关键字声明的数据结构，构成一个自定义组件。自定义组件中提供了一个 build 函数，开发者需在该函数内以链式调用的方式进行基本的 UI 描述。

1. 基本概念

（1）struct：自定义组件可以基于 struct 实现，不能有继承关系，对于 struct 的实例化，可以省略 new。

（2）装饰器：装饰器给被装饰的对象赋予某种能力，其不仅可以装饰类或结构体，还可以装饰类的属性。多个装饰器可以叠加到目标元素上，定义在同行中或者分开多行，推荐分开多行定义，@Entry、@Component、@ Preview 和@State 均为常用的装饰器。

```
1.    @Entry
2.    @Component
3.    struct MyComponent {
4.    }
```

（3）build()函数：自定义组件必须定义 build()函数，并且禁止自定义构造函数。build()函数满足 Builder 构造器接口定义，用于定义组件的声明式 UI 描述，通过声明式 UI 构建界面及功能。在@Entry 装饰的自定义组件 build 函数中，开发者必须指定一个且唯一的根节点，根节点必须为容器组件，例如 Row()和 Column()，而非页面组件同样需要一个唯一的根节点，但可以为非容器组件，例如 Image()，接着在根节点里使用声明式 UI 对页面进行构建。

（4）@Component：装饰 struct，结构体在装饰后具有基于组件的能力，需要实现 build

方法来创建 UI。

（5）@Entry：装饰 struct，组件被装饰后作为页面的入口，页面加载时将被渲染显示，在同一个文件中，可以有多个组件定义，但只能有一个组件被@Entry 装饰作为页面的入口组件。

（6）@Preview：装饰 struct，用@Preview 装饰的自定义组件可以在 DevEco Studio 的预览器上进行实时预览，加载页面时，将创建并显示@Preview 装饰的自定义组件。

（7）@State：装饰组件中的状态变量，当被@State 装饰的变量值发生变化时，组件就会重新构建对应的 UI。除了@State，ArkTS 还提供了多种状态变量装饰器用来更好地管理组件内的通信问题，将会在后面的章节介绍其用法。

（8）**链式调用**：以"."链式调用的方式配置 UI 组件的属性方法、事件方法等。

以下通过一段代码示例帮助读者更好地了解声明式 UI 代码是如何编写的。

```
1.    //entry/src/main/ets/pages/index2.ets
2.    @Entry
3.    @Component
4.    @Preview
5.    struct Index2 {
6.      @State message: string = 'Hello World1'
7.      UnStateMessage:string = "Hello World2"
8.      build() {
9.        Row() {
10.         Column() {
11.           Button("change string").onClick(()=>{
12.             this.message = "New World1"
13.             this.UnStakeMessage = " New World2"
14.           })
15.           Text(this.message)
16.             .fontSize(50)
17.             .fontWeight(FontWeight.Bold)
18.           Text(this.UnStakeMessage)
19.             .fontSize(50)
20.             .fontWeight(FontWeight.Bold)
21.         }
22.         .width('100%')
23.       }
24.       .height('50%')
25.     }
26.   }
```

在上述代码示例中，定义了两个变量 message 和 UnStateMessage，其中 message 变量使用@State 装饰器进行修饰，这使得其值变化时可以通知页面进行重新渲染，而 UnStateMessage 并不具备这一属性。在 build 构造函数中，使用 Row()作为组件根节点，也就是在根节点中配置的组件将按照行的形式展开。在根节点中 Row 中，又使用了 Column 列节点，在列节点中配置的组件以列的形式排布，节点之间层层嵌套，有序地构成了 UI 界面见图 3-3。在 Column 节点中，配置了一个 Button 按钮组件和两个 Text 文本组件，赋予按钮一个单击事件用于改变两个文本组件中使用的字符串的值，单击事件触发后，使用者就可以看到使用@State 装饰的变量的文本组件被重新渲染，而与之相对应的使用普通字符串变量的组件则毫无变化。

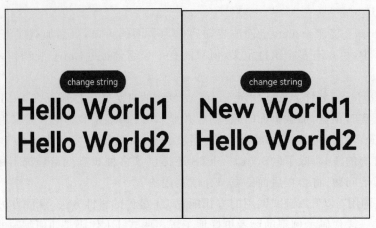

图 3-3　UI 特性展示

2. UI 描述规范

为了完整地构建组件,通常需要考虑以下 4 个配置。

1) 参数配置

组件的本质是一种由 ArkUI 定义好的类,和其他类一样,组件本身也拥有构造函数,构造函数分为有参构造函数和无参的默认构造函数,如果组件的接口定义中不包含必选构造参数,组件后面的"()"中不需要配置任何内容,也就是不需要传入参数即可使用。如果组件的接口定义中包含必选构造参数,则在组件后面的"()"中必须配置相应参数,参数可以使用常量进行赋值。

```
1.    Column() {
2.      Image('./test.jpg')
3.      Image(this.imagePath)
4.      Image('https://' + this.imageUrl)
5.      //$r 形式引入应用资源,可用于多语言场景
6.      Text( $ r('app.string.title_value'))
7.      Text(`count: ${this.count}`)
8.      Text()
9.    }
```

在上述代码示例中,Image 必须传入参数才可以使用,这里的参数可以使用变量或表达式来构造 Image 组件的参数,也可以使用字符串形式的常量进行配置。

2) 属性配置

属性方法以"."链式调用的方式配置系统组件的样式和其他属性,建议每个属性方法单独写一行。

(1) 配置 Text 组件的字体大小。

```
1.    Text('test')
2.      .fontSize(12)
```

(2) 配置组件的多个属性。

```
1.    Image('test.jpg')
2.      .alt('error.jpg')
3.      .width(100)
4.      .height(100)
```

（3）除了直接传递常量参数外，还可以传递变量或表达式。

```
1.    Text('hello')
2.      .fontSize(this.size)
3.    Image('test.jpg')
4.      .width(this.count % 2 === 0? 100 : 200)
5.      .height(this.offset + 100)
```

（4）对于系统组件，ArkUI 还为其属性预定义了一些枚举类型供开发者调用，枚举类型可以作为参数传递，但必须满足参数类型要求。例如，可以按以下方式配置 Text 组件的颜色和字体样式。

```
1.    Text('hello')
2.      .fontSize(20)
3.      .fontColor(Color.Red)
4.      .fontWeight(FontWeight.Bold)
```

3）事件配置

通过事件方法可以配置组件支持的事件，事件方法紧随组件，并用"."运算符连接。

（1）使用 lambda 表达式配置组件的事件方法：

```
1.    Button('Click me')
2.      .onClick(() => {
3.        this.myText = 'ArkUI';
4.      })
```

（2）使用匿名函数表达式配置组件的事件方法，要求使用 bind，以确保函数体中的 this 引用包含的组件：

```
1.    Button('add counter')
2.      .onClick(function(){
3.        this.counter += 2;
4.      }.bind(this))
```

（3）使用组件的成员函数配置组件的事件方法：

```
1.    myClickHandler(): void {
2.      this.counter += 2;
3.    }
4.    ...
5.    Button('add counter')
6.      .onClick(this.myClickHandler.bind(this))
```

4）子组件配置

如果组件支持子组件配置，则需在尾随闭包"{...}"中为组件添加子组件的 UI 描述。Column、Row、Stack、Grid、List 等组件都是容器组件。

以下是简单的 Column 组件配置子组件的示例。

```
1.    Column() {
2.      Text('Hello')
3.        .fontSize(100)
4.      Divider()
5.      Text(this.myText)
6.        .fontSize(100)
7.        .fontColor(Color.Red)
8.    }
```

容器组件均支持子组件配置,可以实现相对复杂的多级嵌套。

```
1.    Column() {
2.      Row() {
3.        Image('test1.jpg')
4.          .width(100)
5.          .height(100)
6.        Button('click +1')
7.          .onClick(() => {
8.            console.info('+1 clicked!');
9.          })
10.     }
11.   }
```

3.3.2 页面和自定义组件生命周期

当开发应用程序时,生命周期函数是与组件(或对象)相关联的特殊方法,它们在组件的生命周期中的不同阶段被调用。这些函数允许用户在适当的时候执行特定的操作,例如初始化组件、处理数据更新、销毁组件等。

在开始之前,读者需要先明确自定义组件和页面的关系。

自定义组件:@Component 装饰的 UI 单元,可以组合多个系统组件实现 UI 的复用。

页面:应用的 UI 页面。可以由一个或者多个自定义组件组成,@Entry 装饰的自定义组件为页面的入口组件,即页面的根节点,一个页面有且仅能有一个@Entry。只有被@Entry 装饰的组件才可以调用页面的生命周期。

页面生命周期,即被@Entry 装饰的组件生命周期,提供以下生命周期接口。

(1) onPageShow:页面每次显示时触发。

(2) onPageHide:页面每次隐藏时触发一次。

(3) onBackPress:当用户单击"返回"按钮时触发。

组件生命周期,即一般用@Component 装饰的自定义组件的生命周期,提供以下生命周期接口。

(1) aboutToAppear:组件即将出现时回调该接口,具体时机为在创建自定义组件的新实例后,在执行其 build()函数之前执行。

(2) aboutToDisappear:在自定义组件即将析构销毁时执行。

生命周期流程如图 3-4 所示,展示的是被@Entry 装饰的组件(首页)生命周期。

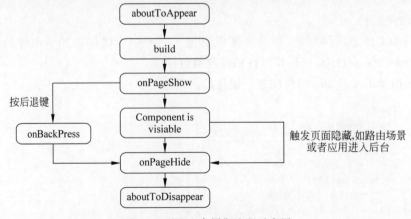

图 3-4 页面生命周期流程示意图

以下示例展示了生命周期的调用时机。

```
1.  //entry/src/main/ets/pages/index3.ets
2.  import router from '@ohos.router';
3.
4.  @Entry
5.  @Component
6.  struct MyComponent {
7.    @State showChild: boolean = true;
8.
9.    // 只有被@Entry装饰的组件才可以调用页面的生命周期
10.   onPageShow() {
11.     console.info('Index onPageShow');
12.   }
13.   // 只有被@Entry装饰的组件才可以调用页面的生命周期
14.   onPageHide() {
15.     console.info('Index onPageHide');
16.   }
17.
18.   // 只有被@Entry装饰的组件才可以调用页面的生命周期
19.   onBackPress() {
20.     console.info('Index onBackPress');
21.   }
22.
23.   // 组件生命周期
24.   aboutToAppear() {
25.     console.info('MyComponent aboutToAppear');
26.   }
27.
28.   // 组件生命周期
29.   aboutToDisappear() {
30.     console.info('MyComponent aboutToDisappear');
31.   }
32.
33.   build() {
34.     Column() {
35.       // this.showChild为true,创建Child子组件,执行Child aboutToAppear
36.       if (this.showChild) {
37.         Child()
38.       }
39.       // this.showChild为false,删除Child子组件,执行Child aboutToDisappear
40.       Button('create or delete Child').onClick(() => {
41.         this.showChild = false;
42.       })
43.       // push到Page2页面,执行onPageHide
44.       Button('push to next page')
45.         .onClick(() => {
46.           router.pushUrl({ url: 'pages/Index2' });
47.         })
48.     }
49.   }
50.  }
51. }
52.
53. @Component
54. struct Child {
55.   @State title: string = 'Hello World';
56.   // 组件生命周期
```

```
57.    aboutToDisappear() {
58.      console.info('[lifeCycle] Child aboutToDisappear')
59.    }
60.    // 组件生命周期
61.    aboutToAppear() {
62.      console.info('[lifeCycle] Child aboutToAppear')
63.    }
64.
65.    build() {
66.      Text(this.title).fontSize(50).onClick(() => {
67.        this.title = 'Hello ArkUI';
68.      })
69.    }
70.  }
```

以上示例中，Index 页面包含两个自定义组件，一个是被 @Entry 装饰的 MyComponent，也是页面的入口组件，即页面的根节点；另一个是 Child，是 MyComponent 的子组件。只有 @Entry 装饰的节点才可以生效页面的生命周期方法，所以 MyComponent 中声明了当前 Index 页面的页面生命周期函数。同时 MyComponent 和其子组件 Child 也声明了组件的生命周期函数。

（1）应用冷启动的初始化流程为：MyComponent aboutToAppear→MyComponent build→Child aboutToAppear→Child build→Child build 执行完毕→MyComponent build 执行完毕→Index onPageShow。

（2）单击"delete Child"，if 绑定的 this.showChild 变成 false，删除 Child 组件，会执行 Child aboutToDisappear 方法。

（3）单击"push to next page"，调用 router.pushUrl 接口，跳转到另外一个页面，当前 Index 页面隐藏，执行页面生命周期 Index onPageHide。此处调用的是 router.pushUrl 接口，Index 页面被隐藏，并没有销毁，所以只调用 onPageHide。跳转到新页面后，执行初始化新页面的生命周期的流程。

（4）如果调用的是 router.replaceUrl，则当前 Index 页面被销毁，执行的生命周期流程将变为：Index onPageHide→MyComponent aboutToDisappear→Child aboutToDisappear。上文已经提到，组件的销毁是从组件树上直接摘下子树，所以先调用父组件的 aboutToDisappear，再调用子组件的 aboutToDisappear，然后执行初始化新页面的生命周期流程。

（5）单击"返回"按钮，触发页面生命周期 IndexonBackPress。最小化应用或者应用进入后台，触发 Index onPageHide。这两个状态下应用都没有被销毁，所以并不会执行组件的 aboutToDisappear。应用回到前台，执行 Index onPageShow。

（6）退出应用，执行 Index onPageHide→MyComponent aboutToDisappear→Child aboutToDisappear。

3.4 其他装饰器

除了前文提到的 @Component、@Entry、@Preview、@State 这 4 种最常见的装饰器外，ArkTS 还为开发者提供了一系列其他强有力的装饰器配合开发者进行开发。

3.4.1 @Builder 装饰器：用于自定义构建函数

前面章节介绍了如何创建一个自定义组件。该自定义组件内部 UI 结构固定，仅与使用方进行数据传递。ArkUI 还提供了一种更轻量的 UI 元素复用机制@Builder，@Builder 装饰的函数遵循 build()函数语法规则，开发者可以将重复使用的 UI 元素抽象成一个方法，在 build 方法里调用。

为了简化语言，@Builder 装饰的函数也称为"自定义构建函数"。

自定义构建函数分为组件内自定义构建函数和全局自定义构建函数，在组件内定义的构建函数需要遵循以下规则：

（1）允许在自定义组件内定义一个或多个自定义构建函数，该函数被认为是该组件的私有、特殊类型的成员函数。

（2）自定义构建函数可以在所属组件的 build 方法和其他自定义构建函数中调用，但不允许在组件外调用。

（3）在自定义函数体中，this 指代当前所属组件，组件的状态变量可以在自定义构建函数内访问。建议通过 this 访问自定义组件的状态变量而不是参数传递。

而全局的自定义构建函数可以被整个应用获取，配合前文介绍的命名空间和模块功能可以更好地实现模块化开发。

```
1.   //组件内自定义构建函数
2.   @Builder myBuilderFunction({ … })
3.   //组件内自定义构建函数使用方法
4.   this.myBuilderFunction({ … })
5.
6.   //全局自定义构建函数
7.   @Builder function MyGlobalBuilderFunction({ … })
8.   //全局自定义构建函数使用方法,注意在全局自定义构建函数中不允许使用 this 和 bind 方法
9.   MyGlobalBuilderFunction()
```

自定义构建函数提供了两种传参方式，即按值传递和按引用传递。使用按引用传递参数时，传递的参数可为状态变量，且状态变量的改变会引起@Builder 方法内的 UI 刷新。ArkUI 提供 $$（单个$代表解析表达式）作为按引用传递参数的范式。以下是使用按引用传递参数代码示例。

```
1.   //entry/src/main/pages/Abuilder.ets
2.   @Builder function ABuilder( $$ : { paramA1: string }) {
3.     Row() {
4.       Text(`UseStateVarByReference: ${$$.paramA1} `)
5.     }
6.   }
7.   @Entry
8.   @Component
9.   struct Parent {
10.    @State label: string = 'Hello';
11.    build() {
12.      Column() {
13.        // 在 Parent 组件中调用 ABuilder 的时候,将 this.label 引用传递给 ABuilder
14.        ABuilder({ paramA1: this.label })
15.        Button('Click me').onClick(() => {
16.          // 单击"Click me"后,UI 从"Hello"刷新为"ArkUI"
```

```
17.         this.label = 'ArkUI';
18.       })
19.     }
20.   }
21. }
```

注意：当使用引用方式传递参数时，不要试图在自定义构建函数中修改父组件传递过来的参数，这并不会引起父组件刷新 UI 重新渲染，反而会导致错误产生。在后面章节中，读者将会学习到其他方法用来解决父子组件中参数通信问题。

3.4.2 @BuilderParam 装饰器

当开发者创建了自定义组件，并想对该组件添加特定功能时，例如在自定义组件中添加一个单击跳转操作。若直接在组件内嵌入事件方法，将会导致所有引入该自定义组件的地方均增加了该功能。为解决此问题，ArkUI 引入了@BuilderParam 装饰器，@BuilderParam 用来装饰指向@Builder 方法的变量，开发者可在初始化自定义组件时对此属性进行赋值，为自定义组件增加特定的功能。通俗地讲，开发者在设计自定义组件时，提前预留了位置给使用此自定义组件的开发人员进行功能扩展。该装饰器用于声明任意 UI 描述的一个元素，类似 Vue 开发框架中的 slot 占位符。

```
1.  //entry/src/main/pages/builderPadram.ets
2.  @Builder function GlobalBuilder1( $ $ : {label: string }) {
3.    Text( $ $ .label)
4.      .width(400)
5.      .height(50)
6.      .backgroundColor(Color.Blue)
7.  }
8.
9.  @Component
10. struct Child {
11.   label: string = 'Child'
12.   // 无参数类型,指向的 componentBuilder 也是无参数类型
13.   @BuilderParam aBuilder0: () => void;
14.   // 有参数类型,指向的 GlobalBuilder1 也是有参数类型的方法
15.   @BuilderParam aBuilder1: ( $ $ : { label : string}) => void;
16.
17.   build() {
18.     Column() {
19.       this.aBuilder0()
20.       this.aBuilder1({label: 'global Builder label' })
21.     }
22.   }
23. }
24.
25. @Entry
26. @Component
27. struct BuildParent {
28.   label: string = 'Parent'
29.
30.   @Builder componentBuilder() {
31.     Text(`${this.label}`)
32.   }
33.
34.   build() {
```

```
35.        Column() {
36.          this.componentBuilder()
37.          Child({ aBuilder0: this.componentBuilder, aBuilder1: GlobalBuilder1 })
38.        }
39.      }
40.    }
```

在上述代码示例中,在子组件 Child 中定义了两个由@BuilderParam 装饰的函数,当在父组件 Parent 中使用时,分别通过参数传入两个自定义构造函数以达到扩展 Child 组件的功能。

3.4.3 @Styles 装饰器

如果每个组件的样式都需要单独设置,在开发过程中会出现大量代码进行重复样式设置,虽然可以复制粘贴,但为了代码简洁性和后续方便维护,本节推出了可以提炼公共样式进行复用的装饰器@Styles。@Styles 装饰器可以将多条样式设置提炼成一个方法,直接在组件声明的位置调用。组件内@Styles 的优先级高于全局@Styles。框架优先找当前组件内的@Styles,如果找不到,则会全局查找。通过@Styles 装饰器可以快速定义并复用自定义样式。

```
1.   // 定义在全局的@Styles 封装的样式
2.   //entry/src/main/ets/pages/Styls.ets
3.   @Styles function globalFancy () {
4.     .width(150)
5.     .height(100)
6.     .backgroundColor(Color.Pink)
7.   }
8.
9.   @Entry
10.  @Component
11.  struct FancyUse {
12.    @State heightVlaue: number = 100
13.    // 定义在组件内的@Styles 封装的样式
14.    @Styles fancy() {
15.      .width(200)
16.      .height(this.heightVlaue)
17.      .backgroundColor(Color.Yellow)
18.      .onClick(() => {
19.        this.heightVlaue = 200
20.      })
21.    }
22.
23.    build() {
24.      Column({ space: 10 }) {
25.        // 使用全局的@Styles 封装的样式
26.        Text('FancyA')
27.          .globalFancy ()
28.          .fontSize(30)
29.        // 使用组件内的@Styles 封装的样式
30.        Text('FancyB')
31.          .fancy()
32.          .fontSize(30)
33.      }
34.    }
35.  }
```

在上述代码示例中，分别定义了全局@Styles 装饰器和组件内@Styles 装饰器，并且在 FancyUse 中给出了使用方法。

3.4.4 stateStyles

stateStyles 不属于装饰器种类，但搭配@Styles 装饰器可以依据组件内部状态的不同，快速设置不同样式。这就是本章要介绍的内容 stateStyles（又称为"多态样式"）。stateStyles 类似于 Web 开发中的 css 伪类，但语法不同。ArkUI 为开发者提供了以下 4 种状态。

（1）focused：获焦态。
（2）normal：正常态。
（3）pressed：按压态。
（4）disabled：不可用态。

下面的示例展示了 stateStyles 最基本的使用场景。Button 处于第一个组件，默认获焦，生效 focused 指定的粉色样式。按压时显示为 pressed 态指定的黑色。如果在 Button 前再放一个组件，使其不处于获焦态，就会生效 normal 态的黄色。

```
1.   @Entry
2.   @Component
3.   struct StateStylesSample {
4.     build() {
5.       Column() {
6.         Button('Click me')
7.           .stateStyles({
8.             focused: {
9.               .backgroundColor(Color.Pink)
10.            },
11.            pressed: {
12.              .backgroundColor(Color.Black)
13.            },
14.            normal: {
15.              .backgroundColor(Color.Yellow)
16.            }
17.          })
18.       }.margin('30%')
19.     }
20.   }
```

以下示例通过@Styles 指定 stateStyles 的不同状态。

```
1.   //entry/src/main/ets/pages/stateStyles.ets
2.   @Entry
3.   @Component
4.   struct MyComponent {
5.     @Styles normalStyle() {
6.       .backgroundColor(Color.Gray)
7.     }
8.
9.     @Styles pressedStyle() {
10.      .backgroundColor(Color.Red)
11.    }
12.
13.    build() {
```

```
14.        Column() {
15.          Text('Text1')
16.            .fontSize(50)
17.            .fontColor(Color.White)
18.            .stateStyles({
19.              normal: this.normalStyle,
20.              pressed: this.pressedStyle,
21.            })
22.        }
23.      }
24.    }
```

在此示例中，当单击文本框时背景颜色变为红色，此段示例仅做简单的展示。

3.5 状态管理

在前文中，提到由@State装饰器装饰的变量发生变化时会引起UI渲染，并且当开发者用引用的方式从父组件中向子组件中传递参数时，当此变量在父组件中变化时会引起子组件相关变量一起重现渲染。但是到目前为止，还没有一种方法可以实现从子组件中改变变量使父组件重现渲染，但是借助状态管理装饰器就可以实现此功能。本节将延续3.4节中的装饰器内容继续介绍用于状态管理的装饰器。

从数据的传递形式和同步类型层面看，装饰器也可分为：

(1) 只读的单向传递；

(2) 可变更的双向传递。

状态图示如图3-5所示，在后面将一一介绍各个装饰器的用法。开发者可以灵活地利用这些能力来实现数据和UI的联动。

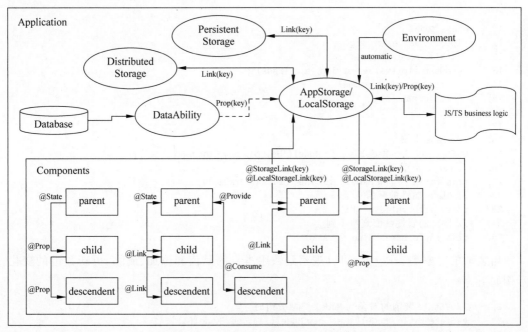

图 3-5　页面级状态管理与应用关系图

在图 3-5 中，Components 部分的装饰器为组件级别的状态管理，Application 部分为应用的状态管理。开发者可以通过 @StorageLink/@LocalStorageLink 和 @StorageProp/@LocalStorageProp 实现应用和组件状态的双向和单向同步。图中箭头方向为数据同步方向，单箭头为单向同步，双箭头为双向同步。

3.5.1 @State 装饰器

在前文中，已经讲解了 @State 装饰的变量，或称为状态变量，一旦变量拥有了状态属性，就和自定义组件的渲染绑定起来。当状态改变时，UI 会发生对应的渲染改变。

但是并不是状态变量的所有更改都会引起 UI 的刷新，只有可以被框架观察到的修改才会引起 UI 刷新。本小节会介绍什么样的修改才能被观察到，以及观察到变化后，框架是怎么引起 UI 刷新的，即框架的行为表现是什么。

当装饰的数据类型为 boolean、string、number 类型时，可以观察到数值的变化。

```
1.  @State count: number = 0;
2.  // 此变量变化可以被观察到
3.  this.count = 1;
```

当装饰的数据类型为 class 或者 object 时，可以观察到自身赋值的变化和其属性赋值的变化，即 Object.keys(observedObject) 返回的所有属性。示例如下：

```
1.  //声明 ClassA 和 Model 类.
2.  class ClassA {
3.    public value: string;
4.  
5.    constructor(value: string) {
6.      this.value = value;
7.    }
8.  }
9.  
10. class Model {
11.   public value: string;
12.   public name: ClassA;
13.   constructor(value: string, a: ClassA) {
14.     this.value = value;
15.     this.name = a;
16.   }
17. }
18. // class 类型
19. @State title: Model = new Model('Hello', new ClassA('World'));
20. // class 类型赋值
21. this.title = new Model('Hi', new ClassA('ArkUI'));
22. // class 属性的赋值
23. this.title.value = 'Hi';
24. // 嵌套的属性赋值观察不到
25. this.title.name.value = 'ArkUI';
```

当装饰的对象是 array 时，可以观察到数组本身的赋值和添加、删除、更新数组的变化。示例如下：

```
1.  //@State 装饰的对象为 Model 类型数组时
2.  @State title: Model[] = [new Model(11), new Model(1)]
3.  //数组自身的赋值可以观察到
4.  this.title = [new Model(2)]
```

```
5.      //数组项的赋值可以观察到
6.      this.title[0] = new Model(2)
7.      //删除数组项可以观察到
8.      this.title.pop()
9.      //新增数组项可以观察到
10.     this.title.push(new Model(12))
```

3.5.2 @Prop 装饰器

在前文中介绍到可以使用＄＄的方式传递引用参数，虽然在子组件中可以接收父组件参数变化重新渲染，但是这种方式仍有一种弊端，即开发者不能在子组件中修改引用的参数，在本节中使用@Prop 装饰的变量可以和父组件建立单向的同步关系。@Prop 装饰的变量是可变的，但是变化不会同步回其父组件。

以下示例是@State 到子组件@Prop 简单数据同步，父组件 ParentComponent 的状态变量 countDownStartValue 初始化子组件 CountDownComponent 中@Prop 装饰的 count，单击"Try again"，count 的修改仅保留在 CountDownComponent，不会同步给父组件 CountDownComponent。

ParentComponent 的状态变量 countDownStartValue 的变化将重置 CountDownComponent 的 count。

```
1.   //entry/src/main/ets/pages/Prop_example.ets
2.   @Component
3.   struct CountDownComponent {
4.     @Prop count: number;
5.     costOfOneAttempt: number = 1;
6.
7.     build() {
8.       Column() {
9.         if (this.count > 0) {
10.          Text(`You have ${this.count} Nuggets left`)
11.        } else {
12.          Text('Game over!')
13.        }
14.        // @Prop 装饰的变量不会同步给父组件
15.        Button(`Try again`).onClick(() => {
16.          this.count -= this.costOfOneAttempt;
17.        })
18.      }
19.    }
20.  }
21.
22.  @Entry
23.  @Component
24.  struct ParentComponent {
25.    @State countDownStartValue: number = 10;
26.
27.    build() {
28.      Column() {
29.        Text(`Grant ${this.countDownStartValue} nuggets to play.`)
30.        // 父组件的数据源的修改会同步给子组件
31.        Button(`+1 - Nuggets in New Game`).onClick(() => {
32.          this.countDownStartValue += 1;
33.        })
34.        // 父组件的修改会同步给子组件
35.        Button(`-1 - Nuggets in New Game`).onClick(() => {
```

```
36.            this.countDownStartValue -= 1;
37.          })
38.
39.          CountDownComponent({ count: this.countDownStartValue, costOfOneAttempt: 2 })
40.        }
41.      }
42.    }
```

在上面的代码示例中:

(1) CountDownComponent 子组件首次创建时其@Prop 装饰的 count 变量将从父组件@State 装饰的 countDownStartValue 变量初始化。

(2) 按"+1"或"-1"按钮时,父组件的@State 装饰的 countDown-StartValue 值会变化,这将触发父组件重新渲染,在父组件重新渲染过程中会刷新使用 countDownStartValue 状态变量的 UI 组件并单向同步更新 CountDownComponent 子组件中的 count 值。

(3) 更新 count 状态变量值也会触发 CountDownComponent 的重新渲染,在重新渲染过程中,评估使用 count 状态变量的 if 语句条件(this.count>0),并执行 true 分支中的使用 count 状态变量的 UI 组件相关描述来更新 Text 组件的 UI 显示。

(4) 当按下子组件 CountDownComponent 的"Try again"按钮时,其@Prop 变量 count 将被更改,但是 count 值的更改不会影响父组件的 countDownStartValue 值。

(5) 父组件的 countDownStartValue 值会变化时,父组件的修改将覆盖子组件 CountDownComponent 中 count 本地的修改。

3.5.3 @Link 装饰器

在前文介绍的装饰器中所提供的功能中,父组件可以改变子组件中的值,但是还没有一种办法可以实现从子组件中同步变化到父组件中,@Link 装饰器为开发者提供了这一功能。

为了了解@Link 变量初始化和更新机制,有必要先了解父组件和拥有@Link 变量的子组件的关系,以及初始渲染和双向更新的流程(以父组件为@State 为例)。

(1) 初始渲染:执行父组件的 build()函数后将创建子组件的新实例。初始化过程包括以下内容。

① 必须指定父组件中的@State 变量,用于初始化子组件的@Link 变量。子组件的@Link 变量值与其父组件的数据源变量保持同步(双向数据同步)。

② 父组件的@State 状态变量包装类通过构造函数传给子组件,子组件的@Link 包装类得到父组件的@State 的状态变量后,将当前@Link 包装类 this 指针注册给父组件的@State 变量。

(2) @Link 数据源的更新:即父组件中状态变量更新,引起相关子组件的@Link 的更新。

① 通过初始渲染的步骤可知,子组件@Link 包装类把当前 this 指针注册给父组件。父组件@State 变量变更后,会遍历更新所有依赖它的系统组件(elementId)和状态变量(如@Link 包装类)。

② 通知@Link 包装类更新后,子组件中所有依赖@Link 状态变量的系统组件(elementId)都会被通知更新,以此实现父组件对子组件的状态数据同步。

③ @Link 的更新：当子组件中 @Link 更新后，处理步骤如下（以父组件为 @State 为例）：@Link 更新后，调用父组件的 @State 包装类的 set 方法，将更新后的数值同步回父组件。

子组件 @Link 和父组件 @State 分别遍历依赖的系统组件，进行对应的 UI 的更新，以此实现子组件 @Link 同步回父组件 @State。

接下来通过一个简单的代码示例了解 @Link 装饰器用法。

```
1.   //entry/src/main/ets/pages/Link_example.ets
2.   class GreenButtonState {
3.     width: number = 0;
4.     constructor(width: number) {
5.       this.width = width;
6.     }
7.   }
8.   @Component
9.   struct GreenButton {
10.    @Link greenButtonState: GreenButtonState;
11.    build() {
12.      Button('Green Button')
13.        .width(this.greenButtonState.width)
14.        .height(150.0)
15.        .backgroundColor('#00ff00')
16.        .onClick(() => {
17.          if (this.greenButtonState.width < 700) {
18.            // 更新 class 的属性，变化可以被观察到同步回父组件
19.            this.greenButtonState.width += 125;
20.          } else {
21.            // 更新 class，变化可以被观察到同步回父组件
22.            this.greenButtonState = new GreenButtonState(100);
23.          }
24.        })
25.    }
26.  }
27.  @Component
28.  struct YellowButton {
29.    @Link yellowButtonState: number;
30.    build() {
31.      Button('Yellow Button')
32.        .width(this.yellowButtonState)
33.        .height(150.0)
34.        .backgroundColor('#ffff00')
35.        .onClick(() => {
36.          // 子组件的简单类型可以同步回父组件
37.          this.yellowButtonState += 50.0;
38.        })
39.    }
40.  }
41.  @Entry
42.  @Component
43.  struct ShufflingContainer {
44.    @State greenButtonState: GreenButtonState = new GreenButtonState(300);
45.    @State yellowButtonProp: number = 100;
46.    build() {
47.      Column() {
48.        // 简单类型从父组件 @State 向子组件 @Link 数据同步
49.        Button('Parent View: Set yellowButton')
```

```
50.        .onClick(() => {
51.            this.yellowButtonProp = (this.yellowButtonProp < 700)? this.yellowButtonProp +
               100 : 100;
52.        })
53.        // class 类型从父组件@State 向子组件@Link 数据同步
54.        Button('Parent View: Set GreenButton')
55.          .onClick(() => {
56.            this.greenButtonState.width = (this.greenButtonState.width < 700)? this.
              greenButtonState.width + 100 : 100;
57.        })
58.        // class 类型初始化@Link
59.        GreenButton({ greenButtonState: $ greenButtonState })
60.        // 简单类型初始化@Link
61.        YellowButton({ yellowButtonState: $ yellowButtonProp })
62.      }
63.    }
64.  }
```

以上述代码示例中,单击父组件 ShufflingContainer 中的"Parent View:Set yellowButton"和"Parent View:Set GreenButton",可以从父组件将变化同步给子组件,子组件 GreenButton 和 YellowButton 中@Link 装饰变量的变化也会同步给其父组件。

3.5.4 @Provide 装饰器和@Consume 装饰器

前文中介绍的装饰器只能用于父子组件内通信,本节将要介绍的@Provide 和@Consume 装饰器,应用于与后代组件的双向数据同步,以及状态数据在多个层级之间传递的场景。不同于上文提到的父子组件之间通过命名参数机制传递,@Provide 和@Consume 摆脱参数传递机制的束缚,实现跨层级传递。

其中,@Provide 装饰的变量是在祖先节点中,可以理解为被"提供"给后代的状态变量。@Consume 装饰的变量是在后代组件中,去"消费(绑定)"祖先节点提供的变量。

@Provide/@Consume 装饰的状态变量有以下特性:

(1)@Provide 装饰的状态变量自动对其所有后代组件可用,即该变量被"provide"给它的后代组件。由此可见,@Provide 的方便之处在于,开发者不需要多次在组件之间传递变量。

(2)后代组件通过使用@Consume 去获取@Provide 提供的变量,建立@Provide 和@Consume 之间的双向数据同步,与@State/@Link 不同的是,前者可以在多层级的父子组件之间传递。

(3)@Provide 和@Consume 可以通过相同的变量名或者相同的变量别名绑定,变量类型必须相同。

```
1.    // 通过相同的变量名绑定
2.    @Provide a: number = 0;
3.    @Consume a: number;
4.    
5.    // 通过相同的变量别名绑定
6.    @Provide('a') b: number = 0;
7.    @Consume('a') c: number;
```

@Provide 和@Consume 通过相同的变量名或者相同的变量别名绑定时,@Provide 修饰的变量和@Consume 修饰的变量是一对多的关系。不允许在同一个自定义组件内,包括其子组件中声明多个同名或者同别名的@Provide 装饰的变量。

下面的示例是与后代组件双向同步状态@Provide 和@Consume 场景。当分别单击 CompA 和 CompD 组件内 Button 时,reviewVotes 的更改会双向同步在 CompA 和 CompD 中。

```
1.   //entry/src/main/ets/pages/Provide_Consume.ets
2.   @Component
3.   struct CompD {
4.     // @Consume 装饰的变量通过相同的属性名绑定其祖先组件 CompA 内的@Provide 装饰的变量
5.     @Consume reviewVotes: number;
6.
7.     build() {
8.       Column() {
9.         Text(`reviewVotes( ${this.reviewVotes})`)
10.        Button(`reviewVotes( ${this.reviewVotes}), give + 1`)
11.          .onClick(() => this.reviewVotes += 1)
12.      }
13.      .width('50%')
14.    }
15.  }
16.
17.  @Component
18.  struct CompC {
19.    build() {
20.     Row({ space: 5 }) {
21.        CompD()
22.        CompD()
23.      }
24.    }
25.  }
26.
27.  @Component
28.  struct CompB {
29.    build() {
30.      CompC()
31.    }
32.  }
33.
34.  @Entry
35.  @Component
36.  struct CompA {
37.    // @Provide 装饰的变量 reviewVotes 由入口组件 CompA 提供其后代组件
38.    @Provide reviewVotes: number = 0;
39.
40.    build() {
41.      Column() {
42.        Button(`reviewVotes( ${this.reviewVotes}), give + 1`)
43.          .onClick(() => this.reviewVotes += 1)
44.        CompB()
45.      }
46.    }
47.  }
```

3.6 应用间状态通信

3.5 节中介绍的装饰器仅能在页面内,即一个组件树上共享状态变量。如果开发者要实现应用级的,或者多个页面的状态数据共享,就需要用到应用级别的状态管理的概念。

ArkTS 根据不同特性,提供了多种应用状态管理的能力。

(1) LocalStorage:页面级 UI 状态存储,通常用于 UIAbility 内、页面间的状态共享。

(2) AppStorage:特殊的单例 LocalStorage 对象,由 UI 框架在应用程序启动时创建,为应用程序 UI 状态属性提供中央存储。

(3) PersistentStorage:持久化存储 UI 状态,通常和 AppStorage 配合使用,选择 AppStorage 存储的数据写入磁盘,以确保这些属性在应用程序重新启动时的值与应用程序关闭时的值相同。

(4) Environment:应用程序运行的设备的环境参数,环境参数会同步到 AppStorage 中,可以和 AppStorage 搭配使用。

3.6.1 LocalStorage:页面级 UI 状态存储

LocalStorage 是页面级的 UI 状态存储,通过@Entry 装饰器接收的参数可以在页面内共享同一个 LocalStorage 实例。LocalStorage 也可以在 UIAbility 内、页面间共享状态。

本书仅介绍 LocalStorage 使用场景和相关的装饰器:@LocalStorageProp 和 @LocalStorageLink。

LocalStorage 是 ArkTS 为构建页面级别状态变量提供存储的内存内"数据库"。

(1) 应用程序可以创建多个 LocalStorage 实例,LocalStorage 实例可以在页面内共享,也可以通过 GetShared 接口,获取在 UIAbility 里创建的 GetShared,实现跨页面、UIAbility 内共享。

(2) 组件树的根节点,即被@Entry 装饰的@Component,可以被分配一个 LocalStorage 实例,此组件的所有子组件实例将自动获得对该 LocalStorage 实例的访问权限。

(3) 被@Component 装饰的组件最多可以访问一个 LocalStorage 实例和 AppStorage,未被@Entry 装饰的组件不可被独立分配 LocalStorage 实例,只能接收父组件通过@Entry 传递来的 LocalStorage 实例。一个 LocalStorage 实例在组件树上可以被分配给多个组件。

(4) LocalStorage 中的所有属性都是可变的。

(5) 应用程序决定 LocalStorage 对象的生命周期。当应用释放最后一个指向 LocalStorage 的引用时,比如销毁最后一个自定义组件,LocalStorage 将被 JS Engine 垃圾回收。

(6) LocalStorage 根据与@Component 装饰的组件的同步类型不同,提供了两个装饰器。

① @LocalStorageProp:@LocalStorageProp 装饰的变量与 LocalStorage 中给定属性建立单向同步关系。

② @LocalStorageLink:@LocalStorageLink 装饰的变量和在@Component 中创建与 LocalStorage 中给定属性建立双向同步关系,也就是说修改@LocalStorageLink 装饰的变量会同步返回到 LocalStorage 中,并影响其他被@LocalStorageProp 装饰的同一 key 变量。

1. 应用逻辑使用 LocalStorage

```
1.   let storage = new LocalStorage({ 'PropA': 47 });   // 创建新实例并使用给定对象初始化
2.   let propA = storage.get('PropA')                   // propA == 47
3.   let link1 = storage.link('PropA');                 // link1.get() == 47
4.   let link2 = storage.link('PropA');                 // link2.get() == 47
```

```
5.    let prop = storage.prop('PropA');            // prop.get() = 47
6.    link1.set(48);          // link1.get() == link2.get() == prop.get() == 48
7.    prop.set(1);            // prop.get() = 1; 但是 link1.get() == link2.get() == 48
8.    link1.set(49);          // link1.get() == link2.get() == prop.get() == 49
```

以上代码示例介绍了在应用逻辑内使用 LocalStorage,可以看到以 prop 方式获取的变量被修改时,修改不会同步返回在 LocalStorage 中存储的数值,但是以 link 方式获取的变量会同步返回给 LocalStorage 对应的 key 值,并且修改其他所有用到此 key 的变量。

2. 从 UI 内部使用 LocalStorage

除了应用程序逻辑使用 LocalStorage,还可以借助 LocalStorage 相关的两个装饰器 @LocalStorageProp 和 @LocalStorageLink,在 UI 组件内部获取 LocalStorage 实例中存储的状态变量。

接下来的代码示例以 @LocalStorage 为例展示以下内容:

(1) 使用构造函数创建 LocalStorage 实例 storage;

(2) 使用 @Entry 装饰器将 storage 添加到 CompA 顶层组件中;

(3) @LocalStorageLink 绑定 LocalStorage 给定的属性,建立双向数据同步。@LocalStorageProp 装饰器装饰的变量只能单向数据同步。

```
1.    //ets/src/main/ets/pages/LocalStorage.ets
2.    // 创建新实例并使用给定对象初始化
3.    let storage = new LocalStorage({ 'PropA': 42, 'PropB':2023});
4.    // 使 LocalStorage 可从 @Component 组件访问
5.    @Entry(storage)
6.    @Component
7.    struct CompLocal {
8.      // @LocalStorageProp 变量装饰器与 LocalStorage 中的'PropA'属性建立单向绑定
9.      // @LocalStorageLink 变量装饰器与 LocalStorage 中的'PropB'属性建立双向绑定
10.     @LocalStorageProp('PropA') storProp1: number = 1;
11.     @LocalStorageLink('PropB') storProp2: number = 2022
12.     build() {
13.       Column({ space: 15 }) {
14.         // 单击后从 42 开始加 1,只改变当前组件显示的 storProp1,不会同步到 LocalStorage 中
15.         Button(`父组件改变 PropA ${this.storProp1}`)
16.           .onClick(() => this.storProp1 += 1)
17.         // 单击后从 2023 开始加 1,数据会同步到 LocalStorage 中
18.         Button(`父组件改变 PropB ${this.storProp2}`)
19.           .onClick(() => this.storProp2 += 1)
20.         Child()
21.       }
22.     }
23.   }
24.
25.   @Component
26.   struct ChildLocal {
27.     // @LocalStorageProp 变量装饰器与 LocalStorage 中的'ProA'和'PropB'属性建立单向绑定
28.     @LocalStorageProp('PropA') storProp1: number = 2;
29.     @LocalStorageProp('PropB') storProp2: number = 2021;
30.
31.     build() {
32.       Column({ space: 15 }) {
33.         // 当 CompA 改变时,当前 storProp1 不会改变,显示 42,storProp2 会随着改变
34.         Text(`Parent from LocalStorage ${this.storProp1}`)
35.         Text(`Parent from LocalStorage ${this.storProp2}`)
```

```
36.        }
37.     }
38. }
```

在上述代码示例中,当用户单击父组件中的两个按钮时,可以在子组件中观察到对应变化。

3.6.2 AppStorage:应用全局的 UI 状态存储

AppStorage 是应用全局的 UI 状态存储,是和应用的进程绑定的,由 UI 框架在应用程序启动时创建,为应用程序 UI 状态属性提供中央存储。

和 LocalStorage 不同的是,LocalStorage 是页面级的,通常应用于页面内的数据共享。而对于 AppStorage,是应用级的全局状态共享。AppStorage 还相当于整个应用的"中枢",持久化数据 PersistentStorage 和环境变量 Environment 都是通过和 AppStorage 中转,才可以和 UI 交互。

本书仅介绍 AppStorage 使用场景和相关的装饰器:@StorageProp 和@StorageLink。

1. @StorageProp

在上文中已经提到,如果要建立 AppStorage 和自定义组件的联系,需要使用@StorageProp 和@StorageLink 装饰器。使用@StorageProp(key)/@StorageLink(key)装饰组件内的变量,key 标识了 AppStorage 的属性。

当自定义组件初始化时,@StorageProp(key)/@StorageLink(key)装饰的变量会通过给定的 key,绑定在 AppStorage 对应属性,完成初始化。本地初始化是必要的,因为无法保证 AppStorage 一定存在给定的 key,这取决于应用逻辑,是否在组件初始化之前在 AppStorage 实例中存入对应的属性。

@StorageProp(key)是和 AppStorage 中 key 对应的属性建立单向数据同步,系统允许本地改变的发生,但是对于@StorageProp,本地的修改永远不会同步回 AppStorage 中;相反,如果 AppStorage 给定 key 的属性发生改变,改变会被同步给@StorageProp,并覆盖本地的修改。

2. @StorageLink

@StorageLink(key)是和 AppStorage 中 key 对应的属性建立双向数据同步。本地修改发生,该修改会被返回 AppStorage 中。

AppStorage 中的修改发生后,该修改会被同步到所有绑定 AppStorage 对应 key 的属性上,包括单向(@StorageProp 和通过 Prop 创建的单向绑定变量)、双向(@StorageLink 和通过 Link 创建的双向绑定变量)变量和其他实例(比如 PersistentStorage)。

3. 从应用逻辑使用 AppStorage 和 LocalStorage

AppStorage 是单例,它的所有 API 都是静态的,使用方法类似于 LocalStorage 中对应的非静态方法。

```
1.  AppStorage.SetOrCreate('PropA', 47);
2.
3.  let storage: LocalStorage = new LocalStorage({ 'PropA': 17 });
4.   let propA: number = AppStorage.Get('PropA') // propA in AppStorage == 47, propA in
    LocalStorage == 17
5.  var link1: SubscribedAbstractProperty<number> = AppStorage.Link('PropA'); // link1.
    get() == 47
6.  var link2: SubscribedAbstractProperty<number> = AppStorage.Link('PropA'); // link2.
```

```
7.    var prop: SubscribedAbstractProperty < number > = AppStorage.Prop('PropA'); // prop.get() = 47
8.
9.    link1.set(48); // two-way sync: link1.get() == link2.get() == prop.get() == 48
10.   prop.set(1);     // one-way sync: prop.get() = 1; but link1.get() == link2.get() == 48
11.   link1.set(49); // two-way sync: link1.get() == link2.get() == prop.get() == 49
12.
13.   storage.get('PropA')         // == 17
14.   storage.set('PropA', 101);
15.
16.   storage.get('PropA')         // == 101
17.
18.   AppStorage.Get('PropA')      // == 49
19.   link1.get()                  // == 49
20.   link2.get()                  // == 49
21.   prop.get()                   // == 49
```

4. 从 UI 内部使用 AppStorage 和 LocalStorage

@StorageLink 变量装饰器与 AppStorage 配合使用，正如@LocalStorageLink 与 LocalStorage 配合使用一样。此装饰器使用 AppStorage 中的属性创建双向数据同步。

```
1.    //entry/src/main/ets/pages/AppStorage.ets
2.    AppStorage.SetOrCreate('PropA', 47);
3.    let storageApp = new LocalStorage({ 'PropA': 48 });
4.
5.    @Entry(storageApp)
6.    @Component
7.    struct CompAppStorage {
8.      @StorageLink('PropA') storLink: number = 1;
9.      @LocalStorageLink('PropA') localStorLink: number = 1;
10.
11.     build() {
12.       Column({ space: 20 }) {
13.         Text(`From AppStorage ${this.storLink}`)
14.           .onClick(() => this.storLink += 1)
15.
16.         Text(`From LocalStorage ${this.localStorLink}`)
17.           .onClick(() => this.localStorLink += 1)
18.       }
19.     }
20.   }
```

3.6.3　PersistentStorage：持久化存储 UI 状态

3.6.1、3.6.2 小节介绍的 LocalStorage 和 AppStorage 都是运行时的内存，不能做到在应用退出再次启动后，依然保存选定的结果。为了能提供保存用户信息功能，就需要用到 PersistentStorage。

PersistentStorage 是应用程序中的可选单例对象。此对象的作用是持久化存储选定的 AppStorage 属性，以确保这些属性在应用程序重新启动时的值与应用程序关闭时的值相同。

1. 概述

PersistentStorage 将选定的 AppStorage 属性保留在设备磁盘上。应用程序通过 API，以决定哪些 AppStorage 属性应借助 PersistentStorage 持久化。UI 和业务逻辑不直接访问 PersistentStorage 中的属性，所有属性访问都是对 AppStorage 的访问，AppStorage 中的更改会自动同步到 PersistentStorage。

PersistentStorage 和 AppStorage 中的属性建立双向同步。应用开发通常通过 AppStorage 访问 PersistentStorage,另外还有一些接口可以用于管理持久化属性,但是业务逻辑始终是通过 AppStorage 获取和设置属性的。

```
1.  //entry/src/main/ets/pages/PersistentStorage.ets
2.  //初始化 PersistentStorage
3.  PersistentStorage.PersistProp('aProp', 47);
4.  //在 AppStorage 获取对应属性
5.  AppStorage.Get('aProp');
6.  @Entry
7.  @Component
8.  struct Persistent {
9.    @State message: string = 'Hello World'
10.   //组件内定部定义
11.   @StorageLink('aProp') aProp: number = 48
12.
13.   build() {
14.     Row() {
15.       Column() {
16.         Text(this.message)
17.         // 应用退出时会保存当前结果.重新启动后,会显示上一次的保存结果
18.         Text(`${this.aProp}`)
19.           .onClick(() => {
20.             this.aProp += 1;
21.           })
22.       }
23.     }
24.   }
25. }
```

以下过程讲述了新应用安装后首次启动时是怎样处理持久化存储过程的。

(1) 调用 PersistProp 初始化 PersistentStorage,首先查询在 PersistentStorage 本地文件中是否存在"aProp",查询结果为不存在,因为应用是第一次安装。

(2) 接着查询属性"aProp"在 AppStorage 中是否存在,依旧不存在。

(3) 在 AppStorge 中创建名为"aProp"的 number 类型属性,属性初始值是定义的默认值 47。

(4) PersistentStorage 将属性"aProp"和值 47 写入磁盘,AppStorage 中"aProp"对应的值和其后续的更改将被持久化。

(5) 在 Index 组件中创建状态变量 @StorageLink('aProp') aProp,和 AppStorage 中"aProp"双向绑定,在创建的过程中会在 AppStorage 中查找,成功找到"aProp",所以使用其在 AppStorage 找到的值 47。

3.6.4 @Watch 装饰器:状态变量更改通知

@Watch 应用于对状态变量的监听。如果开发者需要关注某个状态变量的值是否改变,可以使用@Watch 为状态变量设置回调函数。@Watch 装饰器与@State、@Prop、@Link 等装饰器搭配使用,建议放在这些装饰器之后。以下过程简单解释@Watch 装饰器响应过程。

(1) 当观察到状态变量的变化(包括双向绑定的 AppStorage 和 LocalStorage 中对应的 key 发生的变化)时,对应的@Watch 的回调方法将被触发。

(2) @Watch 方法在自定义组件的属性变更之后同步执行。

(3) 如果在@Watch 的方法里改变了其他的状态变量，也会引起状态变更和@Watch 的执行。

以下代码示例说明如何在子组件中观察@Link 变量。

```
1.   //entry/src/main/ets/pages/watch.ets
2.   class PurchaseItem {
3.     static NextId: number = 0;
4.     public id: number;
5.     public price: number;
6.   
7.     constructor(price: number) {
8.       this.id = PurchaseItem.NextId++;
9.       this.price = price;
10.    }
11.  }
12.  
13.  @Component
14.  struct BasketViewer {
15.    @Link @Watch('onBasketUpdated') shopBasket: PurchaseItem[];
16.    @State totalPurchase: number = 0;
17.  
18.    updateTotal(): number {
19.      let total = this.shopBasket.reduce((sum, i) => sum + i.price, 0);
20.      // 超过100 欧元可享受折扣
21.      if (total >= 100) {
22.        total = 0.9 * total;
23.      }
24.      return total;
25.    }
26.    // @Watch 回调函数
27.    onBasketUpdated(propName: string): void {
28.      this.totalPurchase = this.updateTotal();
29.    }
30.  
31.    build() {
32.      Column() {
33.        ForEach(this.shopBasket,
34.          (item) => {
35.            Text(`Price: ${item.price.toFixed(2)}`)
36.          },
37.          item => item.id.toString()
38.        )
39.        Text(`Total: ${this.totalPurchase.toFixed(2)}`)
40.      }
41.    }
42.  }
43.  
44.  @Entry
45.  @Component
46.  struct BasketModifier {
47.    @State shopBasket: PurchaseItem[] = [];
48.  
49.    build() {
50.      Column() {
51.        Button('Add to basket')
52.          .onClick(() => {
53.            this.shopBasket.push(new PurchaseItem(Math.round(100 * Math.random())))
```

```
54.        })
55.        BasketViewer({ shopBasket: $ shopBasket })
56.      }
57.    }
58.  }
```

上述代码示例处理步骤如下：

（1）BasketModifier 组件的 Button.onClick 向 BasketModifier shopBasket 中添加条目。

（2）@Link 装饰的 BasketViewer shopBasket 值发生变化。

（3）状态管理框架调用 @Watch 函数 BasketViewer onBasketUpdated 更新 BaketViewer TotalPurchase 的值。

（4）@Link shopBasket 的改变，新增了数组项，ForEach 组件会执行 item Builder，渲染构建新的 Item 项；@State totalPurchase 改变，对应的 Text 组件也重新渲染；重新渲染是异步发生的。

3.7 渲染控制

ArkUI 通过自定义组件的 build() 函数和 @builder 装饰器中的声明式 UI 描述语句构建相应的 UI。在声明式描述语句中开发者除了使用系统组件外，还可以使用渲染控制语句来辅助 UI 的构建，这些渲染控制语句包括控制组件是否显示的条件渲染语句、基于数组数据快速生成组件的循环渲染语句以及针对大数据量场景的数据懒加载语句。

3.7.1 if/else：条件渲染

ArkTS 为开发者提供了渲染控制的能力。条件渲染可根据应用的不同状态，使用 if、else 和 else if 渲染对应状态下的 UI 内容。

在 if 和 else if 语句后可以使用状态变量，当 if、else if 后跟随的状态判断中使用的状态变量值变化时，条件渲染语句会进行更新。

以下代码示例通过 if…else…语句与拥有 @State 装饰变量的子组件配合使用展示条件渲染。

```
1.   //entry/src/main/ets/pages/if_else.ets
2.   @Component
3.   struct CounterView {
4.     @State counter: number = 0;
5.     label: string = 'unknown';
6.
7.     build() {
8.       Row() {
9.         Text(`${this.label}`)
10.        Button(`counter ${this.counter} + 1`)
11.          .onClick(() => {
12.            this.counter += 1;
13.          })
14.      }
15.    }
16.  }
17.
18.  @Entry
19.  @Component
```

```
20.    struct MainView {
21.      @State toggle: boolean = true;
22.
23.      build() {
24.        Column() {
25.          if (this.toggle) {
26.            CounterView({ label: 'CounterView #positive' })
27.          } else {
28.            CounterView({ label: 'CounterView #negative' })
29.
30.          }
31.          Button(`toggle ${this.toggle}`)
32.            .onClick(() => {
33.              this.toggle = !this.toggle;
34.            })
35.        }
36.      }
37.    }
```

在上述代码中，CounterView(label 为 'CounterView #positive')子组件在初次渲染时创建。此子组件携带名为 counter 的状态变量。当修改 CounterView.counter 状态变量时，CounterView(label 为 'CounterView #positive')子组件重新渲染时并保留状态变量值。当 MainView.toggle 状态变量的值更改为 false 时，MainView 父组件内的 if 语句将更新，随后将删除 CounterView(label 为 'CounterView #positive')子组件。与此同时，将创建新的 CounterView(label 为 'CounterView #negative')实例，而它自己的 counter 状态变量设置为初始值 0。

3.7.2 ForEach：循环渲染

在实际开发中，开发者通常会遇到需要将重复的组件展示多次的情况，例如购物软件中一件件商品、外卖软件中的食品，开发者往往不能事先知道需要渲染的组件数量，ArkTS 则为开发者提供了 ForEach 用于基于数组类型数据执行循环渲染。

```
1.  ForEach(
2.    arr: any[],
3.    itemGenerator: (item: any, index? : number) => void,
4.    keyGenerator? : (item: any, index? : number) => string
5.  )
```

参数 arr 必须是数组，允许设置为空数组，空数组场景下将不会创建子组件。同时允许设置返回值为数组类型的函数，例如 arr.slice(1,3)，设置的函数不得改变包括数组本身在内的任何状态变量，如 Array.splice、Array.sort 或 Array.reverse 这些改变原数组的函数。参数 itemGenerator 为生成子组件的 lambda 函数，为数组中的每一个数据项创建一个或多个子组件，单个子组件或子组件列表必须包括在大括号"{…}"中。参数 keyGenerator 不是必需的，用于给数组中的每一个数据项生成唯一且固定的键值。但是，为了使开发框架能够更好地识别数组更改，提高性能，建议开发者进行提供。如将数组反向时，如果没有提供键值生成器，则 ForEach 中的所有节点都将重建。

以下代码示例简单展示 ForEach 用法。

```
1.  @Entry
2.  @Component
```

```
3.    struct MyComponent {
4.      @State arr: number[] = [10, 20, 30];
5.
6.      build() {
7.        Column({ space: 5 }) {
8.          Button('Reverse Array')
9.            .onClick(() => {
10.             this.arr.reverse();
11.         })
12.         ForEach(this.arr, (item: number) => {
13.           Text(`item value: ${item}`).fontSize(18)
14.           Divider().strokeWidth(2)//分割线
15.         }, (item: number) => item.toString())
16.       }
17.     }
18.   }
```

通过以上代码示例,相信读者已经简单了解了循环渲染的简单用法,接下来的代码示例将介绍 ForEach 循环渲染更复杂的用法。

```
1.    //entry/src/main/ets/pages/ForEach.ets
2.    let NextID: number = 0;
3.
4.    @Observed
5.    class MyCounter {
6.      public id: number;
7.      public c: number;
8.
9.      constructor(c: number) {
10.       this.id = NextID++;
11.       this.c = c;
12.     }
13.   }
14.
15.   @Component
16.   struct CounterViewHere {
17.     @ObjectLink counter: MyCounter;
18.     label: string = 'CounterView';
19.
20.     build() {
21.       Button(`CounterView [${this.label}] this.counter.c = ${this.counter.c} + 1`)
22.         .width(200).height(50)
23.         .onClick(() => {
24.           this.counter.c += 1;
25.         })
26.     }
27.   }
28.
29.   @Entry
30.   @Component
31.   struct MainViewHere {
32.     @State firstIndex: number = 0;
33.     @State counters: Array<MyCounter> = [new MyCounter(0), new MyCounter(0), new MyCounter(0),
34.       new MyCounter(0), new MyCounter(0)];
35.
36.     build() {
37.       Column() {
```

```
38.         ForEach(this.counters.slice(this.firstIndex, this.firstIndex + 3),
39.           (item) => {
40.             CounterViewHere({ label: `Counter item # ${item.id}`, counter: item })
41.           },
42.           (item) => item.id.toString()
43.         )
44.         Button(`Counters: shift up`)
45.           .width(200).height(50)
46.           .onClick(() => {
47.             this.firstIndex = Math.min(this.firstIndex + 1, this.counters.length - 3);
48.           })
49.         Button(`counters: shift down`)
50.           .width(200).height(50)
51.           .onClick(() => {
52.             this.firstIndex = Math.max(0, this.firstIndex - 1);
53.           })
54.       }
55.     }
56.   }
```

当增加 firstIndex 的值时，Mainview 内的 ForEach 将更新，并删除与项 ID firstIndex-1 关联的 CounterView 子组件。对于 ID 为 firstindex+3 的数组项，将创建新的 CounterView 子组件实例。由于 CounterView 子组件的状态变量 counter 值由父组件 Mainview 维护，故重建 CounterView 子组件实例不会重建状态变量 counter 值。

3.7.3　LazyForEach：数据懒加载

LazyForEach 从提供的数据源中按需迭代数据，并在每次迭代过程中创建相应的组件。当 LazyForEach 在滚动容器中使用时，框架会根据滚动容器可视区域按需创建组件，当组件划出可视区域外时，框架会进行组件销毁回收以降低内存占用。

LazyForEach 用法与 ForEach 相似，但提供了更强大的功能，所以也需要开发者编写更复杂的代码。

```
1.  LazyForEach(
2.    dataSource: IDataSource,                                  // 需要进行数据迭代的数据源
3.    itemGenerator: (item: any) => void,                       // 子组件生成函数
4.    keyGenerator? : (item: any) => string                     // (可选)键值生成函数
5.  ): void
6.  interface IDataSource {                                     //数据源需要实现的接口
7.    totalCount(): number;                                     //数据源的总数量
8.    getData(index: number): any;                              // 返回单个数据
9.    registerDataChangeListener(listener: DataChangeListener): void; // 注册监听者用于
                                                                // 观察数据变化
10.   unregisterDataChangeListener(listener: DataChangeListener): void; // 取消注册监听者
11.  }
12.  interface DataChangeListener {
13.    onDataReloaded(): void;                                  // 数据重新加载时调用
14.    onDataAdd(index: number): void;                          // 数据添加时被调用
15.    onDataMove(from: number, to: number): void;              // 数据被移动时调用
16.    onDataDelete(index: number): void;                       // 数据被删除时调用
17.    onDataChange(index: number): void;                       // 数据被改变时调用
18.  }
```

读者看到以上代码将会陷入困惑之中，空洞地介绍以上接口对读者毫无帮助，接下来将

以一段代码帮助读者学习 LazyForEach 功能的用法。

```
1.    //entry/src/main/ets/pages/LazyForEach.ets
2.    // Basic implementation of IDataSource to handle data listener
3.    class BasicDataSource implements IDataSource {
4.      private listeners: DataChangeListener[] = [];
5.
6.      public totalCount(): number {
7.        return 0;
8.      }
9.
10.     public getData(index: number): any {
11.       return undefined;
12.     }
13.
14.     registerDataChangeListener(listener: DataChangeListener): void {
15.       if (this.listeners.indexOf(listener) < 0) {
16.         console.info('add listener');
17.         this.listeners.push(listener);
18.       }
19.     }
20.
21.     unregisterDataChangeListener(listener: DataChangeListener): void {
22.       const pos = this.listeners.indexOf(listener);
23.       if (pos >= 0) {
24.         console.info('remove listener');
25.         this.listeners.splice(pos, 1);
26.       }
27.     }
28.
29.     notifyDataReload(): void {
30.       this.listeners.forEach(listener => {
31.         listener.onDataReloaded();
32.       })
33.     }
34.
35.     notifyDataAdd(index: number): void {
36.       this.listeners.forEach(listener => {
37.         listener.onDataAdd(index);
38.       })
39.     }
40.
41.     notifyDataChange(index: number): void {
42.       this.listeners.forEach(listener => {
43.         listener.onDataChange(index);
44.       })
45.     }
46.
47.     notifyDataDelete(index: number): void {
48.       this.listeners.forEach(listener => {
49.         listener.onDataDelete(index);
50.       })
51.     }
52.
53.     notifyDataMove(from: number, to: number): void {
54.       this.listeners.forEach(listener => {
55.         listener.onDataMove(from, to);
56.       })
```

```
57.      }
58.    }
59.
60.    class MyDataSource extends BasicDataSource {
61.      private dataArray: string[] = ['/path/image0', '/path/image1', '/path/image2',
         '/path/image3'];
62.
63.      public totalCount(): number {
64.        return this.dataArray.length;
65.      }
66.
67.      public getData(index: number): any {
68.        return this.dataArray[index];
69.      }
70.
71.      public addData(index: number, data: string): void {
72.        this.dataArray.splice(index, 0, data);
73.        this.notifyDataAdd(index);
74.      }
75.
76.      public pushData(data: string): void {
77.        this.dataArray.push(data);
78.        this.notifyDataAdd(this.dataArray.length - 1);
79.      }
80.    }
81.
82.    @Entry
83.    @Component
84.    struct MyComponent {
85.      private data: MyDataSource = new MyDataSource();
86.
87.      build() {
88.        List({ space: 3 }) {
89.          LazyForEach(this.data, (item: string) => {
90.            ListItem() {
91.              Row() {
92.                Image(item).width('30%').height(50)
93.                Text(item).fontSize(20).margin({ left: 10 })
94.              }.margin({ left: 10, right: 10 })
95.            }
96.            .onClick(() => {
97.              this.data.pushData('/path/image' + this.data.totalCount());
98.            })
99.          }, item => item)
100.       }
101.     }
102.   }
```

在上述代码示例中，表示了一个基本的 IDataSource 接口及其派生类 MyDataSource 的实现。还包括一个名为 MyComponent 的组件，该组件使用 MyDataSource 来显示一个包含图像和相应文本的列表。

BasicDataSource 类实现了 IDataSource 接口，并提供了基本的注册和通知数据变化监听器的功能。它维护一个 DataChangeListener 对象的数组，并提供了添加、删除和通知监听器的方法，当数据发生变化时会触发通知。

MyDataSource 类扩展了 BasicDataSource，并添加了特定于示例的附加功能。它维护了一个名为 dataArray 的内部数组，用于存储图像路径的列表。该类重写了 IDataSource 接口中的 totalCount() 和 getData() 方法，分别提供数据的总数和根据给定索引从 dataArray 中获取数据。它还添加了 addData() 和 pushData() 方法，用于向 dataArray 添加新数据并在数据添加时通知监听器。

　　MyComponent 结构表示一个使用 MyDataSource 来显示图像和相应文本列表的组件。它使用 List 组件显示列表，并使用 LazyForEach 组件对 MyDataSource 的 data 数组进行迭代。对于 data 数组中的每个项，它渲染一个包含 Image 和 Text 组件的 ListItem 组件。Image 组件显示与项对应的图像，Text 组件显示项的文本。此外，每个 ListItem 组件附加了一个 onClick 事件，当单击时调用 MyDataSource 的 pushData() 方法向列表中添加新图像。

3.8　本章小结

　　本章花费了大量篇幅介绍 TS 和 ArkTS 的基本知识，当读者阅读到这里，可能仍然对鸿蒙开发充满了困惑，但是不要担心，到此为止本书意在使读者快速了解鸿蒙开发的构成和基本开发组件，在接下来的章节中将更详细地介绍鸿蒙开发。

3.9　课后习题

　　1. ArkTS 与 JavaScript 和 TypeScript 的主要区别在于哪一方面？（　　）
　　　　A. 语法　　　　　　　　　　　　　B. 编译方式
　　　　C. 执行速度　　　　　　　　　　　D. 针对鸿蒙系统的优化
　　2. 以下哪种数据类型不是 TypeScript 基础数据类型之一？（　　）
　　　　A. number　　B. string　　C. boolean　　D. character
　　3. 在 ArkTS 中，哪一个装饰器用于自定义构建函数？（　　）
　　　　A. @State　　B. @Prop　　C. @Builder　　D. @Watch
　　4. 哪一种存储方式用于在页面级别存储 UI 状态？（　　）
　　　　A. LocalStorage　　　　　　　　　B. AppStorage
　　　　C. PersistentStorage　　　　　　　D. SessionStorage
　　5. TypeScript 中的变量声明方式有三种：＿＿＿＿、＿＿＿＿和＿＿＿＿。
　　6. 在 ArkTS 中，＿＿＿＿装饰器用于定义一个状态变量，当状态变量更改时，UI 会自动更新。
　　7. 使用 ArkTS 时，自定义组件的基本结构包括组件的定义、＿＿＿＿、＿＿＿＿和事件处理。
　　8. 在 ArkTS 中，＿＿＿＿装饰器用于监听状态变量的更改并执行相应的操作。
　　9. 解释 TypeScript 的主要数据类型，并举例说明如何声明这些类型的变量。
　　10. 在 ArkTS 中，如何定义和使用自定义组件？请说明自定义组件的基本结构和生命周期。
　　11. 解释 ArkTS 中的状态管理装饰器，并举例说明如何使用 @State 和 @Prop 装饰器管理组件状态。

第4章

应用模型

应用模型是 HarmonyOS 为开发者提供的应用程序所需能力的抽象提炼,它提供了应用程序必备的组件和运行机制。有了应用模型,开发者可以基于一套统一的模型进行应用开发,使应用开发更简单、更高效。

随着系统的演进发展,HarmonyOS 先后提供了两种应用模型:

(1) FA(Feature Ability)模型:HarmonyOS 早期版本开始支持的模型,已经不再主推。

(2) Stage 模型:HarmonyOS 3.1 Develper Preview 版本开始新增的模型,是目前主推且会长期演进的模型。在该模型中,由于提供了 AbilityStage、WindowStage 等类作为应用组件和 Window 窗口的"舞台",因此称这种应用模型为 Stage 模型。

Stage 模型之所以成为主推模型,源于其设计思想。Stage 模型的设计基于如下出发点。

1. 为复杂应用而设计

(1) 多个应用组件共享同一个 ArkTS 引擎(运行 ArkTS 语言的虚拟机)实例,应用组件之间可以方便地共享对象和状态,同时减少复杂应用运行对内存的占用。

(2) 采用面向对象的开发方式,使得复杂应用代码可读性高、易维护性好、可扩展性强。

2. 支持多设备和多窗口形态

应用组件管理和窗口管理在架构层面解耦。

(1) 便于系统对应用组件进行裁剪(无屏设备可裁剪窗口)。

(2) 便于系统扩展窗口形态。

(3) 在多设备(如桌面设备和移动设备)上,应用组件可使用同一套生命周期。

3. 平衡应用能力和系统管控成本

Stage 模型重新定义应用能力的边界,平衡应用能力和系统管控成本。

(1) 提供特定场景(如卡片、输入法)的应用组件,以便满足更多的使用场景。

(2) 规范化后台进程管理。为保障用户体验,Stage 模型对后台应用进程进行了有序治理,应用程序不能随意驻留在后台,同时应用后台行为受到严格管理,防止恶意应用行为。

Stage 模型与 FA 模型最大的区别在于:Stage 模型中,多个应用组件共享同一个 ArkTS 引擎实例;而 FA 模型中,每个应用组件独享一个 ArkTS 引擎实例。因此在 Stage 模型中,应用组件之间可以方便地共享对象和状态,同时减少复杂应用运行对内存的占用。

Stage 模型作为主推的应用模型,开发者通过它能够更加便利地开发出分布式场景下的复杂应用。

注:本章的内容旨在使读者对鸿蒙开发组织架构有更深的理解,属于鸿蒙开发较为高级的用法,涉及多个应用之间的联系。如读者对本章理解有困难,可先跳过本章内容,在有了一定开发经验后再了解本章内容。

4.1 Stage 模型开发概述

图 4-1 展示了 Stage 模型中的基本构成,并在接下来的内容中对 Stage 模型内容进行详细的讲解。

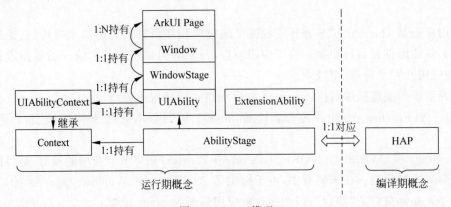

图 4-1 Stage 模型

1. UIAbility 组件和 ExtensionAbility 组件

Stage 模型提供 UIAbility 和 ExtensionAbility 两种类型的组件,这两种组件都有具体的类承载,支持面向对象的开发方式。

(1) UIAbility 组件是一种包含 UI 的应用组件,主要用于和用户交互。例如,图库类应用可以在 UIAbility 组件中展示图片瀑布流,在用户选择某个图片后,在新的页面中展示图片的详细内容。同时,用户可以通过返回键返回到瀑布流页面。UIAbility 的生命周期只包含创建/销毁/前台/后台等状态,与显示相关的状态通过 WindowStage 的事件暴露给开发者。

(2) ExtensionAbility 组件是一种面向特定场景的应用组件,截至撰写本书时,ExtensionAbility 组件支持场景仍非常有限,在本书中不再做讲解。

2. WindowStage

每个 UIAbility 类实例都会与一个 WindowStage 类实例绑定,该类提供了应用进程内窗口管理器的作用。它包含一个主窗口。也就是说,UIAbility 通过 WindowStage 持有了一个窗口,该窗口为 ArkUI 提供了绘制区域。

3. Context

在 Stage 模型上,Context 及其派生类向开发者提供在运行期可以调用的各种能力。UIAbility 组件和各种 ExtensionAbility 派生类都有各自不同的 Context 类,它们都继承自基类 Context,但是各自又根据所属组件,提供不同的能力。

4. AbilityStage

每个 Entry 类型或者 Feature 类型的 HAP 在运行期都有一个 AbilityStage 类实例,当 HAP 中的代码首次被加载到进程中时,系统会先创建 AbilityStage 实例。每个在该 HAP 中定义的 UIAbility 类,在实例化后都会与该实例产生关联。开发者可以使用 AbilityStage 获取该 HAP 中 UIAbility 实例的运行时信息。

4.2 应用/组件级配置

在开发应用时,需要配置应用的一些标签,例如应用的包名、图标等标识特征的属性。本节描述在开发应用需要配置的一些关键标签。图标和标签通常一起配置,可以分为应用图标、应用标签和入口图标、入口标签,分别对应 app.json5 配置文件和 module.json5 配置文件中的 icon 和 label 标签。应用图标和应用标签是在设置应用中使用,例如设置应用中的应用列表。入口图标是应用安装完成后在设备桌面上显示的。入口图标是以 UIAbility 为粒度,支持同一个应用存在多个入口图标和标签,单击后进入对应的 UIAbility 界面。

1. 应用包名配置

应用需要在工程的 AppScope 目录下的 app.json5 配置文件中配置 bundleName 标签,该标签用于标识应用的唯一性。推荐采用反域名形式命名(如 com.example.demo,建议第一级为域名后缀 com,第二级为厂商/个人名,第三级为应用名,也可以多级)。

2. 应用图标和标签配置

Stage 模型的应用需要配置应用图标和应用标签。应用图标和应用标签是在设置应用中使用,例如设置应用中的应用列表,会显示出对应的图标和标签。

应用图标需要在工程的 AppScope 目录下的 app.json5 配置文件中配置 icon 标签。应用图标需配置为图片的资源索引,配置完成后,该图片即为应用的图标。

应用标签需要在工程的 AppScope 模块下的 app.json5 配置文件中配置 label 标签。标识应用对用户显示的名称,需要配置为字符串资源的索引。

```
1.  { /AppScope/app.json5
2.    "app": {
3.      "bundleName": "com.example.myapplication",
4.      "vendor": "example",
5.      "versionCode": 1000000,
6.      "versionName": "1.0.0",
7.      "icon": "$media:app_icon",
8.      "label": "$string:app_name"
9.    }
10. }
```

3. 入口图标和入口标签配置

Stage 模型支持对组件配置入口图标和入口标签。入口图标和入口标签会显示在桌面上。

入口图标需要在 module.json5 配置文件中配置,在 abilities 标签下面有 icon 标签。例如,希望在桌面上显示该 UIAbility 的图标,则需要在 skills 标签下面的 entities 中添加"entity. system.home"、actions 中添加"action.system.home"。同一个应用有多个 UIAbility 配置上述字段时,桌面上会显示出多个图标,分别对应各自的 UIAbility。

入口标签需要在 module.json5 配置文件中配置，在 abilities 标签下面有 label 标签。例如，希望在桌面上显示该 UIAbility 的图标，则需要在 skills 标签下面的 entities 中添加 "entity.system.home"、actions 中添加 "action.system.home"。同一个应用有多个 UIAbility 配置上述字段时，桌面上会显示出多个标签，分别对应各自的 UIAbility。

```
1.   { /entry/src/main/module.json5
2.     "module": {
3.       "name": "entry",
4.       "type": "entry",
5.       "description": "$string:module_desc",
6.       "mainElement": "EntryAbility",
7.       "deviceTypes": [
8.         "phone"
9.       ],
10.      "deliveryWithInstall": true,
11.      "installationFree": false,
12.      "pages": "$profile:main_pages",
13.      "abilities": [
14.        {
15.          "name": "EntryAbility",
16.          "srcEntry": "./ets/entryability/EntryAbility.ts",
17.          "description": "$string:EntryAbility_desc",
18.          "icon": "$media:icon",
19.          "label": "$string:EntryAbility_label",
20.          "startWindowIcon": "$media:icon",
21.          "startWindowBackground": "$color:start_window_background",
22.          "exported": true,
23.          "skills": [
24.            {
25.              "entities": [
26.                "entity.system.home"
27.              ],
28.              "actions": [
29.                "action.system.home"
30.              ]
31.            }
32.          ]
33.        }
34.      ]
35.    }
36.  }
```

4. 应用版本声明配置

应用版本声明需要在工程的 AppScope 目录下的 app.json5 配置文件中配置 versionCode 标签和 versionName 标签。versionCode 标签用于标识应用的版本号，该标签值为 32 位非负整数。此数字仅用于确定某个版本是否比另一个版本更新，数值越大表示版本越高。versionName 标签标识版本号的文字描述。

5. Module 支持的设备类型配置

Module 支持的设备类型需要在 module.json5 配置文件中配置 deviceTypes 标签，如果 deviceTypes 标签中添加了某种设备，则表明当前的 Module 支持在该设备上运行。

6. Module 权限配置

Module 访问系统或其他应用受保护部分所需的权限信息需要在 module.json5 配置文

件中配置 requestPermission 标签。该标签用于声明需要申请权限的名称、申请权限的原因以及权限使用的场景。

4.3 UIAbility 组件概述

UIAbility 组件是一种包含 UI 的应用组件，主要用于和用户交互，同时 UIAbility 组件是系统调度的基本单元，为应用提供绘制界面的窗口；一个 UIAbility 组件中可以通过多个页面来实现一个功能模块。每个 UIAbility 组件实例，都对应一个最近任务列表中的任务。

1. 声明配置

为使应用能够正常使用 UIAbility，需要在 module.json5 配置文件的 abilities 标签中声明 UIAbility 的名称、入口、标签等相关信息。

```
1.  {
2.    "module": {
3.      // ...
4.      "abilities": [
5.        {
6.          "name": "EntryAbility",                          // UIAbility 组件的名称
7.          "srcEntrance": "./ets/entryability/EntryAbility.ts", // UIAbility 组件的代码路径
8.          "description": "$string:EntryAbility_desc",     // UIAbility 组件的描述信息
9.          "icon": "$media:icon",                           // UIAbility 组件的图标
10.         "label": "$string:EntryAbility_label",           // UIAbility 组件的标签
11.         "startWindowIcon": "$media:icon",// UIAbility 组件启动页面图标资源文件的索引
12.         "startWindowBackground": "$color:start_window_background", // UIAbility 组件
            启动页面背景颜色资源文件的索引
13.         // ...
14.       }
15.      ]
16.    }
17.  }
```

2. UIAbility 组件生命周期

当用户打开、切换和返回到对应应用时，应用中的 UIAbility 实例会在其生命周期的不同状态之间转换。UIAbility 类提供了一系列回调，通过这些回调可以知道当前 UIAbility 实例的某个状态发生改变，会经过 UIAbility 实例的创建和销毁，或者 UIAbility 实例发生前后台的状态切换。

UIAbility 的生命周期包括 Create、Foreground、Background、Destroy 四个状态，如图 4-2 所示。

以下代码示例展示了在 UIAbility 中的不同生命周期时的回调函数，在对应生命周期时会执行对应的函数。

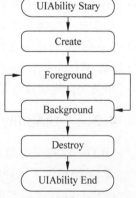

图 4-2　UIAbility 生命周期

```
1.  /entry/src/main/ets/entryability/EntryAbility.ts
2.
3.  import UIAbility from '@ohos.app.ability.UIAbility';
4.  import hilog from '@ohos.hilog';
5.  import window from '@ohos.window';
6.  export default class EntryAbility extends UIAbility {
7.    onCreate(want, launchParam) {
8.      // 应用初始化
```

```
9.         hilog.info(0x0000, 'testTag', '%{public}s', 'Ability onCreate');
10.      }
11.
12.      onDestroy() {
13.         hilog.info(0x0000, 'testTag', '%{public}s', 'Ability onDestroy');
14.      }
15.
16.      onWindowStageCreate(windowStage: window.WindowStage) {
17.         // Main window is created, set main page for this ability
18.         hilog.info(0x0000, 'testTag', '%{public}s', 'Ability onWindowStageCreate');
19.         // 设置 UI 加载
20.         windowStage.loadContent('pages/Index', (err, data) => {
21.            if (err.code) {
22.               hilog.error(0x0000, 'testTag', 'Failed to load the content. Cause: %{public}s',
                  JSON.stringify(err)??'');
23.               return;
24.            }
25.            hilog.info(0x0000, 'testTag', 'Succeeded in loading the content. Data: %{public}
               s', JSON.stringify(data)??'');
26.         });
27.      }
28.
29.      onWindowStageDestroy() {
30.         // Main window is destroyed, release UI related resources
31.         hilog.info(0x0000, 'testTag', '%{public}s', 'Ability onWindowStageDestroy');
32.      }
33.
34.      onForeground() {
35.         // 申请系统需要的资源,或者重新申请在 onBackground 中释放的资源    hilog.info
            //(0x0000, 'testTag', '%{public}s', 'Ability onForeground');
36.      }
37.
38.      onBackground() {
39.         //释放 UI 界面不可见时无用的资源,或者在此回调中执行较为耗时的操作,例如状态保存等
40.         hilog.info(0x0000, 'testTag', '%{public}s', 'Ability onBackground');
41.      }
42.   }
```

在上述代码示例中,除了 UIAbility 生命周期状态外还可以看到两个额外的状态,即 WindowStageCreate 和 WindowStageDestory 状态。

UIAbility 实例创建完成之后,在进入 Foreground 之前,系统会创建一个 WindowStage。WindowStage 创建完成后会进入 onWindowStageCreate() 函数回调,可以在该回调中设置 UI 加载、WindowStage 的事件订阅。

相关生命周期执行顺序如图 4-3 所示。

4.3.1 UIAbility 组件启动模式

UIAbility 的启动模式是指 UIAbility 实例在启动时的不同呈现状态。针对不同的业务场景,系统提供了三种启动模式:

(1) singleton(单实例模式);
(2) standard(标准实例模式);
(3) specified(指定实例模式)。

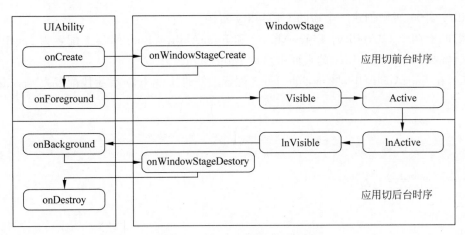

图 4-3　相关生命周期执行顺序

1. singleton 启动模式

singleton 启动模式为单实例模式,也是默认情况下的启动模式。

每次调用 startAbility()方法时,如果应用进程中该类型的 UIAbility 实例已经存在,则复用系统中的 UIAbility 实例。系统中只存在唯一一个 UIAbility 实例,即在最近任务列表中只存在一个该类型的 UIAbility 实例。

2. standard 启动模式

standard 启动模式为标准实例模式,每次调用 startAbility()方法时,都会在应用进程中创建一个新的该类型 UIAbility 实例,即在最近任务列表中可以看到有多个该类型的 UIAbility 实例。这种情况下可以将 UIAbility 配置为 standard(标准实例模式)。

如果需要使用 singleton 启动模式,在 module.json5 配置文件中的"launchType"字段配置为"singleton"即可。

```
1.   {
2.     "module": {
3.       // ...
4.       "abilities": [
5.         {
6.           "launchType": "singleton",
7.           // ...
8.         }
9.       ]
10.    }
11.  }
```

3. specified 启动模式

specified 启动模式为指定实例模式,针对一些特殊场景使用(例如文档应用中每次新建文档希望都能新建一个文档实例,重复打开一个已保存的文档时希望打开的都是同一个文档实例)。

在 UIAbility 实例创建之前,允许开发者为该实例创建一个唯一的字符串 key,创建的 UIAbility 实例绑定 key 之后,后续每次调用 startAbility()方法时,都会询问应用使用哪个 key 对应的 UIAbility 实例来响应 startAbility()方法请求。运行时由 UIAbility 内部业务决定是否创建多实例,如果匹配有该 UIAbility 实例的 key,则直接拉起与之绑定的

UIAbility 实例，否则创建一个新的 UIAbility 实例。

例如，有两个 UIAbility：EntryAbility 和 FuncAbility，FuncAbility 配置为 specified 启动模式，需要从 EntryAbility 的页面中启动 FuncAbility。

（1）在 FuncAbility 中，将 module.json5 配置文件的"launchType"字段配置为"specified"。

```
1.  {
2.    "module": {
3.      // ...
4.      "abilities": [
5.        {
6.          "launchType": "specified",
7.          // ...
8.        }
9.      ]
10.   }
11. }
```

（2）在 EntryAbility 中，调用 startAbility()方法时，在 want 参数中增加一个自定义参数来区别 UIAbility 实例，例如增加一个"instanceKey"自定义参数。

```
1.  // 在启动指定实例模式的 UIAbility 时，给每个 UIAbility 实例配置一个独立的 Key 标识
2.  // 例如在文档使用场景中，可以用文档路径作为 key 标识
3.  function getInstance() {
4.      // ...
5.  }
6.
7.  let want = {
8.      deviceId: '',                        // deviceId 为空表示本设备
9.      bundleName: 'com.example.myapplication',
10.     abilityName: 'FuncAbility',
11.     moduleName: 'module1',               // moduleName 非必选
12.     parameters: {                        // 自定义信息
13.       instanceKey: getInstance(),
14.     },
15. }
16. // context 为调用方 UIAbility 的 AbilityContext
17. this.context.startAbility(want).then(() => {
18.     // ...
19. }).catch((err) => {
20.     // ...
21. })
```

（3）由于 FuncAbility 的启动模式配置为指定实例启动模式，在 FuncAbility 启动之前，会先进入其对应的 AbilityStage 的 onAcceptWant()生命周期回调中，解析传入的 want 参数，获取"instanceKey"自定义参数。根据业务需要通过 AbilityStage 的 onAcceptWant()生命周期回调返回一个字符串 key 标识。如果返回的 key 对应一个已启动的 UIAbility，则会将之前的 UIAbility 拉回前台并获焦，而不创建新的实例，否则创建新的实例并启动。

```
1.  import AbilityStage from '@ohos.app.ability.AbilityStage';
2.
3.  export default class MyAbilityStage extends AbilityStage {
4.    onAcceptWant(want): string {
5.      // 在被调用方的 AbilityStage 中，针对启动模式为 specified 的 UIAbility 返回一个
        //UIAbility 实例对应的一个 key 值
6.      // 当前实例指的是 module1 Module 的 FuncAbility
```

```
7.         if (want.abilityName === 'FuncAbility') {
8.             // 返回的字符串 key 标识为自定义拼接的字符串内容
9.             return `ControlModule_EntryAbilityInstance_${want.parameters.instanceKey}`;
10.        }
11.
12.        return '';
13.    }
14. }
```

例如在文档应用中,可以对不同的文档实例内容绑定不同的 key 值。当每次新建文档时,可以传入不同的新 key 值(如可以将文件的路径作为一个 key 标识),此时 AbilityStage 中启动 UIAbility 时都会创建一个新的 UIAbility 实例;当新建的文档保存之后,回到桌面,或者新打开一个已保存的文档,回到桌面,再次打开该已保存的文档,此时 AbilityStage 中再次启动该 UIAbility 时,打开的仍然是之前已保存的文档界面。

以如下步骤所示进行举例说明。

(1)打开文件 A,对应启动一个新的 UIAbility 实例,例如启动"UIAbility 实例 1"。

(2)在最近任务列表中关闭文件 A 的进程,此时 UIAbility 实例 1 被销毁,回到桌面,再次打开文件 A,此时对应启动一个新的 UIAbility 实例,例如启动"UIAbility 实例 2"。

(3)回到桌面,打开文件 B,此时对应启动一个新的 UIAbility 实例,例如启动"UIAbility 实例 3"。

(4)回到桌面,再次打开文件 A,此时对应启动的还是之前的"UIAbility 实例 2"。

4.3.2　UIAbility 组件基本用法

UIAbility 组件的基本用法包括:指定 UIAbility 的启动页面及获取 UIAbility 的上下文 UIAbilityContext。

1. 指定 UIAbility 的启动页面

应用中的 UIAbility 在启动过程中,需要指定启动页面,否则应用启动后会因为没有默认加载页面而导致白屏。可以在 UIAbility 的 onWindowStageCreate()生命周期回调中,通过 WindowStage 对象的 loadContent()方法设置启动页面。

```
1.  import UIAbility from '@ohos.app.ability.UIAbility';
2.  import Window from '@ohos.window';
3.
4.  export default class EntryAbility extends UIAbility {
5.    onWindowStageCreate(windowStage: Window.WindowStage) {
6.      // Main window is created, set main page for this ability
7.      windowStage.loadContent('pages/Index', (err, data) => {
8.        // ...
9.      });
10.   }
11.
12.   // ...
13. }
```

2. 获取 UIAbility 的上下文信息

UIAbility 类拥有自身的上下文信息,该信息为 UIAbilityContext 类的实例,UIAbilityContext 类拥有 abilityInfo、currentHapModuleInfo 等属性。通过 UIAbilityContext 类可以获取 UIAbility 的相关配置信息,如包代码路径、Bundle 名称、Ability 名称和应用程序需要的环

境状态等属性信息,以及可以获取操作 UIAbility 实例的方法(如 startAbility()、connectServiceExtensionAbility()、terminateSelf()等)。

在 UIAbility 中,可以通过 this.context 获取 UIAbility 实例的上下文信息。

```
1.    import UIAbility from '@ohos.app.ability.UIAbility';
2.
3.    export default class EntryAbility extends UIAbility {
4.      onCreate(want, launchParam) {
5.        // 获取 UIAbility 实例的上下文信息
6.        let context = this.context;
7.
8.        // ...
9.      }
10.   }
```

在页面中获取 UIAbility 实例的上下文信息,包括导入依赖资源 context 模块和在组件中定义一个 context 变量两个部分。

```
1.    import common from '@ohos.app.ability.common';
2.
3.    @Entry
4.    @Component
5.    struct Index {
6.      private context = getContext(this) as common.UIAbilityContext;
7.
8.      startAbilityTest() {
9.        let want = {
10.         // want 参数信息
11.       };
12.       this.context.startAbility(want);
13.     }
14.
15.     // 页面展示
16.     build() {
17.       // ...
18.     }
19.   }
```

也可以在导入依赖资源 context 模块后,在具体使用 UIAbilityContext 前进行变量定义。

```
1.    import common from '@ohos.app.ability.common';
2.
3.    @Entry
4.    @Component
5.    struct Index {
6.
7.      startAbilityTest() {
8.       let context = getContext(this) as common.UIAbilityContext;
9.       let want = {
10.        // want 参数信息
11.      };
12.      context.startAbility(want);
13.    }
14.
15.    // 页面展示
16.    build() {
```

```
17.         // …
18.     }
19. }
```

4.3.3　UIAbility 组件与 UI 的数据同步

globalThis 是 ArkTS 引擎实例内部的一个全局对象，引擎内部的 UIAbility/ExtensionAbility/Page 都可以使用，因此可以使用 globalThis 全局对象进行数据同步。

globalThis 进行数据同步如图 4-4 所示。

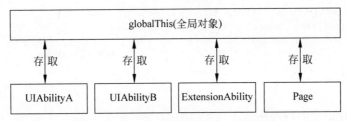

图 4-4　数据同步

1. UIAbility 和 Page 之间使用 globalThis

globalThis 为 ArkTS 引擎实例下的全局对象，可以通过 globalThis 绑定属性/方法进行 UIAbility 组件与 UI 的数据同步。例如在 UIAbility 组件中绑定 want 参数，即可在 UIAbility 对应的 UI 上使用 want 参数信息。

（1）调用 startAbility()方法启动一个 UIAbility 实例时，被启动的 UIAbility 创建完成后会进入 onCreate()生命周期回调，且在 onCreate()生命周期回调中能够接收到传递过来的 want 参数，可以将 want 参数绑定到 globalThis 上。

```
1.  import UIAbility from '@ohos.app.ability.UIAbility'
2.
3.  export default class EntryAbility extends UIAbility {
4.    onCreate(want, launch) {
5.      globalThis.entryAbilityWant = want;
6.      // …
7.    }
8.
9.    // …
10. }
```

（2）在 UI 中即可通过 globalThis 获取 want 参数信息。

```
1.  let entryAbilityWant;
2.
3.  @Entry
4.  @Component
5.  struct Index {
6.    aboutToAppear() {
7.      entryAbilityWant = globalThis.entryAbilityWant;
8.    }
9.
10.   // 页面展示
```

```
11.     build() {
12.        // ...
13.     }
14.  }
```

2. UIAbility 和 UIAbility 之间使用 globalThis

同一个应用中 UIAbility 和 UIAbility 之间的数据传递，可以通过将数据绑定到全局变量 globalThis 上进行同步，如在 AbilityA 中将数据保存在 globalThis，然后跳转到 AbilityB 中取得该数据。

（1）AbilityA 中保存一个字符串数据并挂载到 globalThis 上。

```
1.  import UIAbility from '@ohos.app.ability.UIAbility'
2.
3.  export default class AbilityA extends UIAbility {
4.     onCreate(want, launch) {
5.        globalThis.entryAbilityStr = 'AbilityA'; // AbilityA 存放字符串"AbilityA"
                                                   // 到 globalThis
6.        // ...
7.     }
8.  }
```

（2）AbilityB 中获取对应的数据。

```
1.  import UIAbility from '@ohos.app.ability.UIAbility'
2.
3.  export default class AbilityB extends UIAbility {
4.     onCreate(want, launch) {
5.        // AbilityB 从 globalThis 读取 name 并输出
6.        console.info('name from entryAbilityStr: ' + globalThis.entryAbilityStr);
7.        // ...
8.     }
9.  }
```

3. UIAbility 和 ExtensionAbility 之间使用 globalThis

同一个应用中 UIAbility 和 ExtensionAbility 之间的数据传递，也可以通过将数据绑定到全局变量 globalThis 上进行同步，如在 AbilityA 中保存数据，在 ServiceExtensionAbility 中获取数据。

（1）AbilityA 中保存一个字符串数据并挂载到 globalThis 上。

```
1.  import UIAbility from '@ohos.app.ability.UIAbility'
2.
3.  export default class AbilityA extends UIAbility {
4.     onCreate(want, launch) {
5.        // AbilityA 存放字符串"AbilityA"到 globalThis
6.        globalThis.entryAbilityStr = 'AbilityA';
7.        // ...
8.     }
9.  }
```

（2）ExtensionAbility 中获取数据。

```
1.  import Extension from '@ohos.app.ability.ServiceExtensionAbility'
2.
3.  export default class ServiceExtAbility extends Extension {
4.     onCreate(want) {
5.        // ServiceExtAbility 从 globalThis 读取 name 并输出
```

```
6.          console.info('name from entryAbilityStr: ' + globalThis.entryAbilityStr);
7.          // ...
8.      }
9.  }
```

4. globalThis 使用的注意事项

图 4-5 所示为 globalThis 使用注意事项。

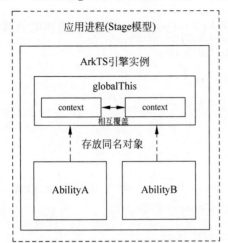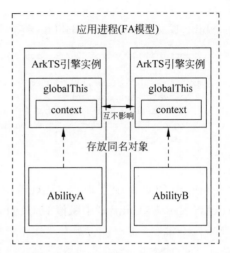

图 4-5　globalThis 使用注意事项

（1）Stage 模型下进程内的 UIAbility 组件共享 ArkTS 引擎实例，使用 globalThis 时需要避免存放相同名称的对象。例如 AbilityA 和 AbilityB 可以使用 globalThis 共享数据，在存放相同名称的对象时，先存放的对象会被后存放的对象覆盖。

（2）FA 模型因为每个 UIAbility 组件之间引擎隔离，不会存在上述问题。

（3）对于绑定在 globalThis 上的对象，其生命周期与 ArkTS 虚拟机实例相同，建议在使用完成之后将其赋值为 null，以减少对应用内存的占用。

Stage 模型上同名对象覆盖导致问题的场景举例说明。

在 AbilityA 文件中使用 globalThis 存放 UIAbilityContext。

```
1.  import UIAbility from '@ohos.app.ability.UIAbility'
2.
3.  export default class AbilityA extends UIAbility {
4.      onCreate(want, launch) {
5.          globalThis.context = this.context;        // AbilityA 存放 context 到 globalThis
6.          // ...
7.      }
8.  }
```

在 AbilityA 的页面中获取该 UIAbilityContext 并使用。使用完成后将 AbilityA 实例切换至后台。

```
1.  @Entry
2.  @Component
3.  struct Index {
4.    onPageShow() {
5.      let ctx = globalThis.context; // 页面中从 globalThis 中取出 context 并使用
6.      let permissions = ['com.example.permission']
7.      ctx.requestPermissionsFromUser(permissions,(result) => {
```

```
8.      // ...
9.    });
10.   }
11.   // 页面展示
12.   build() {
13.     // ...
14.   }
15. }
```

在 AbilityB 文件中使用 globalThis 存放 UIAbilityContext，并且命名为相同的名称。

```
1. import UIAbility from '@ohos.app.ability.UIAbility'
2.
3. export default class AbilityB extends UIAbility {
4.   onCreate(want, launch) {
5.     // AbilityB 覆盖了 AbilityA 在 globalThis 中存放的 context
6.     globalThis.context = this.context;
7.     // ...
8.   }
9. }
```

在 AbilityB 的页面中获取该 UIAbilityContext 并使用。此时获取到的 globalThis.context 已经表示为 AbilityB 中赋值的 UIAbilityContext 内容。

```
1. @Entry
2. @Component
3. struct Index {
4.   onPageShow() {
5.     let ctx = globalThis.context; // Page 中从 globalThis 中取出 context 并使用
6.     let permissions = ['com.example.permission']
7.     ctx.requestPermissionsFromUser(permissions,(result) => {
8.       console.info('requestPermissionsFromUser result:' + JSON.stringify(result));
9.     });
10.   }
11.   // 页面展示
12.   build() {
13.     // ...
14.   }
15. }
```

将 AbilityB 实例切换至后台，将 AbilityA 实例从后台切换回到前台。此时 AbilityA 的 onCreate 生命周期不会再次进入。

```
1. import UIAbility from '@ohos.app.ability.UIAbility'
2.
3. export default class AbilityA extends UIAbility {
4.   onCreate(want, launch) {      // AbilityA 从后台进入前台,不会再走这个生命周期
5.     globalThis.context = this.context;
6.     // ...
7.   }
8. }
```

在 AbilityA 的页面再次回到前台时，其获取到的 globalThis.context 表示为 AbilityB 的 UIAbilityContext，而不是 AbilityA 的 UIAbilityContext，在 AbilityA 的页面中使用则会出错。

```
1. @Entry
2. @Component
3. struct Index {
4.   onPageShow() {
```

```
5.      let ctx = globalThis.context;    // 这时 globalThis 中的 context 是 AbilityB 的 context
6.      let permissions = ['com.example.permission'];
7.      ctx.requestPermissionsFromUser(permissions,(result) => {  // 使用这个对象就会导致
                                                                   //进程崩溃
8.          console.info('requestPermissionsFromUser result:' + JSON.stringify(result));
9.      });
10.    }
11.    // 页面展示
12.    build() {
13.        // ...
14.    }
15. }
```

4.3.4　UIAbility 组件间交互(设备内)

UIAbility 是系统调度的最小单元。在设备内的功能模块之间跳转时,会涉及启动特定的 UIAbility,该 UIAbility 可以是应用内的其他 UIAbility,也可以是其他应用的 UIAbility (例如启动第三方支付 UIAbility)。

本节将从如下场景分别介绍设备内 UIAbility 间的交互方式。
(1) 启动应用内的 UIAbility;
(2) 启动应用内的 UIAbility 并获取返回结果;
(3) 启动其他应用的 UIAbility;
(4) 启动其他应用的 UIAbility 并获取返回结果;
(5) 启动 UIAbility 的指定页面;
(6) 通过 Call 调用实现 UIAbility 交互(仅对系统应用开放)。

1. 启动应用内的 UIAbility

(1) 当一个应用内包含多个 UIAbility 时,存在应用内启动 UIAbility 的场景。例如在支付应用中从入口 UIAbility 启动收付款 UIAbility。

假设应用中有两个 UIAbility: EntryAbility 和 FuncAbility(可以在应用的一个 Module 中,也可以在的不同 Module 中),需要从 EntryAbility 的页面中启动 FuncAbility。

```
1.  let wantInfo = {
2.      deviceId: '',              // deviceId 为空表示本设备
3.      bundleName: 'com.example.myapplication',
4.      abilityName: 'FuncAbility',
5.      moduleName: 'module1',     // moduleName 非必选
6.      parameters: {  // 自定义信息
7.          info: '来自 EntryAbility Index 页面',
8.      },
9.  }
10. // context 为调用方 UIAbility 的 AbilityContext
11. this.context.startAbility(wantInfo).then(() => {
12.     // ...
13. }).catch((err) => {
14.     // ...
15. })
```

(2) 在 FuncAbility 的生命周期回调文件中接收 EntryAbility 传递过来的参数。

```
1.  import UIAbility from '@ohos.app.ability.UIAbility';
2.  import Window from '@ohos.window';
```

```
3.
4.    export default class FuncAbility extends UIAbility {
5.        onCreate(want, launchParam) {
6.            // 接收调用方 UIAbility 传递过来的参数
7.            let funcAbilityWant = want;
8.            let info = funcAbilityWant?.parameters?.info;
9.            // ...
10.       }
11.   }
```

（3）在 FuncAbility 业务完成之后，如需要停止当前 UIAbility 实例，在 FuncAbility 中通过调用 terminateSelf()方法实现。

```
1.    // context 为需要停止的 UIAbility 实例的 AbilityContext
2.    this.context.terminateSelf((err) => {
3.        // ...
4.    })
```

2. 启动应用内的 UIAbility 并获取返回结果

在一个 EntryAbility 启动另外一个 FuncAbility 时，希望在被启动的 FuncAbility 完成相关业务后，能将结果返回给调用方。例如，在应用中将入口功能和账号登录功能分别设计为两个独立的 UIAbility，在账号登录 UIAbility 中完成登录操作后，需要将登录的结果返回给入口 UIAbility。

（1）在 EntryAbility 中，调用 startAbilityForResult()接口启动 FuncAbility，异步回调中的 data 用于接收 FuncAbility 停止自身后返回给 EntryAbility 的信息。示例中 context 的获取方式参见获取 UIAbility 的 Context 属性。

```
1.    let wantInfo = {
2.        deviceId: '',                   // deviceId 为空表示本设备
3.        bundleName: 'com.example.myapplication',
4.        abilityName: 'FuncAbility',
5.        moduleName: 'module1',          // moduleName 非必选
6.        parameters: {                   // 自定义信息
7.            info: '来自 EntryAbility Index 页面',
8.        },
9.    }
10.   // context 为调用方 UIAbility 的 AbilityContext
11.   this.context.startAbilityForResult(wantInfo).then((data) => {
12.       // ...
13.   }).catch((err) => {
14.       // ...
15.   })
```

（2）在 FuncAbility 停止自身时，需要调用 terminateSelfWithResult()方法，传入的参数 abilityResult 为 FuncAbility 需要返回给 EntryAbility 的信息。

```
1.    const RESULT_CODE: number = 1001;
2.    let abilityResult = {
3.        resultCode: RESULT_CODE,
4.        want: {
5.            bundleName: 'com.example.myapplication',
6.            abilityName: 'FuncAbility',
7.            moduleName: 'module1',
8.            parameters: {
9.                info: '来自 FuncAbility Index 页面',
```

```
10.         },
11.       },
12.    }
13.    // context 为被调用方 UIAbility 的 AbilityContext
14.    this.context.terminateSelfWithResult(abilityResult, (err) => {
15.       // ...
16.    });
```

（3）FuncAbility 停止自身任务后，EntryAbility 通过 startAbilityForResult()方法回调接收被 FuncAbility 返回的信息，RESULT_CODE 需要与前面的数值保持一致。

```
1.    const RESULT_CODE: number = 1001;
2.    
3.    // ...
4.    
5.    // context 为调用方 UIAbility 的 AbilityContext
6.    this.context.startAbilityForResult(want).then((data) => {
7.       if (data?.resultCode === RESULT_CODE) {
8.          // 解析被调用方 UIAbility 返回的信息
9.          let info = data.want?.parameters?.info;
10.         // ...
11.      }
12.    }).catch((err) => {
13.       // ...
14.    })
```

3. 启动其他应用的 UIAbility

启动其他应用的 UIAbility，通常用户只需要完成一个通用的操作（例如需要选择一个文档应用来查看某个文档的内容信息），推荐使用隐式 Want 启动。系统会根据调用方的 want 参数来识别和启动匹配到的应用 UIAbility。

启动 UIAbility 有显式 Want 启动和隐式 Want 启动两种方式。

（1）显式 Want 启动：启动一个确定应用的 UIAbility，在 want 参数中需要设置该应用的 bundleName 和 abilityName，当需要拉起某个明确的 UIAbility 时，通常使用显式 Want 启动方式。

（2）隐式 Want 启动：根据匹配条件由用户选择启动哪一个 UIAbility，即不明确指出要启动哪一个 UIAbility（abilityName 参数未设置），在调用 startAbility()方法时，其传入的参数 want 中指定了一系列的 entities 字段（表示目标 UIAbility 额外的类别信息，如浏览器、视频播放器）和 actions 字段（表示要执行的通用操作，如查看、分享、应用详情等）等参数信息，然后由系统去分析 want 参数，并帮助找到合适的 UIAbility 来启动。当需要拉起其他应用的 UIAbility 时，开发者通常不知道用户设备中应用的安装情况，也无法确定目标应用的 bundleName 和 abilityName，通常使用隐式 Want 启动方式。

本节主要讲解如何通过隐式 Want 启动其他应用的 UIAbility。

① 将多个待匹配的文档应用安装到设备，在其对应 UIAbility 的 module.json5 配置文件中，配置 skills 的 entities 字段和 actions 字段。

```
1.    {
2.       "module": {
3.          "abilities": [
4.             {
5.                // ...
```

```
6.         "skills": [
7.           {
8.             "entities": [
9.               // ...
10.              "entity.system.default"
11.            ],
12.            "actions": [
13.              // ...
14.              "ohos.want.action.viewData"
15.            ]
16.          }
17.        ]
18.      }
19.    ]
20.  }
21. }
```

② 在调用方 want 参数中的 entities 和 actions 需要被包含在待匹配 UIAbility 的 skills 配置的 entities 和 actions 中。系统匹配到符合 entities 和 actions 参数条件的 UIAbility 后,会弹出选择框展示匹配到的 UIAbility 实例列表供用户选择使用。示例中 context 的获取方式参见获取 UIAbility 的 Context 属性。

```
1.  let wantInfo = {
2.    deviceId: '',                // deviceId 为空表示本设备
3.    // uncomment line below if wish to implicitly query only in the specific bundle.
4.    // bundleName: 'com.example.myapplication',
5.    action: 'ohos.want.action.viewData',
6.    // entities can be omitted.
7.    entities: ['entity.system.default'],
8.  }
9.
10. // context 为调用方 UIAbility 的 AbilityContext
11. this.context.startAbility(wantInfo).then(() => {
12.   // ...
13. }).catch((err) => {
14.   // ...
15. })
```

③ 在文档应用使用完成之后,如需要停止当前 UIAbility 实例,通过调用 terminateSelf() 方法实现。

```
1.  // context 为需要停止的 UIAbility 实例的 AbilityContext
2.  this.context.terminateSelf((err) => {
3.    // ...
4.  });
```

4. 启动其他应用的 UIAbility 并获取返回结果

当使用隐式 Want 启动其他应用的 UIAbility 并希望获取返回结果时,调用方需要使用 startAbilityForResult() 方法启动目标 UIAbility。例如,主应用中需要启动第三方支付并获取支付结果。

(1) 在支付应用对应 UIAbility 的 module.json5 配置文件中,配置 skills 的 entities 字段和 actions 字段。

```
1. {
2.   "module": {
```

```
3.        "abilities": [
4.          {
5.            // ...
6.            "skills": [
7.              {
8.                "entities": [
9.                  // ...
10.                  "entity.system.default"
11.                ],
12.                "actions": [
13.                  // ...
14.                  "ohos.want.action.editData"
15.                ]
16.              }
17.            ]
18.          }
19.        ]
20.      }
21.    }
```

（2）调用方使用 startAbilityForResult()方法启动支付应用的 UIAbility，在调用方 want 参数中的 entities 和 actions 需要被包含在待匹配 UIAbility 的 skills 配置的 entities 和 actions 中。异步回调中的 data 用于后续接收支付 UIAbility 停止自身后返回给调用方的信息。系统匹配到符合 entities 和 actions 参数条件的 UIAbility 后，会弹出选择框展示匹配到的 UIAbility 实例列表供用户选择使用。

```
1.    let wantInfo = {
2.      deviceId: '', // deviceId 为空表示本设备
3.      // uncomment line below if wish to implicitly query only in the specific bundle.
4.      // bundleName: 'com.example.myapplication',
5.      action: 'ohos.want.action.editData',
6.      // entities 可以省略
7.      entities: ['entity.system.default'],
8.    }
9.
10.   // context 为调用方 UIAbility 的 AbilityContext
11.   this.context.startAbilityForResult(wantInfo).then((data) => {
12.      // ...
13.   }).catch((err) => {
14.      // ...
15.   })
```

（3）在支付 UIAbility 完成支付之后，需要调用 terminateSelfWithResult()方法实现停止自身，并将 abilityResult 参数信息返回给调用方。

```
1.    const RESULT_CODE: number = 1001;
2.    let abilityResult = {
3.      resultCode: RESULT_CODE,
4.      want: {
5.        bundleName: 'com.example.myapplication',
6.        abilityName: 'EntryAbility',
7.        moduleName: 'entry',
8.        parameters: {
9.          payResult: 'OKay',
10.       },
11.     },
12.   }
```

```
13.     // context 为被调用方 UIAbility 的 AbilityContext
14.     this.context.terminateSelfWithResult(abilityResult, (err) => {
15.         // ...
16.     });
```

(4) 在调用方 startAbilityForResult()方法回调中接收支付应用返回的信息，RESULT_CODE 需要与前面 terminateSelfWithResult()方法返回的数值保持一致。

```
1.  const RESULT_CODE: number = 1001;
2.
3.  let want = {
4.      // want 参数信息
5.  };
6.
7.  // context 为调用方 UIAbility 的 AbilityContext
8.  this.context.startAbilityForResult(want).then((data) => {
9.      if (data?.resultCode === RESULT_CODE) {
10.         // 解析被调用方 UIAbility 返回的信息
11.         let payResult = data.want?.parameters?.payResult;
12.         // ...
13.     }
14. }).catch((err) => {
15.     // ...
16. })
```

5. 启动 UIAbility 的指定页面

一个 UIAbility 可以对应多个页面，在不同的场景下启动该 UIAbility 时需要展示不同的页面，例如从一个 UIAbility 的页面中跳转到另外一个 UIAbility 时，希望启动目标 UIAbility 的指定页面。本书主要讲解目标 UIAbility 首次启动和非首次启动两种启动指定页面的场景，以及调用方如何指定启动页面。

(1) 调用方 UIAbility 指定启动页面。

调用方 UIAbility 启动另外一个 UIAbility 时，通常需要跳转到指定的页面。例如 FuncAbility 包含两个页面(Index 对应首页，Second 对应功能 A 页面)，此时需要在传入的 want 参数中配置指定的页面路径信息，可以通过 want 中的 parameters 参数增加一个自定义参数传递页面跳转信息。示例中 context 的获取方式参见获取 UIAbility 的 Context 属性。

```
1.  let wantInfo = {
2.      deviceId: '',                        // deviceId 为空表示本设备
3.      bundleName: 'com.example.myapplication',
4.      abilityName: 'FuncAbility',
5.      moduleName: 'module1',               // moduleName 非必选
6.      parameters: {                        // 自定义参数传递页面信息
7.          router: 'funcA',
8.      },
9.  }
10. // context 为调用方 UIAbility 的 AbilityContext
11. this.context.startAbility(wantInfo).then(() => {
12.     // ...
13. }).catch((err) => {
14.     // ...
15. })
```

(2) 目标 UIAbility 首次启动。

目标 UIAbility 首次启动时，在目标 UIAbility 的 onWindowStageCreate()生命周期回

调中,解析 EntryAbility 传递过来的 want 参数,获取到需要加载的页面信息 url,传入
windowStage.loadContent()方法。

```
1.   import UIAbility from '@ohos.app.ability.UIAbility'
2.   import Window from '@ohos.window'
3.
4.   export default class FuncAbility extends UIAbility {
5.     funcAbilityWant;
6.
7.     onCreate(want, launchParam) {
8.       // 接收调用方 UIability 传过来的参数
9.       this.funcAbilityWant = want;
10.    }
11.
12.    onWindowStageCreate(windowStage: Window.WindowStage) {
13.      // Main window is created, set main page for this ability
14.      let url = 'pages/Index';
15.      if (this.funcAbilityWant?.parameters?.router) {
16.        if (this.funcAbilityWant.parameters.router === 'funA') {
17.          url = 'pages/Second';
18.        }
19.      }
20.      windowStage.loadContent(url, (err, data) => {
21.        // ...
22.      });
23.    }
24.  }
```

(3) 目标 UIAbility 非首次启动。

经常还会遇到一类场景,当应用 A 已经启动且处于主页面时,回到桌面,打开应用 B,并从应用 B 再次启动应用 A,且需要跳转到应用 A 的指定页面。例如联系人应用和短信应用配合使用的场景。打开短信应用主页,回到桌面,此时短信应用处于已打开状态且当前处于短信应用的主页。再打开联系人应用主页,进入联系人用户 A 查看详情,单击短信图标,准备给用户 A 发送短信,此时会再次拉起短信应用且当前处于短信应用的发送页面,如图 4-6 展示的场景所示。

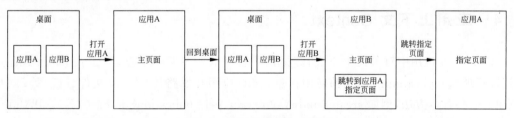

图 4-6　目标非首次启动演示

针对以上场景,即当应用 A 的 UIAbility 实例已创建,并且处于该 UIAbility 实例对应的主页面中,此时,从应用 B 中需要再次启动应用 A 的该 UIAbility,并且需要跳转到不同的页面,这种情况下要如何实现呢?

在目标 UIAbility 中,默认加载的是 Index 页面。由于当前 UIAbility 实例之前已经创建完成,此时会进入 UIAbility 的 onNewWant()回调中且不会进入 onCreate()和 onWindowStageCreate()生命周期回调,在 onNewWant()回调中解析调用方传递过来的 want 参数,并挂到全局变量 globalThis 中,以便于后续在页面中获取。

```
1.   import UIAbility from '@ohos.app.ability.UIAbility'
2.
3.   export default class FuncAbility extends UIAbility {
4.     onNewWant(want, launchParam) {
5.       // 接收调用方 UIAbility 传过来的参数
6.       globalThis.funcAbilityWant = want;
7.       // ...
8.     }
9.   }
```

在 FuncAbility 中,此时需要在 Index 页面中通过页面路由 Router 模块实现指定页面的跳转,由于此时 FuncAbility 对应的 Index 页面处于激活状态,不会重新声明变量以及进入 aboutToAppear() 生命周期回调中。因此,可以在 Index 页面的 onPageShow() 生命周期回调中实现页面路由跳转的功能。

```
1.   import router from '@ohos.router';
2.
3.   @Entry
4.   @Component
5.   struct Index {
6.     onPageShow() {
7.       let funcAbilityWant = globalThis.funcAbilityWant;
8.       let url2 = funcAbilityWant?.parameters?.router;
9.       if (url2 && url2 === 'funcA') {
10.         router.replaceUrl({
11.           url: 'pages/Second',
12.         })
13.       }
14.     }
15.
16.     // 页面展示
17.     build() {
18.       // ...
19.     }
20.   }
```

4.4 应用上下文 Context

Context 是应用中对象的上下文,其提供了应用的一些基础信息,例如 resourceManager (资源管理)、applicationInfo(当前应用信息)、dir(应用开发路径)、area(文件分区)等,以及应用的一些基本方法,例如 createBundleContext()、getApplicationContext()等。UIAbility 组件和各种 ExtensionAbility 派生类组件都有各自不同的 Context 类,分别有基类 Context、ApplicationContext、AbilityStageContext、UIAbilityContext、ExtensionContext、ServiceExtensionContext 等 Context。

各类 Context 的继承关系如图 4-7 所示。

各类 Context 的持有关系如图 4-8 所示。

1. 各类 Context 的获取方式

(1) 获取 UIAbilityContext。每个 UIAbility 中都包含了一个 Context 属性,提供操作 Ability、获取 Ability 的配置信息、应用向用户申请授权等能力。

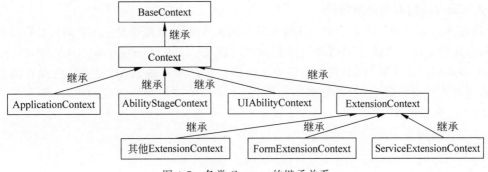

图 4-7 各类 Context 的继承关系

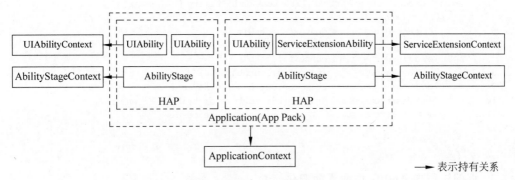

图 4-8 各类 Context 的持有关系

```
1.    import UIAbility from '@ohos.app.ability.UIAbility';
2.    export default class EntryAbility extends UIAbility {
3.      onCreate(want, launchParam) {
4.        let uiAbilityContext = this.context;
5.        // ...
6.      }
7.    }
```

（2）获取 AbilityStageContext。和基类 Context 相比，Module 级别的 Context 额外提供 HapModuleInfo、Configuration 等信息。

```
1.    import AbilityStage from "@ohos.app.ability.AbilityStage";
2.    export default class MyAbilityStage extends AbilityStage {
3.      onCreate() {
4.        let abilityStageContext = this.context;
5.        // ...
6.      }
7.    }
```

（3）获取 ApplicationContext。应用级别的 Context。ApplicationContext 在基类 Context 的基础上提供了订阅应用内 Ability 生命周期的变化、订阅系统内存变化和订阅应用内系统环境的变化的能力，在 UIAbility、ExtensionAbility、AbilityStage 中均可以获取。

```
1.    import UIAbility from '@ohos.app.ability.UIAbility';
2.    export default class EntryAbility extends UIAbility {
3.      onCreate(want, launchParam) {
4.        let applicationContext = this.context.getApplicationContext();
5.        // ...
6.      }
7.    }
```

2. Context 的典型使用场景

通过 ApplicationContext 获取应用级别的应用文件路径,此路径是应用全局信息推荐的存放路径,这些文件会跟随应用的卸载而删除。或通过 AbilityStageContext、UIAbilityContext、ExtensionContext 获取 HAP 级别的应用文件路径。此路径是 HAP 相关信息推荐的存放路径,这些文件会跟随 HAP 的卸载而删除,但不会影响应用级别路径的文件,除非该应用的 HAP 已全部卸载。

示例代码如下。

```
1.   import UIAbility from '@ohos.app.ability.UIAbility';
2.
3.   export default class EntryAbility extends UIAbility {
4.     onCreate(want, launchParam) {
5.       let cacheDir = this.context.cacheDir;
6.       let tempDir = this.context.tempDir;
7.       let filesDir = this.context.filesDir;
8.       let databaseDir = this.context.databaseDir;
9.       let bundleCodeDir = this.context.bundleCodeDir;
10.      let distributedFilesDir = this.context.distributedFilesDir;
11.      let preferencesDir = this.context.preferencesDir;
12.      // ...
13.    }
14.  }
```

3. 订阅进程内 Ability 生命周期变化

DFX,Design for X,是为了提升软件质量设计的工具集。

统计场景,如需要统计对应页面停留时间和访问频率等信息,可以使用订阅进程内 Ability 生命周期变化功能。

在进程内 Ability 生命周期变化时,如创建、可见/不可见、获焦/失焦、销毁等,会触发进入相应的回调,其中返回的此次注册监听生命周期的 ID(每次注册该 ID 会自增+1,当超过监听上限数量 $2^{63}-1$ 时,返回 -1),以在 UIAbilityContext 中使用为例进行说明。

```
1.   import UIAbility from '@ohos.app.ability.UIAbility';
2.   import Window from '@ohos.window';
3.
4.   const TAG: string = "[Example].[Entry].[EntryAbility]";
5.
6.   export default class EntryAbility extends UIAbility {
7.     lifecycleId: number;
8.
9.     onCreate(want, launchParam) {
10.      let abilityLifecycleCallback = {
11.        onAbilityCreate(ability) {
12.          console.info(TAG, "onAbilityCreate ability:" + JSON.stringify(ability));
13.        },
14.        onWindowStageCreate(ability, windowStage) {
15.          console.info(TAG, "onWindowStageCreate ability:" + JSON.stringify(ability));
16.          console.info(TAG, "onWindowStageCreate windowStage:" + JSON.stringify(windowStage));
17.        },
18.        onWindowStageActive(ability, windowStage) {
19.          console.info(TAG, "onWindowStageActive ability:" + JSON.stringify(ability));
20.          console.info(TAG, "onWindowStageActive windowStage:" + JSON.stringify(windowStage));
```

```
21.      },
22.      onWindowStageInactive(ability, windowStage) {
23.        console.info(TAG, "onWindowStageInactive ability:" + JSON.stringify
           (ability));
24.        console.info(TAG, "onWindowStageInactive windowStage:" + JSON.stringify
           (windowStage));
25.      },
26.      onWindowStageDestroy(ability, windowStage) {
27.        console.info(TAG, "onWindowStageDestroy ability:" + JSON.stringify
           (ability));
28.        console.info(TAG, "onWindowStageDestroy windowStage:" + JSON.stringify
           (windowStage));
29.      },
30.      onAbilityDestroy(ability) {
31.        console.info(TAG, "onAbilityDestroy ability:" + JSON.stringify(ability));
32.      },
33.      onAbilityForeground(ability) {
34.        console.info(TAG, "onAbilityForeground ability:" + JSON.stringify(ability));
35.      },
36.      onAbilityBackground(ability) {
37.        console.info(TAG, "onAbilityBackground ability:" + JSON.stringify(ability));
38.      },
39.      onAbilityContinue(ability) {
40.        console.info(TAG, "onAbilityContinue ability:" + JSON.stringify(ability));
41.      }
42.    }
43.    // 1. 通过 context 属性获取 applicationContext
44.    let applicationContext = this.context.getApplicationContext();
45.    // 2. 通过 applicationContext 注册监听应用内生命周期
46.    this.lifecycleId = applicationContext.on("abilityLifecycle", abilityLifecycleCallback);
47.    console.info(TAG, "register callback number: " + JSON.stringify(this.lifecycleId));
48.  }
49.
50.  onDestroy() {
51.    let applicationContext = this.context.getApplicationContext();
52.    applicationContext.off("abilityLifecycle", this.lifecycleId, (error, data) => {
53.      console.info(TAG, "unregister callback success, err: " + JSON.stringify(error));
54.    });
55.  }
56. }
```

4.5 信息传递载体 Want

在前文中当开发者启动 Ability 时,使用 Want 传递信息,本节将更详细地介绍信息传递载体 Want。Want 是对象间信息传递的载体,可以用于应用组件间的信息传递。其使用场景之一是作为 startAbility() 的参数,包含了指定的启动目标以及启动时需携带的相关数据,如 bundleName 和 abilityName 字段分别指明目标 Ability 所在应用的包名以及对应包内的 Ability 名称。当 UIAbilityA 启动 UIAbilityB 并需要传入一些数据给 UIAbilityB 时,Want 可以作为一个载体将数据传给 UIAbilityB。

图 4-9 为 Want 用法示意。

1. Want 的类型

显式 Want:在启动 Ability 时指定了 abilityName 和 bundleName 的 Want 称为显式 Want。

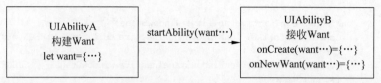

图 4-9　Want 用法示意图

当有明确处理请求的对象时,通过提供目标 Ability 所在应用的包名信息(bundleName),并在 Want 内指定 abilityName 便可启动目标 Ability。显式 Want 通常用于在当前应用开发中启动某个已知的 Ability。

```
1.    let wantInfo = {
2.       deviceId: '',                        // deviceId 为空表示本设备
3.       bundleName: 'com.example.myapplication',
4.       abilityName: 'FuncAbility',
5.    }
```

Want 参数说明如表 4-1 所示。

表 4-1　Want 参数说明

名　　称	类　　型	说　　明
deviceId	string	表示目标 Ability 所在设备 ID。如果未设置该字段,则表明本设备
bundleName	string	表示目标 Ability 所在应用名称
moduleName	string	表示目标 Ability 所属的模块名称
abilityName	string	表示目标 Ability 名称。如果未设置该字段,则该 Want 为隐式。如果在 Want 中同时指定了 bundle-Name、moduleName 和 abilityName,则 Want 可以直接匹配到指定的 Ability
url	string	表示携带的数据,一般配合 type 使用,指明待处理的数据类型。如果在 Want 中指定了 uri,则 Want 将匹配指定的 uri 信息,包括 scheme、schemeSpecificPart、authority 和 path 信息
type	string	表示携带数据类型,使用 MIME 类型规范。例如"text/plain""image/ * "等
action	string	表示要执行的通用操作(如查看、分享、应用详情)。在隐式 Want 中可定义该字段,配合 uri 或 parameters 表示对数据要执行的操作,如打开、查看该 uri 数据。例如,当 uri 为一段网址,action 为 ohos.want.action.viewData 则表示匹配可查看该网址的 Ability
entities	Array ＜ string ＞	表示目标 Ability 额外的类别信息(如浏览器、视频播放器),在隐式 Want 中是对 action 的补充。在隐式 Want 中可定义该字段,来过滤匹配 UIAbility 类别,如必须是浏览器。例如,在 action 字段的举例中,可存在多个应用声明了支持查看网址的操作,其中有的应用为普通社交应用,有的为浏览器应用,可通过 entity.sys-tem.browsable 过滤掉非浏览器的其他应用
flags	Number	表示处理 Want 的方式。例如通过 wantConstant.Flags.FLAG_ABILITY_CONTINUATION 表示是否以设备间迁移方式启动 Ability
parameters	{[key:string]: any}	此参数用于传递自定义数据,通过用户自定义的键值对进行数据填充,具体支持的数据类型如 Want API 所示

2. 常见 action 与 entities

action：表示调用方要执行的通用操作(如查看、分享、应用详情)。在隐式 Want 中可定义该字段,配合 uri 或 parameters 表示对数据要执行的操作,如打开、查看该 uri 数据。例

如，当uri为一段网址，action为ohos.want.action.viewData则表示匹配可查看该网址的Ability。在Want内声明action字段表示希望被调用方应用支持声明的操作。在被调用方应用配置文件skills字段内声明actions表示该应用支持声明操作。

常见的action如下：

(1) ACTION_HOME：启动应用入口组件的动作，需要和ENTITY_HOME配合使用；系统桌面应用图标就是显式的入口组件，单击也是启动入口组件；入口组件可以配置多个。

(2) ACTION_CHOOSE：选择本地资源数据，如联系人、相册等；系统一般对不同类型的数据有对应的Picker应用，如联系人和图库。

(3) ACTION_VIEW_DATA：查看数据，当使用网址uri时，则表示显示该网址对应的内容。

(4) ACTION_VIEW_MULTIPLE_DATA：发送多个数据记录的操作。

entities：表示目标Ability的类别信息（如浏览器、视频播放器），在隐式Want中是对action的补充。在隐式Want中，开发者可定义该字段，来过滤匹配应用的类别，例如必须是浏览器。在Want内声明entities字段表示希望被调用方应用属于声明的类别。在被调用方应用配置文件skills字段内声明entites表示该应用支持的类别。

常用entities：

(1) ENTITY_DEFAULT：默认类别无实际意义。

(2) ENTITY_HOME：主屏幕有图标单击入口类别。

(3) ENTITY_BROWSABLE：指示浏览器类别。

3. 使用显式Want启动Ability

在应用使用场景中，当用户单击某个按钮时，应用经常需要拉起指定UIAbility组件来完成某些特定任务。下面介绍如何通过显式Want拉起应用内一个指定的UIAbility组件。

(1) Stage模型工程内，创建一个Ability（此示例中命名为callerAbility）与相应Page（此示例中名为Index.ets），并在callerAbility.ts文件内的onWindowStageCreate函数内通过windowStage.loadContent()方法将两者绑定。

```
1.    //...
2.    // callerAbility.ts
3.    onWindowStageCreate(windowStage) {
4.      // 创建主窗口
5.      console.info('[Demo] EntryAbility onWindowStageCreate')
6.      // Bind callerAbility with a paged named Index
7.      windowStage.loadContent('pages/Index')
8.    }
9.    //...
```

(2) 再创建一个Ability，此示例中命名为calleeAbility。

(3) 在callerAbility的Index.ets页面内新增一个按钮。

```
1.    //...
2.    build() {
3.      Row() {
4.        Column() {
5.          Text('hello')
6.            .fontSize(50)
```

```
7.         .fontWeight(FontWeight.Bold)
8.         // 单击此按钮时会触发 explicitstartAbility
9.         Button("CLICKME")
10.          .onClick(this.explicitStartAbility)    // explicitStartAbility 见下面示例代码
11.          // ...
12.        }
13.        .width('100%')
14.      }
15.      .height('100%')
16.    }
17. // ...
```

(4) 补充相对应的 onClick 方法,并使用显式 Want 在方法内启动 calleeAbility。bundleName 字段可在工程 AppScope > app.json5 文件内获取;abilityName 字段可在对应模块内的"yourModuleName > src > main > module.json5"文件查看。

```
1.  import common from '@ohos.app.ability.common';
2.
3.  // ...
4.    async explicitStartAbility() {
5.      try {
6.       // Explicit want with abilityName specified.
7.       let want = {
8.          deviceId: "",
9.          bundleName: "com.example.myapplication",
10.         abilityName: "calleeAbility"
11.       };
12.       let context = getContext(this) as common.UIAbilityContext;
13.       await context.startAbility(want);
14.       console.info(`explicit start ability succeed`);
15.      } catch (error) {
16.       console.info(`explicit start ability failed with ${error.code}`);
17.      }
18.    }
19. // ...
```

4. 使用隐式 Want 打开网址

假设在鸿蒙设备上安装了多个浏览器,用户想选择其中一个浏览器打开网址。首先需要在浏览器应用中通过 module.json5 配置如下:

```
1.  "skills": [
2.    {
3.      "entities": [
4.        "entity.system.browsable"
5.        // ...
6.      ],
7.      "actions": [
8.        "ohos.want.action.viewData"
9.        // ...
10.     ],
11.     "uris": [
12.       {
13.         "scheme": "https",
14.         "host": "www.test.com",
15.         "port": "8080",
16.         // prefix matching
17.         "pathStartWith": "query",
```

```
18.          "type": "text/*"
19.       },
20.       {
21.          "scheme": "http",
22.          // ...
23.       }
24.       // ...
25.       ]
26.   },
27.   ]
```

5. 开发步骤

在自定义函数 implicitStartAbility 内使用隐式 Want 启动 Ability。

```
1.   async implicitStartAbility() {
2.     try {
3.       let want = {
4.         // uncomment line below if wish to implicitly query only in the specific bundle.
5.         // bundleName: "com.example.myapplication",
6.         "action": "ohos.want.action.viewData",
7.         // entities can be omitted.
8.         "entities": [ "entity.system.browsable" ],
9.         "uri": "https://www.test.com:8080/query/student",
10.        "type": "text/plain"
11.      }
12.      let context = getContext(this) as common.UIAbilityContext;
13.      await context.startAbility(want)
14.      console.info(`explicit start ability succeed`)
15.    } catch (error) {
16.      console.info(`explicit start ability failed with ${error.code}`)
17.    }
18.  }
```

匹配过程如下：

（1）want 内 action 不为空,且被 skills 内 action 包括,匹配成功。

（2）want 内 entities 不为空,且被 skills 内 entities 包括,匹配成功。

（3）skills 内 uris 拼接为 https://www.test.com:8080/query*（*为通配符）包含 want 内 uri,匹配成功。

（4）want 内 type 不为空,且被 skills 内 type 包含,匹配成功。

（5）当有多个匹配应用时,会被应用选择器展示给用户进行选择。

4.6 进程模型

HarmonyOS 的进程模型分为以下两种：

（1）应用中(同一包名)的所有 UIAbility 运行在同一个独立进程中。

（2）WebView 拥有独立的渲染进程。

基于 HarmonyOS 的进程模型,系统提供了公共事件机制用于一对多的通信场景,公共事件发布者可能存在多个订阅者同时接收事件。

4.6.1 公共事件简介

HarmonyOS 通过 CES(Common Event Service,公共事件服务)为应用程序提供订阅、

发布、退订公共事件的能力。

公共事件从系统角度可分为系统公共事件和自定义公共事件。

（1）系统公共事件：CES 内部定义的公共事件，只有系统应用和系统服务才能发布，例如 HAP 安装、更新、卸载等公共事件。目前支持的系统公共事件详见系统公共事件列表。

（2）自定义公共事件：应用自定义一些公共事件用来实现跨进程的事件通信能力。

公共事件按发送方式可分为无序公共事件、有序公共事件和黏性公共事件。

（1）无序公共事件：CES 转发公共事件时，不考虑订阅者是否接收到，且订阅者接收到的顺序与其订阅顺序无关。

（2）有序公共事件：CES 转发公共事件时，根据订阅者设置的优先级等级，优先将公共事件发送给优先级较高的订阅者，等待其成功接收该公共事件之后再将事件发送给优先级较低的订阅者。如果有多个订阅者具有相同的优先级，则他们将随机接收到公共事件。

（3）黏性公共事件：能够让订阅者收到在订阅前已经发送的公共事件就是黏性公共事件。普通的公共事件只能在订阅后发送才能收到，而黏性公共事件的特殊性在于可以先发送后订阅。发送黏性事件必须是系统应用或系统服务，且需要申请 ohos.permission.COMMONEVENT_STICKY 权限，配置方式请参阅访问控制授权申请指导。

每个应用都可以按需订阅公共事件，订阅成功后，当公共事件发布时，系统会将其发送给对应的应用。这些公共事件可能来自系统、其他应用和应用自身。

公共事件举例如图 4-10 所示。

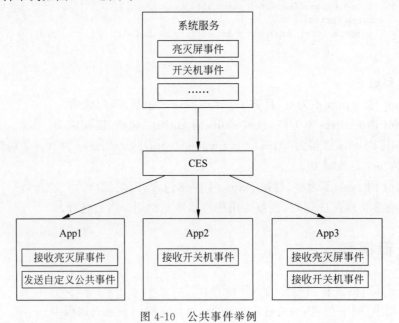

图 4-10　公共事件举例

4.6.2　公共事件订阅概述

公共事件服务提供了动态订阅和静态订阅两种订阅方式。动态订阅与静态订阅最大的区别在于，动态订阅是应用运行时行为，而静态订阅是后台服务，无须处于运行状态。

（1）动态订阅：指订阅方在运行时调用公共事件订阅的 API 实现对公共事件的订阅，

详见动态订阅公共事件。

（2）静态订阅：订阅方通过配置文件声明和继承自 StaticSubscriberExtensionAbility 的类实现对公共事件的订阅，详见静态订阅公共事件。

1. 动态订阅公共事件

动态订阅是指当应用在运行状态时对某个公共事件进行订阅，在运行期间如果有订阅的事件发布，那么订阅了这个事件的应用将会收到该事件及其传递的参数。例如，某应用希望在其运行期间收到电量过低的事件，并根据该事件降低其运行功耗，那么该应用便可动态订阅电量过低事件，收到该事件后关闭一些非必要的任务来降低功耗。订阅部分系统公共事件需要先申请权限，订阅这些事件所需要的权限请见公共事件权限列表。

1）开发步骤

（1）导入 CommonEvent 模块。

```
import commonEvent from '@ohos.commonEventManager';
```

（2）创建订阅者信息，详细的订阅者信息数据类型及包含的参数请见 CommonEventSubscribeInfo 官方文档介绍。

```
1.  // 用于保存创建成功的订阅者对象,后续使用其完成订阅及退订的动作
2.  let subscriber = null;
3.  // 订阅者信息
4.  let subscribeInfo = {
5.    events: ["usual.event.SCREEN_OFF"],        // 订阅灭屏公共事件
6.  }
```

（3）创建订阅者，保存返回的订阅者对象 subscriber，用于执行后续的订阅、退订等操作。

```
1.  // 创建订阅者回调
2.  commonEvent.createSubscriber(subscribeInfo, (err, data) => {
3.    if (err) {
4.      console.error(`[CommonEvent] CreateSubscriberCallBack err = ${JSON.stringify(err)}`);
5.    } else {
6.      console.info(`[CommonEvent] CreateSubscriber success`);
7.      subscriber = data;
8.      // 订阅公共事件回调
9.    }
10. })
```

（4）创建订阅回调函数，订阅回调函数会在接收到事件时触发。订阅回调函数返回的 data 内包含了公共事件的名称、发布者携带的数据等信息，公共事件数据的详细参数和数据类型请见 CommonEventData 官方文档介绍。

```
1.  // 订阅公共事件回调
2.  if (subscriber !== null) {
3.    commonEvent.subscribe(subscriber, (err, data) => {
4.      if (err) {
5.        console.error(`[CommonEvent] SubscribeCallBack err = ${JSON.stringify(err)}`);
6.      } else {
7.        console.info(`[CommonEvent] SubscribeCallBack data = ${JSON.stringify(data)}`);
8.      }
9.    })
10. } else {
```

```
11.     console.error(`[CommonEvent] Need create subscriber`);
12.   }
```

（5）如想取消动态订阅公共事件，可执行以下代码。

```
1.   // subscriber 为订阅事件时创建的订阅者对象
2.   if (subscriber !== null) {
3.     commonEvent.unsubscribe(subscriber, (err) => {
4.       if (err) {
5.         console.error(`[CommonEvent] UnsubscribeCallBack err = ${JSON.stringify(err)}`)
6.       } else {
7.         console.info(`[CommonEvent] Unsubscribe`)
8.         subscriber = null
9.       }
10.    })
11.  }
```

2. 静态订阅公共事件（仅对系统应用开放）

静态订阅者在未接收订阅的目标事件时，处于未拉起状态，当系统或应用发布了指定的公共事件后，静态订阅者将被拉起，并执行 onReceiveEvent 回调，开发者可通过在 onReceiveEvent 回调中执行业务逻辑，实现当应用接收到特定公共事件时执行业务逻辑的目的。例如，某应用希望在设备开机时执行一些初始化任务，那么该应用可以静态订阅开机事件，在收到开机事件后会拉起该应用，然后执行初始化任务。静态订阅是通过配置文件声明和继承自 StaticSubscriberExtensionAbility 的类实现对公共事件的订阅。需要注意的是，静态订阅公共事件对系统功耗有一定影响，建议谨慎使用。

1）开发步骤

（1）静态订阅者声明

声明一个静态订阅者，首先需要在工程中新建一个 ExtensionAbility，该 ExtensionAbility 从 StaticSubscriberExtensionAbility 派生，其代码实现如下：

```
1.   import StaticSubscriberExtensionAbility from '@ohos.application.StaticSubscriber-
     ExtensionAbility'
2.
3.   export default class StaticSubscriber extends StaticSubscriberExtensionAbility {
4.     onReceiveEvent(event) {
5.       console.log('onReceiveEvent, event:' + event.event);
6.     }
7.   }
```

开发者可以在 onReceiveEvent 中实现业务逻辑。

（2）静态订阅者工程配置

在完成静态订阅者的代码实现后，需要将该订阅者配置到系统的 module.json5 中，配置形式如下：

```
1.   {
2.     "module": {
3.       ......
4.       "extensionAbilities": [
5.         {
6.           "name": "StaticSubscriber",
7.           "srcEntrance": "./ets/StaticSubscriber/StaticSubscriber.ts",
8.           "description": "$string:StaticSubscriber_desc",
9.           "icon": "$media:icon",
```

```
10.        "label": " $ string:StaticSubscriber_label",
11.        "type": "staticSubscriber",
12.        "visible": true,
13.        "metadata": [
14.          {
15.            "name": "ohos.extension.staticSubscriber",
16.            "resource": " $ profile:subscribe"
17.          }
18.        ]
19.      }
20.    ]
21.    ……
22.  }
23. }
```

上述 json 文件主要关注以下字段。

srcEntrance：表示 ExtensionAbility 的入口文件路径，即步骤(2)中声明的静态订阅者所在的文件路径。

type：表示 ExtensionAbility 的类型，对于静态订阅者需要声明为"staticSubscriber"。

metadata：表示 ExtensionAbility 的二级配置文件信息。由于不同的 ExtensionAbility 类型其配置信息不尽相同，因此需要使用不同的 config 文件表示其具体配置信息。

name：表示 ExtensionAbility 的类型名称，对于静态订阅类型，name 必须声明为"ohos.extension.staticSubscriber"，否则无法识别为静态订阅者。

resource：表示 ExtensionAbility 的配置信息路径，由开发者自行定义，在本例中表示路径为"resources/base/profile/subscribe.json"。

需要注意二级配置文件必须按照上述形式进行声明，否则会无法正确识别。下面对字段进行介绍：

name：静态订阅 ExtensionAbility 的名称，需要和 module.json5 中声明的 ExtensionAbility 的 name 一致。

permission：订阅者要求的发布者需要具备的权限，对于发布了目标事件但不具备 permission 中声明的权限的发布者将被视为非法事件，不予发布。

events：订阅的目标事件列表。

(3) 修改设备系统配置文件。

修改设备系统配置文件/etc/static_subscriber_config.json，将静态订阅应用者的包名添加至该 json 文件中即可。

```
1. {
2.   "xxx",
3.   "ohos.extension.staticSubscriber",
4.   "xxx"
5. }
```

4.6.3 公共事件发布

当需要发布某个自定义公共事件时，可以通过 publish() 方法发布事件。发布的公共事件可以携带数据，供订阅者解析并进行下一步处理。

1. 发布不携带信息的公共事件

不携带信息的公共事件，只能发布无序公共事件。

(1) 导入 CommonEvent 模块。

```
1.    import commonEvent from '@ohos.commonEventManager';
```

(2) 传入需要发布的事件名称和回调函数,发布事件。

```
1.    // 发布公共事件
2.    commonEvent.publish("usual.event.SCREEN_OFF", (err) => {
3.      if (err) {
4.        console.error(`[CommonEvent] PublishCallBack err = ${JSON.stringify(err)}`);
5.      } else {
6.        console.info(`[CommonEvent] Publish success`);
7.      }
8.    })
```

2. 发布携带信息的公共事件

携带信息的公共事件,可以发布为无序公共事件、有序公共事件和黏性事件,可以通过参数 CommonEventPublishData 的 isOrdered、isSticky 字段进行设置。

发布携带信息的公共事件代码与发布不携带信息的公共事件相同,仅需在 public 函数中传入需要携带的参数即可。

```
1.    // 公共事件相关信息
2.    let options = {
3.      code: 1,                    // 公共事件的初始代码
4.      data: "initial data",       // 公共事件的初始数据
5.    }
6.    // 发布公共事件
7.    commonEvent.publish("usual.event.SCREEN_OFF", options, (err) => {
8.      if (err) {
9.        console.error('[CommonEvent] PublishCallBack err = ' + JSON.stringify(err));
10.     } else {
11.       console.info('[CommonEvent] Publish success')
12.     }
13.   })
```

4.7 线程模型概述

HarmonyOS 应用中每个进程都会有一个主线程,其职责如下:

(1) 执行 UI 绘制;

(2) 管理主线程的 ArkTS 引擎实例,使多个 UIAbility 组件能够运行在其上;

(3) 管理其他线程(如 Worker 线程)的 ArkTS 引擎实例,例如启动和终止其他线程;

(4) 分发交互事件;

(5) 处理应用代码的回调,包括事件处理和生命周期管理;

(6) 接收 Worker 线程发送的消息。

除主线程外,还有一类与主线程并行的独立线程 Worker,主要用于执行耗时操作,但不可以直接操作 UI。Worker 线程在主线程中创建,与主线程相互独立。最多可以创建 7 个 Worker,如图 4-11 所示。

基于 HarmonyOS 的线程模型,不同的业务功能运行在不同的线程上,业务功能的交互就需要线程间通信。线程间通信目前主要有 Emitter 和 Worker 两种方式,其中 Emitter 主

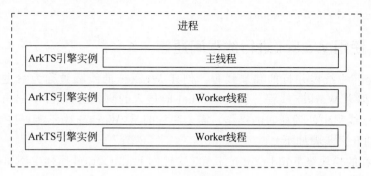

图 4-11　线程模型

要适用于线程间的事件同步，Worker 主要用于新开一个线程执行耗时任务。

4.7.1　使用 Emitter 进行线程间通信

Emitter 主要提供线程间发送和处理事件的能力，包括对持续订阅事件或单次订阅事件的处理、取消订阅事件、发送事件到事件队列等。

Emitter 的开发步骤如下。

（1）订阅事件。

```
1.   import emitter from "@ohos.events.emitter";
2.
3.   // 定义一个 eventId 为 1 的事件
4.   let event = {
5.       eventId: 1
6.   };
7.
8.   // 收到 eventId 为 1 的事件后执行该回调
9.   let callback = (eventData) => {
10.      console.info('event callback');
11.  };
12.
13.  // 订阅 eventId 为 1 的事件
14.  emitter.on(event, callback);
```

（2）发送事件。

```
1.   import emitter from "@ohos.events.emitter";
2.
3.   // 定义一个 eventId 为 1 的事件,事件优先级为 Low
4.   let event = {
5.     eventId: 1,
6.     priority: emitter.EventPriority.LOW
7.   };
8.
9.   let eventData = {
10.      data: {
11.        "content": "c",
12.        "id": 1,
13.        "isEmpty": false,
14.      }
15.  };
16.
17.  // 发送 eventId 为 1 的事件,事件内容为 eventData
```

```
18.     emitter.emit(event, eventData);
```

4.7.2 使用 Worker 进行线程间通信

Worker 是与主线程并行的独立线程。创建 Worker 的线程被称为宿主线程，Worker 工作的线程被称为 Worker 线程。创建 Worker 时传入的脚本文件在 Worker 线程中执行，通常在 Worker 线程中处理耗时的操作。需要注意的是，Worker 中不能直接更新 Page。

Worker 的开发步骤如下：

（1）在工程的模块级 build-profile.json5 文件的 buildOption 属性中添加配置信息。

```
1.      "buildOption": {
2.        "sourceOption": {
3.          "workers": [
4.            "./src/main/ets/workers/worker.ts"
5.          ]
6.        }
7.      }
```

（2）根据 build-profile.json5 中的配置创建对应的 worker.ts 文件。

```
1.      import worker from '@ohos.worker';
2.
3.      let parent = worker.workerPort;
4.
5.      // 处理来自主线程的消息
6.      parent.onmessage = function(message) {
7.        console.info("onmessage: " + message)
8.        // 发送消息到主线程
9.        parent.postMessage("message from worker thread.")
10.     }
```

（3）主线程中使用如下方式初始化和使用 Worker。

```
1.      import worker from '@ohos.worker';
2.
3.      let wk = new worker.ThreadWorker("entry/ets/workers/worker.ts");
4.
5.      // 发送消息到 Worker 线程
6.      wk.postMessage("message from main thread.")
7.
8.      // 处理来自 Worker 线程的消息
9.      wk.onmessage = function(message) {
10.       console.info("message from worker: " + message)
11.     }
12.     // 根据业务按需停止 Worker 线程
13.     wk.terminate()
14.    }
```

4.8 代码示例

本章涉及知识点较多，本节将用两个代码示例来使读者更深刻地了解本章的知识点。

4.8.1 StageAbilityDemo

此示例代码文件较多，在此仅对部分核心代码进行展示，读者可到本书提供的代码库自行下载源代码文件进行学习。以下为此项目代码结构。

```
1.   ├──entry/src/main/ets                    // 代码区
2.   │   ├──common                             // 公共资源目录
3.   │   ├──DetailsAbility
4.   │   │   └──DetailsAbility.ts              // 关联详情页面的 UIAbility
5.   │   ├──EntryAbility
6.   │   │   └──EntryAbility.ts                // 程序入口类
7.   │   ├──model
8.   │   │   └──DataModel.ets                  // 业务逻辑文件
9.   │   ├──pages
10.  │   │   ├──DetailsPage.ets                // 详情页面
11.  │   │   └──NavPage.ets                    // 导航页面
12.  │   ├──view                               // 自定义组件目录
13.  │   └──viewmodel                          // 视图业务逻辑文件目录
14.  └──entry/src/main/resources               // 资源文件目录
```

在此项目中,先创建了两个 Ability 组件,entryAbility 文件下的 EntryAbility.ts 作为 module 的主 Ability,定义了打开项目时的首界面 NavPage。DetailsAbility 文件夹下的 DetailsAbility.ts 定义了当 DetailsAbility 被唤起时渲染的页面 DetailsPage。

以下为 NavPage 页面代码示例。

```
1.   //主页组件
2.   import HomePage from '../view/home/HomePage';
3.   //工具栏组件
4.   import ToolBarComponent from '../view/ToolBarComponent';
5.   //工具栏数据类的定义
6.   import ToolBarData from '../common/bean/ToolBarData';
7.   //用于提供与数据交互方法
8.   import NavViewModel from '../viewmodel/NavViewModel';
9.   //常量定义文件,读者可下载项目后查看
10.  import { AppFontSize, NavPageStyle, PERCENTAGE_100 } from '../common/constants/
     Constants';
11.
12.  const HOME: number = 0;
13.  //Model 类组件用于提供页面与数据的交互方法
14.  let viewModel: NavViewModel = new NavViewModel();
15.
16.  //@Extend 用于拓展原生组件样式
17.  @Extend(Navigation) function setNavStyle() {
18.    .hideTitleBar(true)
19.    .width(PERCENTAGE_100)
20.    .height(PERCENTAGE_100)
21.  }
22.
23.  @Extend(Tabs) function setTabStyle() {
24.    .barHeight(NavPageStyle.BAR_HEIGHT)
25.    .scrollable(false)
26.  }
27.
28.  @Entry
29.  @Component
30.  struct NavPage {
31.    @State toolBarConfigs: ToolBarData[] = []; // bottom navigation data.
32.    navCurrentPosition: number = NavPageStyle.POSITION_INITIAL;
33.    private controller: TabsController = new TabsController();
34.
35.    aboutToAppear() {
36.      this.toolBarConfigs = viewModel.loadNavigationTab();
```

```
37.    }
38.
39.    build() {
40.     Navigation() {
41.      Tabs({ barPosition: BarPosition.Start, controller: this.controller })  {
42.       ForEach(this.toolBarConfigs, (item: ToolBarData, index) => {
43.        TabContent() {
44.         if (index === HOME) {
45.          //homepage 是核心组件,本页面的大部分内容构建在 homepage 中
46.          HomePage()
47.         } else {
48.          this.HolderPage(item?.text)
49.         }
50.        }
51.       }, item => JSON.stringify(item))
52.      }.setTabStyle()
53.     }
54.     .toolBar(this.ToolBarBuilder())
55.     .setNavStyle()
56.    }
57.
58.    //工具栏构造
59.    @Builder ToolBarBuilder() {
60.     ToolBarComponent({
61.      controller: this.controller,
62.      toolBarConfigs: this.toolBarConfigs,
63.      navCurrentPosition: this.navCurrentPosition
64.     })
65.      .backgroundColor(Color.White)
66.      .height(PERCENTAGE_100)
67.    }
68.
69.    @Builder HolderPage(text: Resource) {
70.     Column() {
71.      Text(text)
72.       .fontSize(AppFontSize.LARGER)
73.       .backgroundColor(Color.White)
74.       .height(PERCENTAGE_100)
75.       .width(PERCENTAGE_100)
76.       .textAlign(TextAlign.Center)
77.     }.justifyContent(FlexAlign.Center)
78.    }
79.   }
```

注意在以上代码示例中,将 HomePage 组件特别标注了出来,HomePage 组件构成了 NavPage 的主体,展示了大部分信息。以下为 HomePage 组件代码示例。

```
1.  import AppContext from '@ohos.app.ability.common';
2.  import HomeViewModel from '../../viewmodel/HomeViewModel';
3.  import TopBarComponent from './TopBarComponent';
4.  import TabsComponent from './TabsComponent';
5.  import SearchComponent from './SearchComponent';
6.  import MenusComponent from './MenusComponent';
7.  import BannerComponent from './BannerComponent';
8.  import GoodsComponent from './GoodsComponent';
9.  import BannerData from '../../common/bean/BannerData';
10. import MenuData from '../../common/bean/MenuData';
11. import GoodsData from '../../common/bean/GoodsData';
12. import { HomePageStyle, PERCENTAGE_100 } from '../../common/constants/Constants';
13.
```

```
14.    let viewModel: HomeViewModel = new HomeViewModel();
15.
16.    @Component
17.    @Entry
18.    export default struct HomePage {
19.      @State menus: MenuData[] = [];
20.      @State tabMenus: Resource[] = [];
21.      @State bannerList: BannerData[] = [];
22.      @State goodsList: GoodsData[] = [];
23.
24.      aboutToAppear() {
25.        this.goodsList = viewModel.getGoodsList();
26.        this.bannerList = viewModel.loadBanner();
27.        this.tabMenus = viewModel.loadTabViewMenu();
28.        this.menus = viewModel.loadMenus();
29.      }
30.
31.      build() {
32.       Column() {
33.        Column() {
34.         Blank().height(HomePageStyle.BLANK_HEIGHT)
35.         // Logo 和 QR code
36.         TopBarComponent()
37.          .padding({
38.            top: HomePageStyle.PADDING_VERTICAL,
39.            bottom: HomePageStyle.PADDING_VERTICAL,
40.            left: HomePageStyle.PADDING_HORIZONTAL,
41.            right: HomePageStyle.PADDING_HORIZONTAL
42.          })
43.         //搜索栏
44.         SearchComponent()
45.         //分类
46.         TabsComponent({ tabMenus: this.tabMenus })
47.         //横幅组件
48.         BannerComponent({ bannerList: this.bannerList })
49.         //不同商品菜单组件
50.         MenusComponent({ menus: this.menus })
51.         // 商品展示列表
52.         GoodsComponent({ goodsList: this.goodsList, startPage: (index) => {
53.           let handler = getContext(this) as AppContext.Context;
54.           //这里封装了 startAbility 方法
55.           viewModel.startDetailsAbility(handler, index);
56.         } })
57.        }
58.        .width(PERCENTAGE_100)
59.       }
60.       .height(PERCENTAGE_100)
61.       .backgroundImage($rawfile('index/index_background.png'), ImageRepeat.NoRepeat)
62.       .backgroundImageSize(ImageSize.Cover)
63.      }
64.    }
```

当程序运行时,可以看到如图 4-12 所示界面。

在 HomePage 的代码中,viewModel.startDetailsAbility(handler,index)用于启动 DeatilsAbility,当用户单击下方商品时,系统会唤起 DetailsAbility,并渲染对应商品信息。以下为 startDetailsAbility 方法实现。

```
1.  public startDetailsAbility(context, index: number): void {
2.    const want = {
3.      bundleName: getContext(context).applicationInfo.name,
4.      abilityName: DETAILS_ABILITY_NAME,
5.      parameters: {
6.        position: index
7.      }
8.    };
9.    try {
10.     context.startAbility(want);
11.   } catch (error) {
12.     hilog.error(HOME_PAGE_DOMAIN, TAG, '%{public}s', error);
13.   }
14. }
```

在 GoodsComponent 组件中定义了上片列表中的单击事件，在 HomePage 中，将 startDetailsAbility 方法当作参数传递给这一单击事件，所以当用户单击具体商品时，就会唤起对应的 DetailsAbility，图 4-13 为唤起后的 DetailsAbility。

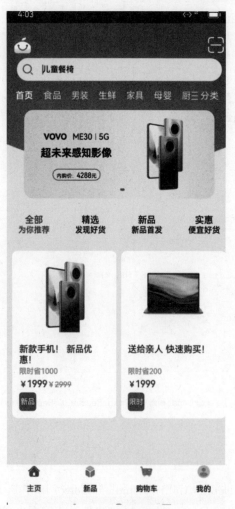

图 4-12 首界面展示

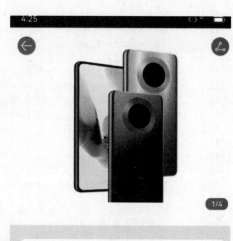

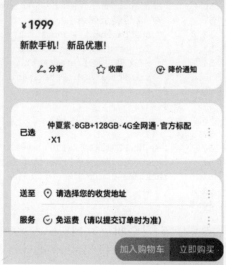

图 4-13 跳转到其他 Ability

4.8.2 公共事件通知

本节通过一个模拟软件下载功能代码示例来展示如何使用通知能力和基础组件，实现模拟下载文件，发送通知的案例。

以下为此项目代码结构。

```
1.   ├──entry/src/main/ets              // 代码区
2.   │  ├──common
3.   │  │  ├──constants
4.   │  │  │  └──CommonConstants.ets    // 公共常量类
5.   │  │  └──utils
6.   │  │     ├──Logger.ets             // 日志工具类
7.   │  │     ├──NotificationUtil.ets   // 通知工具类
8.   │  │     └──ResourseUtil.ets       // 资源文件工具类
9.   │  ├──entryability
10.  │  │  └──EntryAbility.ts           // 程序入口类
11.  │  └──pages
12.  │     └──MainPage.ets              // 主页面
13.  └──entry/src/main/resources        // 资源文件目录
```

utils 文件下的 NotificationUtil.ets 文件是核心功能代码，提供了发送公共事件的功能，以下为此功能的代码实现。

```
1.   import wantAgent, { WantAgent } from '@ohos.app.ability.wantAgent';
2.   import notification from '@ohos.notificationManager';
3.   import CommonConstants from '../constants/CommonConstants';
4.   import Logger from '../utils/Logger';
5.
6.   /**
7.    * Obtains the WantAgent of an application.
8.    *
9.    * @returns WantAgent of an application.
10.   */
11.  export function createWantAgent(bundleName: string, abilityName: string): Promise
     <WantAgent> {
12.    let wantAgentInfo = {
13.      wants: [
14.        {
15.          bundleName: bundleName,
16.          abilityName: abilityName
17.        }
18.      ],
19.      operationType: wantAgent.OperationType.START_ABILITY,
20.      requestCode: 0,
21.      wantAgentFlags: [wantAgent.WantAgentFlags.CONSTANT_FLAG]
22.    };
23.    return wantAgent.getWantAgent(wantAgentInfo);
24.  }
25.
26.  /**
27.   * Publish notification.
28.   *
29.   * @param progress Download progress
30.   * @param title Notification title.
31.   * @param wantAgentObj The want of application.
32.   */
```

```
33.    export function publishNotification(progress: number, title: string, wantAgentObj:
       WantAgent) {
34.     let template = {
35.      name: 'downloadTemplate',
36.      data: {
37.       progressValue: progress,
38.       progressMaxValue: CommonConstants.PROGRESS_TOTAL,
39.       isProgressIndeterminate: false
40.      }
41.     };
42.     let notificationRequest: notification.NotificationRequest = {
43.      id: CommonConstants.NOTIFICATION_ID,
44.      slotType: notification.SlotType.CONTENT_INFORMATION,
45.      // Construct a progress bar template. The name field must be set to downloadTemplate.
46.      template: template,
47.      content: {
48.       contentType: notification.ContentType.NOTIFICATION_CONTENT_BASIC_TEXT,
49.       normal: {
50.        title: `${title}: ${CommonConstants.DOWNLOAD_FILE}`,
51.        text: '',
52.        additionalText: `${progress} % `
53.       }
54.      },
55.      wantAgent: wantAgentObj
56.     };
57.     notification.publish(notificationRequest).catch(err => {
58.      Logger.error(`[ANS] publish failed, code is ${err.code}, message is ${err.message}`);
59.     });
60.    }
```

以上功能代码由两个函数组成。

createWantAgent(bundleName：string，abilityName：string)：Promise < WantAgent >：该函数用于获取应用程序的 WantAgent 对象。bundleName 和 abilityName 参数指定了要获取的应用程序的包名和能力名。函数返回一个 Promise，以便异步获取 WantAgent。

publishNotification(progress：number，title：string，wantAgentObj：WantAgent)：该函数用于发布通知。它接收三个参数：下载进度 progress、通知标题 title 和应用程序的 WantAgent 对象 wantAgentObj。函数使用提供的参数创建一个通知请求，并使用 notification.publish()方法发布通知。

接下来的代码为下载主页面,在主页面里调用了发送通知等相关方法。

```
1.    import common from '@ohos.app.ability.common';
2.    import notification from '@ohos.notificationManager';
3.    import { WantAgent } from '@ohos.app.ability.wantAgent';
4.    import promptAction from '@ohos.promptAction';
5.    import { createWantAgent, publishNotification } from '../common/utils/NotificationUtil';
6.    import { getStringByRes } from '../common/utils/ResourseUtil';
7.    import Logger from '../common/utils/Logger';
8.    import CommonConstants, { DOWNLOAD_STATUS } from '../common/constants/CommonConstants';
9.
10.   @Entry
11.   @Component
12.   struct MainPage {
13.    @State downloadStatus: number = DOWNLOAD_STATUS.INITIAL;
14.    @State downloadProgress: number = 0;
15.    private context = getContext(this) as common.UIAbilityContext;
```

```
16.    private isSupport: boolean = true;
17.    private notificationTitle: string = '';
18.    private wantAgentObj: WantAgent = null;
19.    private interval: number = -1;
20.
21.    aboutToAppear() {
22.      let bundleName = this.context.abilityInfo.bundleName;
23.      let abilityName = this.context.abilityInfo.name;
24.      createWantAgent(bundleName, abilityName).then(want => {
25.        this.wantAgentObj = want;
26.      }).catch(err => {
27.        Logger.error(`getWantAgent fail, err: ${JSON.stringify(err)}`);
28.      });
29.      notification.isSupportTemplate('downloadTemplate').then(isSupport => {
30.        if (!isSupport) {
31.          promptAction.showToast({
32.            message: $r('app.string.invalid_button_toast')
33.          })
34.        }
35.        this.isSupport = isSupport;
36.      });
37.    }
38.    //返回键,取消下载
39.    onBackPress() {
40.      this.cancel();
41.    }
42.
43.    build() {
44.      Column() {
45.        Text($r('app.string.title'))
46.          .fontSize($r('app.float.title_font_size'))
47.          .fontWeight(CommonConstants.FONT_WEIGHT_LAGER)
48.          .width(CommonConstants.TITLE_WIDTH)
49.          .textAlign(TextAlign.Start)
50.          .margin({
51.            top: $r('app.float.title_margin_top'),
52.            bottom: $r('app.float.title_margin_top')
53.          })
54.        Row() {
55.          Column() {
56.            Image($r('app.media.ic_image'))
57.              .objectFit(ImageFit.Fill)
58.              .width($r('app.float.card_image_length'))
59.              .height($r('app.float.card_image_length'))
60.          }
61.          .layoutWeight(CommonConstants.IMAGE_WEIGHT)
62.          .height(CommonConstants.FULL_LENGTH)
63.          .alignItems(HorizontalAlign.Start)
64.
65.          Column() {
66.            Row() {
67.              Text(CommonConstants.DOWNLOAD_FILE)
68.                .fontSize($r('app.float.name_font_size'))
69.                .textAlign(TextAlign.Center)
70.                .fontWeight(CommonConstants.FONT_WEIGHT_LAGER)
71.                .lineHeight($r('app.float.name_font_height'))
72.              Text(`${this.downloadProgress}%`)
73.                .fontSize($r('app.float.normal_font_size'))
```

```
74.             .lineHeight( $ r('app.float.name_font_height'))
75.             .opacity(CommonConstants.FONT_OPACITY)
76.           }
77.           .justifyContent(FlexAlign.SpaceBetween)
78.           .width(CommonConstants.FULL_LENGTH)
79.           //进度条
80.           Progress({
81.             value: this.downloadProgress,
82.             total: CommonConstants.PROGRESS_TOTAL
83.           })
84.           .width(CommonConstants.FULL_LENGTH)
85.           Row() {
86.             Text(CommonConstants.FILE_SIZE)
87.             .fontSize( $ r('app.float.normal_font_size'))
88.             .lineHeight( $ r('app.float.name_font_height'))
89.             .opacity(CommonConstants.FONT_OPACITY)
90.             if (this.downloadStatus === DOWNLOAD_STATUS.INITIAL) {
91.               this.customButton( $ r('app.string.button_download'), this.start.bind(this))
92.             } else if (this.downloadStatus === DOWNLOAD_STATUS.DOWNLOADING) {
93.               Row() {
94.                 this.cancelButton()
95.                 this.customButton( $ r('app.string.button_pause'), this.pause.bind(this))
96.               }
97.             } else if (this.downloadStatus === DOWNLOAD_STATUS.PAUSE) {
98.               Row() {
99.                 this.cancelButton()
100.                this.customButton( $ r('app.string.button_resume'), this.resume.bind(this))
101.              }
102.            } else {
103.              this.customButton( $ r('app.string.button_finish'), this.open.bind(this))
104.            }
105.          }
106.          .width(CommonConstants.FULL_LENGTH)
107.          .justifyContent(FlexAlign.SpaceBetween)
108.        }
109.        .layoutWeight(CommonConstants.CARD_CONTENT_WEIGHT)
110.        .height(CommonConstants.FULL_LENGTH)
111.        .justifyContent(FlexAlign.SpaceBetween)
112.      }
113.      .width(CommonConstants.CARD_WIDTH)
114.      .height( $ r('app.float.card_height'))
115.      .backgroundColor(Color.White)
116.      .borderRadius( $ r('app.float.card_border_radius'))
117.      .justifyContent(FlexAlign.SpaceBetween)
118.      .padding( $ r('app.float.card_padding'))
119.    }
120.    .width(CommonConstants.FULL_LENGTH)
121.    .height(CommonConstants.FULL_LENGTH)
122.    .backgroundColor( $ r('app.color.index_background_color'))
123.  }
124.
125.  //当下载进度达到 100 时发送通知
126.  download() {
127.    this.interval = setInterval(async () => {
128.      if (this.downloadProgress === CommonConstants.PROGRESS_TOTAL) {
129.        this.notificationTitle = await getStringByRes( $ r('app.string.notification_title_finish'));
130.        this.downloadStatus = DOWNLOAD_STATUS.FINISHED;
```

```
131.        clearInterval(this.interval);
132.      } else {
133.        this.downloadProgress += CommonConstants.PROGRESS_SPEED;
134.      }
135.      if (this.isSupport) {
136.        publishNotification ( this. downloadProgress, this. notificationTitle, this.
            wantAgentObj);
137.      }
138.    }, CommonConstants.UPDATE_FREQUENCY);
139.  }
140.
141.  //开始任务
142.  async start() {
143.    this.notificationTitle = await getStringByRes( $ r('app.string.notification_title_
          download'));
144.    this.downloadStatus = DOWNLOAD_STATUS.DOWNLOADING;
145.    this.downloadProgress = 0;
146.    this.download();
147.  }
148.
149.  //暂停
150.  async pause() {
151.    this.notificationTitle = await getStringByRes( $ r('app.string.notification_title_
          pause'));
152.    clearInterval(this.interval);
153.    this.downloadStatus = DOWNLOAD_STATUS.PAUSE;
154.    if (this.isSupport) {
155.     publishNotification(this.downloadProgress, this.notificationTitle, this.wantAgentObj);
156.    }
157.  }
158.
159.  //重新开始
160.  async resume() {
161.    this.notificationTitle = await getStringByRes( $ r('app.string.notification_title_
          download'));
162.    this.download();
163.    this.downloadStatus = DOWNLOAD_STATUS.DOWNLOADING;
164.  }
165.
166. //取消按钮,异步方法
167.  async cancel() {
168.    this.downloadProgress = 0;
169.    //取消定时任务
170.    clearInterval(this.interval);
171.    this.downloadStatus = DOWNLOAD_STATUS.INITIAL;
172.    notification.cancel(CommonConstants.NOTIFICATION_ID);
173.  }
174.
175. //打开文件,此项目仅做展示通知功能,会提示功能未实现
176.  open() {
177.    promptAction.showToast({
178.      message: $ r('app.string.invalid_button_toast')
179.    })
180.  }
181.
182.  @Builder customButton(textResource: Resource, click: Function) {
183.    Button(textResource)
184.      .backgroundColor( $ r('app.color.button_color'))
```

```
185.    .buttonStyle()
186.    .onClick(() => {
187.      click();
188.    })
189.  }
190.  //取消按钮
191.  @Builder cancelButton() {
192.    Button( $r('app.string.button_cancel'))
193.      .buttonStyle()
194.      .backgroundColor( $r('app.color.cancel_button_color'))
195.      .fontColor( $r('app.color.button_color'))
196.      .margin({ right: $r('app.float.button_margin') })
197.      .onClick(() => {
198.        this.cancel();
199.      })
200.  }
201. }
202. //扩展按钮样式
203. @Extend(Button) function buttonStyle() {
204.   .constraintSize({ minWidth: $r('app.float.button_width') })
205.   .height( $r('app.float.button_height'))
206.   .borderRadius( $r('app.float.button_border_radius'))
207.   .fontSize( $r('app.float.button_font_size'))
208. }
```

当运行本项目时,在首页面可以看到下载任务,如图 4-14 所示。单击下载后,可以在通知栏看到下载进度,如图 4-15 所示。

图 4-14　首页示意图

图 4-15　通知栏查看通知

4.9 本章小结

在本章中,我们深入探讨了应用模型的各个方面,主要涵盖了 Stage 模型、UIAbility 组件、应用上下文 Context、信息传递载体 Want、进程模型以及线程模型。通过本章的学习,读者应该对应用模型的构建、UIAbility 组件的使用、应用上下文的管理、信息传递机制、进程和线程模型等有全面的了解,并能在实际开发中加以应用。

4.10 课后习题

1. 下列哪项描述的是 UIAbility 组件的功能?(　　)
   A. 用于处理后台任务　　　　　　B. 提供用户界面的显示和交互功能
   C. 管理设备间的数据同步　　　　D. 负责应用的网络通信
2. UIAbility 组件的启动模式不包括以下哪一种?(　　)
   A. Standard　　　B. Singleton　　　C. SingleTop　　　D. SingleInstance
3. 在鸿蒙应用模型中,信息传递载体的名称是(　　)。
   A. Intent　　　　B. Message　　　　C. Want　　　　　D. Signal
4. 在进程模型中,哪个方法用于线程间通信?(　　)
   A. Emitter　　　 B. Publisher　　　 C. Context　　　　D. Scheduler
5. Stage 模型开发概述主要介绍了如何使用鸿蒙系统的_____进行应用开发。
6. UIAbility 组件与 UI 的数据同步可以通过_____进行,以确保界面显示的实时性。
7. 应用上下文(Context)在应用中扮演着重要角色,它提供了应用的_____和_____。
8. 使用 Worker 进行线程间通信,可以实现多线程之间的_____和_____。
9. 请简述 UIAbility 组件的启动模式,并说明每种模式的主要特点。
10. 在鸿蒙系统中,如何通过 Want 对象进行信息传递?请举例说明其基本用法。
11. 请解释公共事件的概念,并说明如何在鸿蒙系统中发布和订阅公共事件。

第5章

UI组件

本章将介绍 ArkUI 的基础组件。组件作为 UI 设计的基本组成元素，在整个 UI 设计环节占有相当重要的比重。本章将先介绍组件的通用属性和通用方法，这对绝大多数组件来说使用方式是相同的，然后介绍 ArkUI 提供的基础组件，并对这些基础组件的私有方法和私有属性展开介绍。

5.1 组件的通用属性

关于组件的通用属性种类繁多，在这里选择常用的尺寸、位置、边框、背景、透明度和文本样式设置进行讲解。组件的通用属性并不是指这些属性为所有组件所共有的属性，通常为某一类组件所通用。这一点将在接下来的小节中带领读者详细体会。

5.1.1 像素单位

1. 像素

在进行尺寸设置的讲解之前，先介绍一下在 HarmonyOS 中为开发者提供的 4 种像素单位。

像素作为整个图像中不可分割的元素，开发者需要通过在 UI 开发中指定组件的像素大小来显示组件在屏幕中的尺寸。例如，在华为 nova10 中，nova10 的屏幕分辨率为 2400×1080。在传统的开发中，开发者直接指定组件在屏幕中的物理像素大小。在下面代码中，指定了一个文本组件，文本组件的宽度为 100px，长度为 50px。那么在 nova10 中，该组件被展示时会占用 100×50 像素的大小。

```
1.    Text()
2.      .width('100px')
3.      .height('50px')
```

2. 虚拟像素

鸿蒙系统开发为什么要为开发者提供 4 种不同的像素呢？其实，在手机的实际使用中，与屏幕显示相关的属性除了屏幕分辨率以外还有一个属性，即像素密度（Pixels Per Inch，PPI）。PPI 是指屏幕上每英寸距离上的真实像素数量。手机对 PPI 往往比较敏感，现如今大多数的手机 PPI 在 300 以上，也有一些手机的 PPI 达到了 400，甚至 500 以上。

对于不同 PPI 的设备可能会导致一个问题：相同像素大小的组件在不通过设备摆放时展现出的大小不一致。开发者使用模拟器进行开发时，如果直接使用物理像素对所有的组件大小进行设置，可能会出现组件在当前设备上摆放恰好符合要求，而该应用在不同 PPI 的设备上运行时，可能会显得非常怪异。

这样的情况显然不是开发者所希望的，开发者很难对所有的设备都定制相应的组件尺寸。因此，为了解决这个问题，虚拟像素（virtual pixel，vp）的概念被提出。

虚拟像素与设备的 PPI 无关。通过虚拟像素定义的组件在不同 PPI 的屏幕上会显示出相同的大小。在不同 PPI 的屏幕中，如果指定相同的虚拟像素，将通过如下公式将虚拟像素展示出要在屏幕上显示的物理像素。通过虚拟像素定义的长度在不同 PPI 的屏幕上显示出的物理长度是一致的。

$$物理像素(px) = 虚拟像素(vp) \times 屏幕密度(PPI)/160$$

在 ArkUI 框架中，传入数值如果不带单位时，默认单位是虚拟像素。使用方式如下述代码所示。

```
1.   Text('fontSize 15')
2.     .fontSize(100)
3.     .height(50)
```

3. 字体像素

字体像素（font-size pixel，fp）的概念与虚拟像素类似，字体像素与 vp 一样适用于屏幕变化。使用字体像素设置的文本可以跟随系统设置一同改变，用户可以在鸿蒙操作系统的设置中改变字体的大小选项中来改变应用程序中定义的字体大小。

$$物理像素(px) = 字体像素(fp) \times 屏幕密度(PPI)/160$$

字体大小的设置可以通过组件的 fontSize 属性进行设置，fontSize 是组件的通用属性，将在本节的下一部分进行介绍。

```
1.   Text('fontSize 15')
2.     .fontSize(15)
```

4. 视窗逻辑像素单位

视窗逻辑像素单位 lpx 为实际屏幕宽度与逻辑宽度的比值。如果配置 designwidth 为 720 时，在实际宽度为 1440 物理像素的屏幕上，1lpx 将会变为 2px 的大小。designwidth 可以在 config.json 进行配置。通过对相同组件使用不同的像素尺寸进行设置，最终得到的效果如图 5-1 所示。

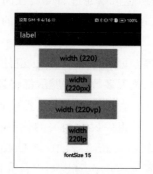

图 5-1 ArkTS 中不同像素的展示效果

5. 像素和虚拟像素之间的转换

HarmonyOS 提供了 6 个可以进行像素类型之间转换的接口，具体的接口名称和用法描述在表 5-1 中进行展示。

表 5-1 像素转换接口

接口	描述
vp2px(value:number):number	将 vp 单位的数值转换为以 px 为单位的数值
px2vp(value:number):number	将 px 单位的数值转换为以 vp 为单位的数值

续表

接口	描述
fp2px(value:number):number	将 fp 单位的数值转换为以 px 为单位的数值
px2fp(value:number):number	将 px 单位的数值转换为以 fp 为单位的数值
lpx2px(value:number):number	将 lpx 单位的数值转换为以 px 为单位的数值
px2lpx(value:number):number	将 px 单位的数值转换为以 lpx 为单位的数值

需要注意的是，在提供的接口中，传入的参数和返回值类型均为 number，返回的仅是像素单位转换后的数值，而不包含单位本身。

5.1.2 尺寸设置

尺寸属性为大多数组件所共有的属性，用于设置组件的宽度、高度，以及组件内部和组件外部的间距等。通常情况下，如果声明某个组件时未对该组件的尺寸做出设置，那么该组件将会被弹性放置。组件的弹性大小与组件内部的内容或其他组件的大小有关。通常在摆放组件的过程中，建议提前预设组件大小以达到开发者想要的摆放方式。

关于组件尺寸设置的参数可以被归纳为 Length 类型，该类型可以接收包括 string 和 number 在内的 TypeScript 基础数据类型，也可以接收使用资源引用的方式，引用 Resource 中对组件尺寸的设置。

如果使用 string 类型指定尺寸参数，需要显示指定的像素单位，如 10px 或 10lpx，也可以通过设置百分比字符串来指定，如 100%。设置像素的大小为组件的绝对尺寸，而设置百分比大小则为当前组件占当前容器的百分比。如果使用 number 数据类型指定 Length，该 number 类型表示的单位为 vp。

1. 组件尺寸

组件的尺寸属性可以通过 width 属性和 height 属性单独对组件自身的宽或高进行设置，也可以通过 size 属性同时对 width 和 height 属性进行设置。在如下所示的代码中，将 Column 组件作为最外层的容器组件，将其宽度和高度设置为 100%，即占据整个屏幕。

在代码中，将组件尺寸、内边距属性和外边距属性的内容分别用 3 个 Text 组件进行分隔。可以将每个 Text 组件看作标题，标题后则是对当前标题内容的展示，本章及后续章节的绝大多数代码展示都将遵从此风格进行展示，主要是为了给读者以良好的阅读体验，能够让读者更加快速地熟悉代码。

组件尺寸相关的代码在下方代码段的第一个 Text 组件之后，该部分代码被放置在一个 Column 容器中，该 Column 容器使用.width("100")和.height(300)将该容器的高度设置为 300vp，宽度则用百分比设置为占满整个上层容器组件。在该 Column 组件中，分别放置了两类组件，即 Row 容器组件和 Button 按钮组件，不同类别的组件使用.backgroundColor 设置不同的颜色。可以通过图 5-1 看到该部分代码运行后的效果，前两个组件的运行效果完全一致，但是在代码中却是通过不同的属性方法实现的。两个 Row 组件的宽和高均为 150vp 和 100vp，在第一个 Row 组件中，宽和高分别使用.width()和.height()两个属性方法实现。而第二个组件中，使用.size()属性方法，传入{width:150，height：100}设置宽为 150vp，高为 100vp。因此，这两个组件最终展示的大小完全一致。在第二类组件 Button 中，也是通过.width()属性和.height()属性完成对 Button 组件宽和高的设置。虽然 Button 组件是一种基础的交互组件而非容器组件,但 Button 和 Row 的尺寸均可以通过.width()、.height()和.size()这三个属性方法实现,并且这三个方法的具体使用规则完全一致。

```
1.   // pages/attribute/sizeset.ets
2.   @Entry
3.   @Preview
4.   @Component
5.   struct Sizeset {
6.    build() {
7.     Column({space:10}) {
8.
9.      Text('Width, Height and Size')
10.       .fontSize(20)
11.      Column({space:10}){
12.       Row()
13.        .width(150).height(100)
14.        .backgroundColor("#ffeaead5")
15.       Row()
16.        .size({width:150,height:100})
17.        .backgroundColor("#ffeaead5")
18.       Button('通用属性 width and height')
19.         .width("50%").height(50)
20.         .fontColor(Color.Black)
21.         .backgroundColor("#ffe39e9e")
22.         .margin(15)
23.      }
24.       .width("100%").height(300)
25.       .alignItems(HorizontalAlign.Center)
26.       .backgroundColor("#ff99f3c3")
27.
28.      Text('Margin')
29.       .fontSize(20)
30.      Row(){
31.       Row()
32.        .width(80).height(80)
33.        .backgroundColor("#ffeaead5")
34.        .margin(10)
35.       Row()
36.        .width(80).height(80)
37.        .backgroundColor("#ffeaead5")
38.        .margin(10)
39.       Row()
40.        .width(80).height(80)
41.        .backgroundColor("#ffeaead5")
42.        .margin(10)
43.      }
44.       .width("100%").height(160)
45.       .alignItems(VerticalAlign.Top)
46.       .backgroundColor("#ff99f3c3")
47.
48.      Text('Padding')
49.       .fontSize(20)
50.      Row(){
51.       Row()
52.        .width(80).height(80)
53.        .backgroundColor("#ffeaead5")
54.        .margin({right:10})
55.       Row()
```

```
56.         .width(80).height(80)
57.         .backgroundColor("#ffeaead5")
58.      Row()
59.         .width(80).height(80)
60.         .backgroundColor("#ffeaead5")
61.      }.width("100%").height(160)
62.      .alignItems(VerticalAlign.Top)
63.      .backgroundColor("#ff99f3c3").padding(10)
64.   }
65.   .width("100%").height("100%").margin({top:10})
66.   }
67. }
```

2. 内边距属性和外边距属性

margin 和 padding 属性分别用来控制组件的内边距和外边距,可以从图 5-3 中清晰地看到它们之间的区别。对于组件 2 来说,组件 2 和组件 3 的边框之间的距离可以通过设置组件 2 的 .padding() 属性进行控制。而对组件 2 而言,通过 .margin() 方法控制的边距则是组件 2 和组件 1 边框之间的距离。

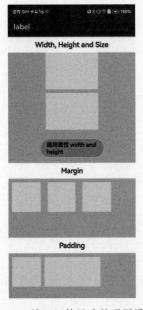

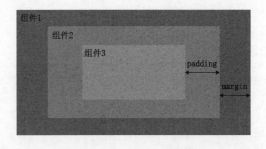

图 5-2 关于组件尺寸的通用设置　　　图 5-3 组件 padding 和 margin 属性之间的关系

内、外边距是相对的概念,但是内边距和外边距在使用时也有一些不同,padding 属性控制的一定是组件的内边距。例如,对组件 2 的内边进行设置,那么设置的就是组件 2 和它内部其他组件之间边框的距离。而 margin 可以控制几个并列组件之间的距离。例如,如果对组件 3 的 margin 进行设置,那么控制的除了组件 3 和组件 2 边框之间的距离以外,还会控制同样被放置在组件 2 中其他组件和组件 3 边框之间的距离。

margin 属性和 padding 属性的相同之处是,它们设置的距离是有方向性的。margin() 属性和 padding() 属性也接收 Length 类型的参数,与 width 和 height 属性一致,当接收 number 类型的参数时,该距离的单位为 vp,并且该距离的设定对当前组件的上下左右四个方向均会生效。若要使得只针对某个方向的边距进行距离控制,开发者可以使用表 5-2 所示的方法传入指定方向的距离对边距进行控制,关于 margin 和 padding 属性的具体使用方式将在代码中进行展示。

表 5-2 margin 属性和 padding 属性的参数说明

方　　向	类　　型	是 否 必 填	说　　明
top	Length	否	组件外元素距离组件上边界的尺寸
right	Length	否	组件外元素距离组件右边界的尺寸
bottom	Length	否	组件外元素距离组件下边界的尺寸
left	Length	否	组件外元素距离组件左边界的尺寸

关于.margin()的代码被放置在第二个 Text 组件之后,在这两部分的代码中 Row 组件均作为最外部的容器组件,并对两个容器组件均设置了.padding(10)来控制容器组件 Row 和内部子组件之间有 10vp 的距离。在 Row 组件中放置了三个子组件 Row,三个子组件的宽、高和颜色完全一致。对容器组件的子组件均设置了 margin 属性,在 Margin 部分,三个子组件被设置了相同的 margin 属性,因此三个子组件与周围四个方向的距离均被设置为10vp。而在 Padding 部分则展示了对组件某个方向上距离的控制。在第一个 Row()组件中使用.margin()方法,传入参数{right:10},通过这样的操作完成了对第一个 Row 组件右端 10vp 的距离控制,而其余方向的参数没有被传入则表示不对该方向上的外边距进行控制。

需要注意的是,在图 5-3 中,虽然两个容器中子组件与容器组件之间的距离是一致的,但是其实现方式是完全不同的。在 Margin 部分,子组件与容器组件的间距是通过子组件的 margin 属性进行控制的,该 margin 组件没有设置方向,则表示对各个方向的距离控制,也包含了子组件与容器组件之间的距离。而在 Padding 部分,子组件与容器组件的间距是通过容器组件的.padding()方法控制的,即通过内部边距控制。

至此,关于组件尺寸的通用设置基本介绍完毕。组件的尺寸设置在整个 UI 设计中相当重要,开发者需要设置合适的尺寸,组件才会按照开发者所期望的形式展示出来。

5.1.3 位置设置

本节将介绍组件的位置设置,组件的位置设置包含了组件的对齐关系、布局方向和显示位置等。

1. 对齐关系和布局方向

对齐关系用于设置元素内容的对齐方式,可以看作对容器中子组件排列方式的设置。对于对齐关系的设置需要满足以下条件:当组件中内容的 width 和 height 大小小于外部容器组件时才会生效。其实对于组件的排列方式也可以通过设置容器组件的内边距进行设置,不同之处在于,对于对齐关系 align 属性和布局关系 direction 属性而言,无须精确控制具体的距离数值,只需要对容器内容设置某种具体的排列方法,容器内部的组件则会按照预设好的排列方式自动排列。

align 负责管理元素的排列方式,默认情况下为 Alignment.Center。direction 则负责设置元素的水平方向,默认情况下为 Direction.Auto。

首先介绍 align 属性的具体使用方法,本节的所有代码都放在同一个文件夹下。以下为本节的示例代码。

```
1.   // pages/attribute/posset.ets
2.   @Entry
3.   @Component
4.   struct Posset {
5.    build() {
6.     Column() {
7.      Column({space: 10}) {
8.       Text('align').fontSize(20).width('90%')
9.       // 对 Text 组件中的文字设置 align
10.      Text('top start')
11.       .align(Alignment.TopStart).height(50).width('90%')
12.       .fontSize(16)
13.       .backgroundColor(0xFFE4C4)
14.
15.      Text('direction').fontSize(20).width('90%')
16.      Row() {
17.       Text('1').height(50).width('25%').fontSize(16).backgroundColor(0xF5DEB3)
18.        .textAlign(TextAlign.Center)
19.       Text('2').height(50).width('25%').fontSize(16).backgroundColor(0xD2B48C)
20.        .textAlign(TextAlign.Center)
21.       Text('3').height(50).width('25%').fontSize(16).backgroundColor(0xF5DEB3)
22.        .textAlign(TextAlign.Center)
23.       Text('4').height(50).width('25%').fontSize(16).backgroundColor(0xD2B48C)
24.        .textAlign(TextAlign.Center)
25.      }.width('90%')
26.      // 设置 Row 容器组件中子元素的排列方式
27.       .direction(Direction.Rtl)
28.
29.      Text('position').fontSize(20).width('90%')
30.      Row(){
31.       Text('1').size({ width: '30%', height: '50' }).backgroundColor(0xdeb887).border({ width: 1 }).fontSize(16)
32.       Text('2 position(30, 10)')
33.        .size({ width: '60%', height: '30' })
34.        .backgroundColor(0xbbb2cb)
35.        .border({ width: 1 }).fontSize(16).align(Alignment.Start)
36.        .position({ x: 30, y: 10 })
37.       Text('3').size({ width: '45%', height: '50' }).backgroundColor(0xdeb887).border({ width: 1 }).fontSize(16)
38.       Text('4 position(50%, 70%)')
39.        .size({ width: '50%', height: '50' })
40.        .backgroundColor(0xbbb2cb)
41.        .border({ width: 1 }).fontSize(16)
42.        .position({ x: '50%', y: '70%' })
43.      }.width('90%').height(100).border({width:1,style:BorderStyle.Dashed})
44.     }.width('100%').margin({ top: 5 }).direction(Direction.Rtl)
45.    }
46.   }
```

关于 align 使用的代码被放置在第一个 Text 组件之后,在下方的 Text 组件中,使用 align 属性方法设置了 Text 中内容的对齐方式。align 中传入的参数为 Alignment.TopStart,即对 Text 组件中的内容设置为顶部起始端对齐。可以在图 5-4 中看到文字 top start 被放置在左上角的位置。TopStart 是对齐方式的一种,其他可以设置的传入参数以及对应作用可以见表 5-3。

表 5-3 Alignment 类型参数说明

名 称	描 述
TopStart	顶部起始端
Top	顶部横向居中
TopEnd	顶部尾端
Start	起始端纵向居中
Center	横向和纵向居中
End	尾端纵向居中
BottomStart	底部起始端
Bottom	底部横向居中
BottomEnd	底部尾端

　　Direction 用于设置元素在容器或者组件中的布局方向。例如，在示例代码中，对 Row 容器组件设置了 Direction 属性，并将布局方向设置为 Rtl(right to left)，使得原本在 Row 组件中应该从左到右排列的文本组件变为从右往左排列。Direction 默认设置为 Direction. auto，即使用系统默认的布局方向。除此之外，还有 Direction. Ltr 和 Direction. Rtl 两种设置方式。

　　align 和 direction 属性均为按照传入参数设定好的方式对组件进行布局。而 position 使用绝对定位，设置元素锚点相对于父容器顶部起点的位置。在布局容器中，设置该属性不影响父容器布局，仅在绘制时进行位置调整。

　　在 position 相关的示例代码中，在 Row 容器组件中放置了四个文本组件，并分别对四个 Text 组件使用 position 进行位置设置。可以看到使用 position 进行位置设置需要传入两个 number 类型的参数分别用于 x 和 y 方向上的偏移量。由于对每个 Text 组件的位置设置和组件自身存在的大小，可以在代码运行的效果中观察到，position 的设置允许组件的堆叠方式显示，堆叠方式按照渲染的先后顺序进行展示，并且 position 的设置允许子组件超出父组件的尺寸范围。

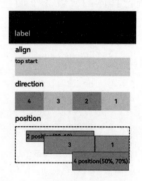

图 5-4　组件的位置设置效果

　　通过上述代码文件对 UI 的描述，可以得到如图 5-4 所示页面效果。

5.1.4　边框设置

　　本节将介绍边框样式相关的属性设置，其中包含了边框的样式、边框宽度、颜色和倒角等属性，具体实现过程和实现效果见以下代码段。

```
1.    // pages/attribute/borderset.ets
2.    @Entry
3.    @Preview
4.    @Component
5.    struct Boderset{
6.      build(){
7.        Column(){
8.          Row(){}.width('90%').height(200)
```

```
9.          .border({style:BorderStyle.Dashed,width:5,color:'#ffe75b5b'})
10.         .margin(10)
11.         Row(){}.width('80%').height(200)
12.         .border({style: BorderStyle. Solid, width: 5, radius:
            30}).margin(10)
13.         Row(){}.width('70%').height(200)
14.         .border({style: BorderStyle. Dotted, width: 5, radius:
            15})
15.         .backgroundColor('#ffe75b5b').margin(10)
16.       }.width('100%').height('100%')
17.     }
18.   }
```

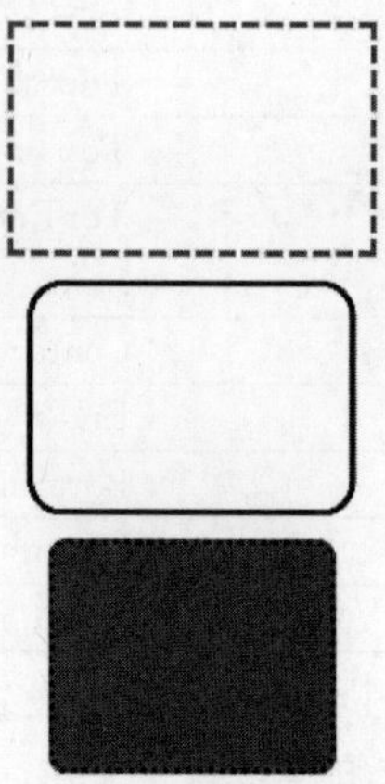

在本节的示例代码中,在 Column 容器中放置了三个 Row 组件,并通过 border 属性为三个 Row 组件设置了不同的边框样式。在 border 属性中,通过设置 border 的 style、width、radius 以及 color,对边框的样式、宽度、倒角角度和颜色进行设置。上述代码段的具体实现效果如图 5-5 所示。

图 5-5 组件边框设置效果

5.1.5 背景设置

背景设置是指设置背景的颜色,虽然没有做具体介绍,但是在之前的代码中已经使用并且展示过。除了背景颜色的设置外,HarmonyOS 支持将图片设置为背景,并且可以对该图片进行具体的设置。下面直接进入示例代码的讲解。其运行效果如图 5-6 所示。

```
1.   // pages//attribute/backset.ets
2.   @Entry
3.   @Component
4.   struct BackgroundExample {
5.     build() {
6.       Column({ space: 5 }) {
7.         Text('background color').fontSize(9).width('90%').fontColor(0xCCCCCC)
8.         Row().width('90%').height(50).backgroundColor(0xE5E5E5).border({ width: 2 })
9.
10.        Text('background image repeat along X').fontSize(9).width('90%').fontColor(0xCCCCCC)
11.        Row()
12.          .backgroundImage($r('app.media.bg'), ImageRepeat.X)
13.          .backgroundImageSize({ width: "100%", height: 150 })
14.          .width('90%')
15.          .height(50)
16.          .border({ width: 2 })
17.
18.        Text('background image repeat along Y').fontSize(9).width('90%').fontColor(0xCCCCCC)
19.        Row()
20.          .backgroundImage($r('app.media.bg'), ImageRepeat.Y)
21.          .backgroundImageSize({ width: '500px', height: '120px' })
22.          .width('90%')
23.          .height(100)
24.          .border({ width: 1 })
25.
26.        Text('background image size').fontSize(9).width('90%').fontColor(0xCCCCCC)
27.        Row()
28.          .width('90%')
29.          .height(150)
30.          .backgroundImage($r('app.media.bg'), ImageRepeat.NoRepeat)
```

```
31.            .backgroundImageSize({ width: 1000, height: 500 })
32.            .border({ width: 1 })
33.
34.          Text('background fill the box(Cover)').fontSize(9).width
             ('90%').fontColor(0xCCCCCC)
35.          // 不保证图片完整的情况下占满盒子
36.          Row()
37.            .width(200)
38.            .height(50)
39.            .backgroundImage($r('app.media.bg'), ImageRepeat.
             NoRepeat)
40.            .backgroundImageSize(ImageSize.Cover)
41.            .border({ width: 1 })
42.
43.          Text('background fill the box(Contain)').fontSize(9).width
             ('90%').fontColor(0xCCCCCC)
44.          // 保证图片完整的情况下放到最大
45.          Row()
46.            .width(200)
47.            .height(50)
48.            .backgroundImage($r('app.media.bg'), ImageRepeat.
             NoRepeat)
49.            .backgroundImageSize(ImageSize.Contain)
50.            .border({ width: 1 })
51.
52.          Text('background image position').fontSize(9).width
             ('90%').fontColor(0xCCCCCC)
53.          Row()
54.            .width(60)
55.            .height(50)
56.            .backgroundImage($r('app.media.bg'), ImageRepeat.NoRepeat)
57.            .backgroundImageSize({ width: 500, height: 280 })
58.            .backgroundImagePosition({ x: -300, y: -100 })
59.            .border({ width: 1 })
60.        }
61.        .width('100%').height('100%').padding({ top: 5 })
62.      }
63.    }
```

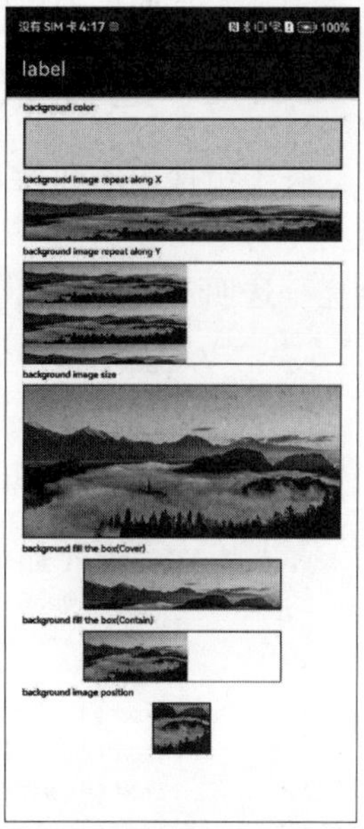

图 5-6 组件背景设置代码运行效果

关于背景设置的示例,在第一个部分展示了对背景颜色的设置,其余部分主要是将图片设置为背景,并针对这些图片展开设置。设置图片作为背景的属性方法主要有三个,分别是 backgroundImage、backgroundImageSize 和 backgroundImagePosition。backgroundImage 方法用于设置选用作为背景的图片,以及图片在背景中的重复方式,在 backgroundImage 中传入的第一个参数为 src,用于设置图片的地址,支持网络图片资源和本地图片资源的地址。在本节的示例代码中,将背景图片资源放置在/resource/base/media 目录下,因此使用 $r()方法进行资源引用。第二个传入参数为 repeat,用于设置背景图片的重复方式,默认情况下为不重复。ImageRepeat.X 设置为只在水平轴上重复绘制图片,ImageRepeat.Y 设置为只在竖直轴上重复绘制图片,ImageRepeat.XY 则会在 X 和 Y 轴上都重复绘制图片。

backgroundImageSize 用于设置背景图像的高度和宽度。当输入为{width:Length, height:Length}对象时,如果只设置一个属性,则第二个属性保持图片原始宽高比进行调整。默认保持原图的比例不变,默认值为 ImageSize.Auto。

backgroundImagePosition 属性用于设置背景图在组件中显示的位置。关于其参数传入,可以像位置尺寸中的 position 属性一样传入具体的值,也可以传入 Alignment 类型的值指定图片背景的排列规则。

5.1.6 透明度设置

关于组件的透明度,HarmonyOS 提供了 opacity 属性进行设置,opacity 属性传入的参数类型为 number,用于设置元素的不透明度,取值范围为 0～1,1 表示为不透明,0 则表示为完全透明。默认情况下取值为 1。

```
1.    // pages/attribute/opacity.ets
2.    @Entry
3.    @Component
4.    struct OpacityExample {
5.      build() {
6.        Column({ space: 5 }) {
7.          Text('opacity(1)').fontSize(9).width('90%').fontColor(0xCCCCCC)
8.          Text().width('90%').height(50).opacity(1).backgroundColor(0xAFEEEE)
9.          Text('opacity(0.7)').fontSize(9).width('90%').fontColor(0xCCCCCC)
10.         Text().width('90%').height(50).opacity(0.7).backgroundColor(0xAFEEEE)
11.         Text('opacity(0.4)').fontSize(9).width('90%').fontColor(0xCCCCCC)
12.         Text().width('90%').height(50).opacity(0.4).backgroundColor(0xAFEEEE)
13.         Text('opacity(0.1)').fontSize(9).width('90%').fontColor(0xCCCCCC)
14.         Text().width('90%').height(50).opacity(0.1)
                 .backgroundColor(0xAFEEEE)
15.         Text('opacity(0)').fontSize(9).width('90%')
                 .fontColor(0xCCCCCC)
16.         Text().width('90%').height(50).opacity(0)
                 .backgroundColor(0xAFEEEE)
17.       }
18.       .width('100%')
19.       .padding({ top: 5 })
20.     }
21.   }
```

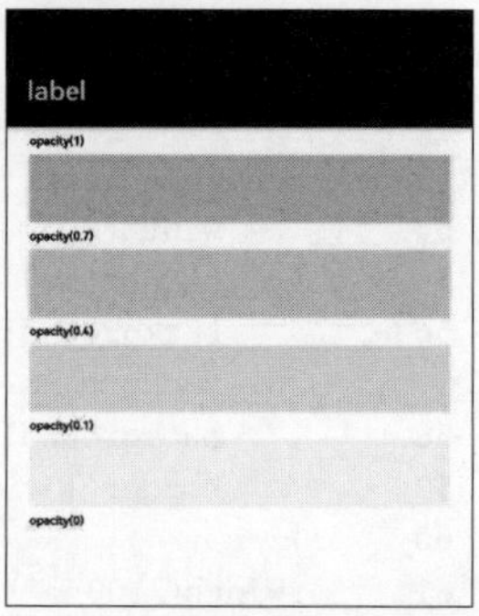

关于 opacity 的使用方式没有太多的细节可以讲解,使用方式也较为单一,示例代码所实现的最终效果如图 5-7 所示。

图 5-7 组件背景设置代码运行效果

5.1.7 文本样式设置

本节对文本样式的相关设置进行讲解,可以利用提供的属性方法对字体的颜色、大小、字体的样式以及字体的粗细程度进行设置。在下方的代码块中展示了每种设置的具体使用方式,不同的属性使用一个 Row 组件隔开。组件字体设置效果如图 5-8 所示。

```
1.    // pages/attribute/fontstyleset.ets
2.    @Entry
3.    @Preview
4.    @Component
5.    struct Fontstyleset{
6.      build(){
7.        Column(){
8.          Text('fontColor').fontColor(Color.Black).fontSize(25).margin(10)
9.          Text('fontColor').fontColor(Color.Pink).fontSize(25).margin(10)
10.         Text('fontColor').fontColor(Color.Red).fontSize(25).margin(10)
11.         Row(){}.height(25).width('100%')
12.           .backgroundColor(0xAFEEEE).opacity(0.7)
```

```
13.         Text('fontSize').fontSize(25).margin(10)
14.         Text('fontSize').fontSize(50).margin(10)
15.         Row(){}.height(25).width('100%')
16.           .backgroundColor(0xAFEEEE).opacity(0.7)
17.         Text('fontStyle').fontSize(25).margin(10).fontStyle
            (FontStyle.Normal)
18.         Text('fontStyle').fontSize(25).margin(10).fontStyle
            (FontStyle.Italic)
19.         Row(){}.height(25).width('100%')
20.           .backgroundColor(0xAFEEEE).opacity(0.7)
21.         Text('fontweight').fontSize(25).fontWeight(100)
22.         Text('fontweight').fontSize(25).fontWeight(500)
23.         Text('fontweight').fontSize(25).fontWeight(900)
24.         Row(){}.height(25).width('100%')
25.           .backgroundColor(0xAFEEEE).opacity(0.7)
26.       }.width('100%').height('100%')
27.     }
28.   }
```

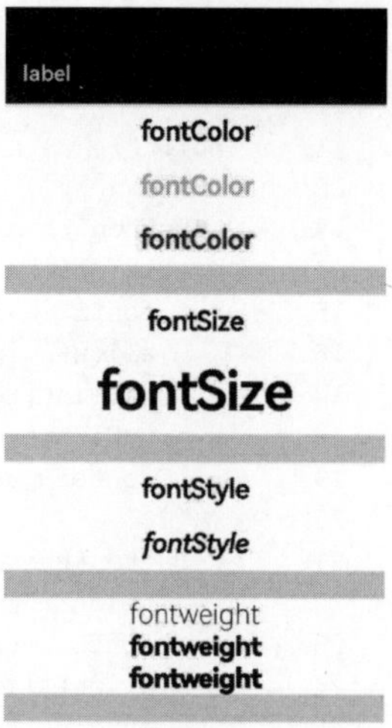

图 5-8 组件字体设置效果

fontColor 属性用于设置字体表现出的颜色,fontColor 接收 Color 类型的参数或者十六进制的颜色代码。关于字体大小的设置可以利用 fontSize 属性,fontSize 接收一个 Length 类型的参数传入,用于指定字体的大小,当该参数为 number 类型时,单位为 fp,fontSize 设置的字体大小会随系统设置的改变而改变。

关于字体样式,使用 fontStyle 进行设置,样式可以分为正常样式 normal,或者斜体样式 Italic。

fontweight 可以设置字体的粗细程度,传入的 number 类型参数范围在 100～900。默认的字体粗细程度为 400。

5.2 组件的通用事件

组件作为重要的交互手段,可以通过绑定事件获取用户交互信息。常见的通用事件有单击事件、触摸事件、挂载卸载事件、拖曳事件、焦点事件和区域组件变化事件。这些事件对大多数组件都有效,绑定对应的事件方法。当上述事件发生时,会触发回调函数,开发者可以在回调函数中定义想要实现的效果。接下来介绍几种常用事件的具体使用方式。

5.2.1 单击事件

单击事件是较为常用的事件之一,也是用户交互中最常用的交互手段。当组件被单击时触发该事件的回调函数。以下是关于单击事件的具体使用方法。在本章第一个项目工程文件的 index.ets 文件中放置了三个按钮,并绑定单击事件方法,在不同事件中使用 router. push()跳转到按钮绑定的页面。

```
1.    // pages/index.ets
2.    import router from '@ohos.router';
3.    @Entry
4.    @Component
5.    @Preview
6.    struct Index {
```

```
7.     @State message_0: string = '通用属性'
8.     @State message_1: string = '通用事件'
9.     @State message_2: string = '像素单位'
10.
11.    build() {
12.     Column(){
13.      Button(this.message_2)
14.       .height(50)
15.       .fontSize(30)
16.       .align(Alignment.Center)
17.       .margin({top:100,bottom:20})
18.       .onClick(() =>{
19.        router.push({url:"pages/pix"})
20.       })
21.      Button(this.message_0)
22.       .height(50)
23.       .fontSize(30)
24.       .align(Alignment.Center)
25.       .margin({top:20,bottom:20})
26.       .onClick(() =>{
27.        router.push({url:"pages/attribu"})
28.       })
29.      Button(this.message_1)
30.       .onClick(() =>{
31.        router.push({url:"pages/attribu"})
32.       })
33.       .height(50)
34.       .fontSize(30)
35.       .align(Alignment.Center)
36.       .margin(20)
37.     }
38.      .height("100%")
39.      .width("100%")
40.    }
41.   }
```

如图 5-9 所示,当单击通用事件按钮时,会跳转到/pages/event.ets 页面。

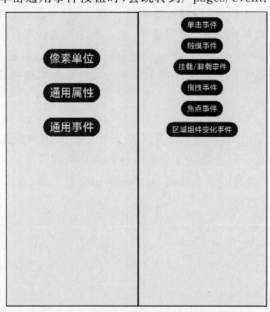

图 5-9　Button 组件绑定页面跳转效果

5.2.2 触摸事件

当组件绑定触摸事件时,手指在组件上按下、滑动、抬起的时候会触发触摸事件。在 touchevent 事件的回调函数.onTouch 中传入一个 TouchEvent 对象,该对象携带了触摸发生时的各种信息,关于具体的信息说明见表 5-4。

表 5-4 TouchEvent 对象中成员说明

名 称	类 型	描 述
type	TouchType	触摸事件的类型
touches	Array＜TouchObject＞	全部手指信息
changedTouches	Array＜TouchObject＞	当前发生变化的手指信息
stopPropagation	()=>void	阻塞事件冒泡
timestamp	number	事件时间戳
target	EventTarget	触发手势事件的元素对象显示区域
source	SourceType	事件输入设备

关于触摸事件的类型由 TouchType 提供,一共有 4 种类型,分别是 TouchType.Down、TouchType.Up、TouchType.Move 和 TouchType.Cancel。TouchType.Down 在手指按下时触发,TouchType.Up 表示手指从屏幕上抬起的状态,TouchType.Move 表示手指按压在屏幕上移动时的状态,而 Cancel 则表示触摸事件取消时的状态类型。

touches 和 changeTouches 数据类型均为 Array＜TouchObject＞,TouchObject 包含了触摸事件的类型、手指的唯一标识符 id 以及触摸坐标等信息。关于 TouchObject 对象的具体属性说明见表 5-5。

表 5-5 TouchObject 对象的属性

名 称	类 型	描 述
type	TouchType	触摸事件类型
id	number	手指唯一标识符
screenX	number	触摸点相对于设备屏幕左边沿的 X 坐标
screenY	number	触摸点相对于设备屏幕上边沿的 Y 坐标
x	number	触摸点相对于被触摸元素左边沿的 X 坐标
y	number	触摸点相对于被触摸元素上边沿的 Y 坐标

由于 touch 事件允许事件冒泡,因此提供了对应的阻塞事件冒泡方法 stopPropagation()。timestamp 用于显示事件时间戳,类型为 number。source 用于显示事件输入的设备,可以识别到的输入设备有触摸屏、鼠标及未知设备。

target 属性用于返回被触摸元素的坐标信息及尺寸信息。target 的类型为 EventTarget,而 EventTarget 对象又包含了 area 成员,area 的参数类型为 Area,Area 为区域类型,用于存储元素所占的区域信息。width 和 height 为 Length 类型,包含了目标元素的尺寸信息,单位一般为 vp。position 用于返回元素左上角相对父元素左上角的位置,globalPosition 元素用于返回目标元素左上角相对页面左上角的位置。

在本章的示例代码中,对 Button 设置了触摸事件,并设置了一个 Text 组件用于显示 Button 组件在 onTouch 事件触发时包含的各种信息。

在 onTouch 命令中,首先通过逻辑判断当前 event.type 的类型,并将相应的类型赋值给字符串 eventType。然后将 eventTpye、touches、target 等属性的信息赋值给字符串 text，该字符串用于在 Text() 组件中展示 TouchEvent 所携带的信息。最终代码运行后的效果如图 5-10 所示。

```
1.    // pages/commentevect/touch.ets
2.    @Entry
3.    @Component
4.    @Preview
5.    struct Touch {
6.     @State text: string = '';
7.     @State eventType: string = '';
8.     build() {
9.      Column() {
10.      Button('Touch').height(50).width(200).margin(20)
11.       .onTouch((event: TouchEvent) => {
12.        if (event.type === TouchType.Down) {
13.         this.eventType = 'Down';
14.        }
15.        if (event.type === TouchType.Up) {
16.         this.eventType = 'Up';
17.        }
18.        if (event.type === TouchType.Move) {
19.         this.eventType = 'Move';
20.        }
21.        this.text = 'TouchType:' + this.eventType + '\nDistance between touch point and touch element:\nx: '
22.         + event.touches[0].x + '\n' + 'y: ' + event.touches[0].y + '\nComponent globalPos:('
23.         + event.target.area.globalPosition.x + ',' + event.target.area.globalPosition.y + ')\nwidth:'
24.         + event.target.area.width + '\nheight:' + event.target.area.height;
25.       })
26.       Text(this.text).fontSize(30)
27.      }.width('100%').padding(30)
28.     }
29.    }
```

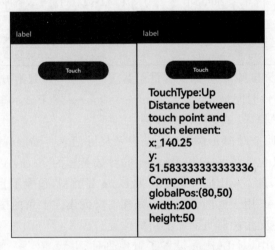

图 5-10　onTouch 事件运行效果

5.2.3 挂载/卸载事件

挂载/卸载事件是组件从组件树上挂载、卸载时触发的事件。该事件拥有两个回调，分别是 onAppear()和 onDisppear()方法，onAppear()在组件挂载显示时触发，onDisppear()在组件卸载消失时触发。

在本节的示例代码中，通过一个 boolean 类型的变量 flag 来控制 Text 组件是否显示，在 Button 组件中传入 changeAppear 字符串，在 Button 的 onClick 事件中对标识 flag 进行改变，实现每次开关按下时 Text 组件显示或消失的效果。在 Text 组件的挂载/卸载函数中，当组件挂载和卸载时改变传入 Button 组件中的 changeAppear 字符串，并使用一个 prompt 小窗来显示文本组件的变化。本节示例代码最终实现的效果如图 5-11 所示。

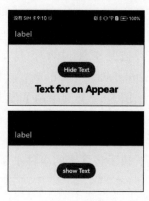

图 5-11 挂载/卸载事件示例代码运行效果

```
1.    // pages/commonevent/apDispear.ets
2.    import prompt from '@ohos.prompt';
3.
4.    @Entry
5.    @Component
6.    @Preview
7.    struct ApDispear {
8.      @State flag: boolean = true;
9.      @State changeAppear: string = 'Hide Text';
10.     private myText: string = 'Text for on Appear';
11.     build() {
12.      Column() {
13.       Button(this.changeAppear)
14.        .onClick(() => {
15.         this.flag = !this.flag;
16.        }).margin(15)
17.       if (this.flag) {
18.        Text(this.myText).fontSize(26).fontWeight(FontWeight.Bold)
19.         .onAppear(() => {
20.          this.changeAppear = 'Hide Text';
21.          prompt.showToast({
22.           message:'The text is shown',
23.           duration:2000
24.          })
25.         })
26.         .onDisAppear(() =>{
27.          this.changeAppear = 'show Text';
28.          prompt.showToast({
29.           message:'The text is hidden',
30.           duration:2000
31.          })
32.         })
33.       }
34.      }.width("100%").height("100%").padding(30)
35.     }
36.    }
```

5.2.4 拖曳事件

拖曳事件指组件被长按后拖曳时触发的事件。组件在被拖曳时,会有不同的状态产生,每种状态都会对应不同的回调函数,因此,组件的拖曳事件会对应多个回调函数,这些回调函数不仅产生在被拖曳的组件中,也会在其他组件中被调用。

拖曳事件包含了五个回调函数,分别是 onDragStart、onDragEnter、onDragMove、onDragLeave 和 onDrop 函数,它们在组件被拖曳的不同状态下被触发回调。

图 5-12 分别绘制了拖曳事件中,五个回调函数发生时所对应的组件和父组件之间的关系。onDragStart 回调函数在第一次拖曳绑定拖曳事件的组件时触发,该回调函数返回当前所拖曳的对象,用于显示拖曳时的提示组件,拖曳事件的触发方式是在屏幕上长按 150ms,当长按手势配置的事件小于或等于 150ms 时,长按手势优先触发,否则拖曳事件优先。

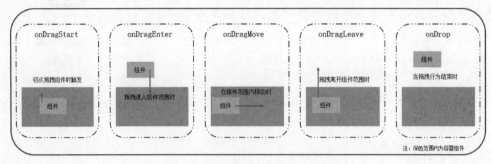

图 5-12 拖曳事件生命周期示意图

onDragEnter 回调在拖曳进入组件范围时触发,onDragMove 在拖曳在组件范围内移动时触发,onDragLeave 在拖曳离开组件范围时触发该回调。以上三种事件均只有监听了 onDrop 事件时才会生效,而 onDrop 则在拖曳的行为结束时触发。

图 5-13 拖曳事件示例
代码运行效果

本节涉及的示例较为复杂,实现的效果如图 5-13 所示。将第一个 Column 容器组件中的元素拖曳并放置到第二个 List 容器组件中。首先在 Column 容器组件中放置三个 Text 文本组件,这三个 Text 组件就是将要实现的被拖拽元素,为三个 Text 组件分别绑定 onDragStart()事件,当 Text 组件被拖曳时触发。在 DragExample 中使用@Builder 修饰器定义一个 pixelMapBuilder,用作 onDragStart 事件触发后需要返回的组件,该组件将用于显示拖曳时的提示组件。

在 List 组件中,使用循环遍历生成 ListItem 组件,并为每个 ListItem 组件设置一个 onDragStart 事件。将 onDragMove、onDragLeave、onDragEnter 和 onDrop 事件均绑定在 List 组件上,在本节的实例中,没有对这几个事件进行过多的操作,只是在事件触发时使用 console 打印日志到控制台中。onDrop 组件中涉及的操作主要是通过判断标识符 bool 和 bool1,再通过拖曳事件所包含的信息更新 List 组件中循环的循环渲染数组,使得组件被放入 List 中。

1. // pages/commonevent/Drageve.ets

```
2.   @Entry
3.   @Component
4.   struct DragExample {
5.     @State numbers: string[] = ['one', 'two', 'three', 'four', 'five', 'six']
6.     @State text: string = ''
7.     @State bool: boolean = false
8.     @State bool1: boolean = false
9.     @State size: string = ''
10.    @State appleVisible: Visibility = Visibility.Visible
11.    @State orangeVisible: Visibility = Visibility.Visible
12.    @State bananaVisible: Visibility = Visibility.Visible
13.    @State select: number = 0
14.    @State currentIndex: number = 0
15.
16.    // 使用 builder 修饰器声明一个 pixelMapBuilder 组件,用于 onDrap()函数返回的提示组件
17.    @Builder pixelMapBuilder() {
18.      Column() {
19.        Text(this.text)
20.          .width('50%').height(60).fontSize(16).borderRadius(10)
21.          .textAlign(TextAlign.Center).backgroundColor(Color.Yellow)
22.      }
23.    }
24.
25.    build() {
26.      // 在第一个 Column 容器中放置三个 Text 文本组件,并为这三个组件绑定 onDragStart()
         // 事件方法。
27.      Column() {
28.        Text('There are three Text elements here')
29.          .fontSize(12).fontColor(0xCCCCCC)
30.          .width('90%').textAlign(TextAlign.Start)
31.          .margin(5)
32.        Flex({ direction: FlexDirection.Row, alignItems: ItemAlign.Center, justifyContent:
           FlexAlign.SpaceAround }) {
33.          Text('apple')
34.            .width('25%').height(35)
35.            .fontSize(16).textAlign(TextAlign.Center)
36.            .backgroundColor(0xAFEEEE)
37.            .visibility(this.appleVisible)
38.            // 设置 onDragStart 事件,当 Text 组件被初次拖曳时触发
39.            .onDragStart(() => {
40.              this.bool = true
41.              this.text = 'apple'
42.              this.appleVisible = Visibility.Hidden
43.              // 将自定义组件作为返回值返回
44.              return this.pixelMapBuilder
45.            })
46.          Text('orange')
47.            .width('25%').height(35)
48.            .fontSize(16).textAlign(TextAlign.Center)
49.            .backgroundColor(0xAFEEEE)
50.            .visibility(this.orangeVisible)
51.            .onDragStart(() => {
52.              this.bool = true
53.              this.text = 'orange'
54.              this.orangeVisible = Visibility.Hidden
55.              // 将自定义组件作为返回值返回
56.              return this.pixelMapBuilder
57.            })
```

```
58.        Text('banana')
59.          .width('25%').height(35).fontSize(16)
60.          .textAlign(TextAlign.Center)
61.          .backgroundColor(0xAFEEEE)
62.          .visibility(this.bananaVisible)
63.          .onDragStart((event: DragEvent, extraParams: string) => {
64.            console.log('Text onDragStarts, ' + extraParams)
65.            this.bool = true
66.            this.text = 'banana'
67.            this.bananaVisible = Visibility.Hidden
68.            // 将自定义组件作为返回值返回
69.            return this.pixelMapBuilder
70.          })
71.        }.border({ width: 2 }).width('90%').padding({ top: 10, bottom: 10 }).margin(10)
72.
73.        Text('This is a List element')
74.          .fontSize(12).fontColor(0xCCCCCC)
75.          .width('90%').textAlign(TextAlign.Start)
76.          .margin(15)
77.        // 使用 List 容器,放置循环生成的组件
78.        List({ space: 20, initialIndex: 0 }) {
79.          // 使用 ForEach
80.          // 循环生成 numbers 数组中的
81.          ForEach(this.numbers, (item) => {
82.            ListItem() {
83.              Text('' + item)
84.                .width('100%').height(80).fontSize(16)
85.                .borderRadius(10).textAlign(TextAlign.Center)
86.                .backgroundColor(0xAFEEEE)
87.            }
88.            .onDragStart((event: DragEvent, extraParams: string) => {
89.              console.log('ListItem onDragStarts, ' + extraParams)
90.              // JSON.parse()方法用于解析 JSON 字符串,构造由字符串描述的 JS 值或对象
91.              // 将解析后字符串值赋值给 jsonString
92.              var jsonString = JSON.parse(extraParams)
93.              this.bool1 = true
94.              // extraParams 的 selectedIndex 类型为 number
95.              // selectedIndex 表示当前被拖曳子元素是父容器第 selectedIndex 个子元素
96.              // selectedIndex 从 0 开始,仅在 ListItem 组件中生效
97.              this.text = this.numbers[jsonString.selectedIndex]
98.              this.select = jsonString.selectedIndex
99.              // 将自定义组件作为返回值返回
100.             return this.pixelMapBuilder
101.           })
102.         }, item => item)
103.       }
104.       // 设置 List 组件的可编辑模式
105.         .editMode(true)
106.         .height('50%').width('90%').border({ width: 2 })
107.         .divider({ strokeWidth: 2, color: 0xFFFFFF, startMargin: 20, endMargin: 20 })
108.         .onDragEnter((event: DragEvent, extraParams: string) => {
109.           console.log('List onDragEnter, ' + extraParams)
110.         })
111.         .onDragMove((event: DragEvent, extraParams: string) => {
112.           console.log('List onDragMove, ' + extraParams)
113.         })
114.         .onDragLeave((event: DragEvent, extraParams: string) => {
115.           console.log('List onDragLeave, ' + extraParams)
```

```
116.        })
117.        .onDrop((event: DragEvent, extraParams: string) => {
118.          var jsonString = JSON.parse(extraParams)
119.          if (this.bool) {
120.            this.numbers.splice(jsonString.insertIndex, 0, this.text)
121.            this.bool = false
122.          } else if (this.bool1) {
123.            this.numbers.splice(jsonString.selectedIndex, 1)
124.            this.numbers.splice(jsonString.insertIndex, 0, this.text)
125.            this.bool = false
126.            this.bool1 = false
127.          }
128.        })
129.      }.width('100%').height('100%').padding({ top: 20 }).margin({ top: 20 })
130.    }
131.  }
```

5.2.5 焦点事件

焦点事件是指页面焦点在可获焦组件间移动时触发的事件，组件可以使用焦点事件来处理相关逻辑。焦点事件的触发场景在移动端通常受到较大的限制，以触摸形式的交互方式并不算作焦点事件，当前支持触发焦点事件的方式仅能通过外接键盘 Tab 键或方向键触发。

焦点事件会触发 onFocus 回调（当前组件获取焦点时触发）以及 onBlur 回调（当前组件失去焦点时触发该回调）。在当前版本中，支持焦点的组件有 Button、Text、Image、List、Grid。

关于焦点事件的具体使用方式在这里只做了解，因为焦点事件需要通过外接键盘的 Tab 或方向键触发，而本书的大多数示例面向移动端开发，焦点事件的使用场景较为受限。读者只需要知道焦点事件提供的两种回调方法，即 onFocus 在聚焦时回调，onBlur 在失焦时调用即可。

```
1.  // /paege/commonevent/focuseve.ets
2.  @Entry
3.  @Component
4.  struct FocusEventExample {
5.    @State oneButtonColor: string = '#FFC0CB';
6.    @State twoButtonColor: string = '#87CEFA';
7.    @State threeButtonColor: string = '#90EE90';
8.  
9.    build() {
10.     Column({ space: 20 }) {
11.       // 通过外接键盘的上下键可以让焦点在三个按钮间移动,按钮获焦时颜色变化,失焦时变
          // 回原背景颜色
12.       Button('First Button')
13.         .backgroundColor(this.oneButtonColor)
14.         .width(260)
15.         .height(70)
16.         .fontColor(Color.Black)
17.         .focusable(true)
18.         .onFocus(() => {
19.           this.oneButtonColor = '#FF0000';
20.         })
21.         .onBlur(() => {
```

```
22.         this.oneButtonColor = '#FFC0CB';
23.       })
24.     Button('Second Button')
25.       .backgroundColor(this.twoButtonColor)
26.       .width(260)
27.       .height(70)
28.       .fontColor(Color.Black)
29.       .focusable(true)
30.       .onFocus(() => {
31.         this.twoButtonColor = '#FF0000';
32.       })
33.       .onBlur(() => {
34.         this.twoButtonColor = '#87CEFA';
35.       })
36.     Button('Third Button')
37.       .backgroundColor(this.threeButtonColor)
38.       .width(260)
39.       .height(70)
40.       .fontColor(Color.Black)
41.       .focusable(true)
42.       .onFocus(() => {
43.         this.threeButtonColor = '#FF0000';
44.       })
45.       .onBlur(() => {
46.         this.threeButtonColor = '#90EE90';
47.       })
48.   }.width('100%').margin({ top: 20 })
49.   }
50. }
```

本节上述示例代码最终运行效果如图5-14所示。

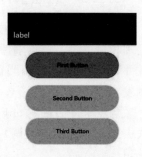

图5-14 焦点事件示例代码运行效果

5.3 展示组件

自本节开始,正式进入UI组件的讲解。其实在通用属性和通用事件的示例代码中已经展示了一些常用的UI组件,接下来将对更多其他组件进行介绍。

本节将要介绍的组件按照作用进行分类,可以分为展示组件、交互组件和高级组件。展示组件在应用程序中起到了关键的作用,它们用于呈现各种类型的内容,如文本、图像、时钟、导航和进度条等。这些组件不仅可以帮助用户了解和获取信息,还可以增强用户界面的交互性和可视化效果。在HarmonyOS开发中,可以利用展示组件来构建出令人印象深刻的用户界面,提供出色的用户体验。

本节将介绍几个常用的展示组件,并演示它们在HarmonyOS应用程序中的使用。接下来探索Text组件、Image组件、TextClock组件、Navigation组件和Progress组件,为每个组件提供详细的说明和示例代码。通过学习这些组件的用法,读者可以更好地理解如何在应用程序中使用它们,并根据需求进行定制和扩展。

5.3.1 Text组件

构建应该用程序时,Text组件是一种常用的展示组件,用于显示静态的文本内容。它允许在用户界面中呈现简单的文本消息、标签、标题等。Text组件具有许多可自定义的属性，开发者可以通过设计需求来调整文本的外观和样式。Text 组件提供了字体样式、字体大小、文本大小写和文本显示的最大行数等属性。

以下是本节的示例代码，关于 Text 组件中文本的字体大小、字体样式、字体颜色和粗细程度的展示主要由组件的通用属性 fontSize、fontStyle、fontColor 和 fontWeight 进行设置，将要展示的 Text 组件放置在 Column 中，前三个 Text 组件设置为相同的文字内容，主要用于展示文本的对齐方式 textalign、文字大小写 textCase 以及文本间距 letterSpace 的设置。textalign 传入的参数类型为 TextAlign，可以设置为 Start、Center 和 End，分别进行水平对齐首部、水平居中对齐和水平对齐尾部的设置。textCase 传入参数类型为 TextCase，用于设置组件内文本的大小写格式，可以被设置为 Normal（保持原有的大小写格式）、LowerCase（全文采用小写）、UpperCase（全文采用大写）这三种形式。letterSpace 用于设置文本字符间距，传入类型为 number 类型代表设置文本间需要设置多少像素进行间隔。

```
1.    // /pages/dis/textcmp.ets
2.    import router from '@ohos.router';
3.    import backButton from '../../component/backButton'
4.    @Entry
5.    @Component
6.    @Preview
7.    struct Textcmp {
8.     build() {
9.      Column() {
10.      Text('文本组件 Abc')
11.       //设置文本组件的高度
12.       .height("15%")
13.       //设置文本组件的宽度
14.       .width("100%")
15.       //设置本组组件内文字的 大小
16.       .fontSize(30)
17.       //设置组件内文字的样式
18.       .fontStyle(FontStyle.Normal)
19.       //设置组件内文字的颜色
20.       .fontColor(Color.Black)
21.       //设置文字的粗细程度
22.       .fontWeight(FontWeight.Lighter)
23.       //设置组件内文字的对齐方式
24.       .textAlign(TextAlign.Start)
25.       //设置文本的大小写,Normal 为保持文本原有大小写
26.       .textCase(TextCase.Normal)
27.       //设置文本装饰线样式及参数,type 和 color
28.       //使用下画线进行修饰,颜色为黑色
29.       //设置文本字符间距
30.       .letterSpacing(5)
31.       .decoration({ type: TextDecorationType.Underline, color: Color.Black })
32.      Text('文本组件 Abc')
33.       .height("15%")
34.       .width("100%")
35.       .fontSize(30)
36.       .fontStyle(FontStyle.Italic)
37.       .fontColor(Color.Red)
38.       .fontWeight(FontWeight.Normal)
39.       .textAlign(TextAlign.Center)
40.       //LowerCase 为文本全部采用小写
41.       .textCase(TextCase.LowerCase)
```

```
42.            //使用穿过文本的修饰线,颜色为红色
43.            .decoration({ type: TextDecorationType.LineThrough, color: Color.Red })
44.            .letterSpacing(10)
45.         Text('文本组件 Abc')
46.            .height("15%")
47.            .width("100%")
48.            .fontSize(30)
49.            .fontStyle(FontStyle.Normal)
50.            .fontColor(Color.Blue)
51.            .fontWeight(FontWeight.Regular)
52.            .textAlign(TextAlign.End)
53.            //UpperCase 为文本全部采用大写
54.            .textCase(TextCase.UpperCase)
55.            //使用上画线修饰,颜色为蓝色
56.            .decoration({ type: TextDecorationType.Overline, color: Color.Black })
57.            .letterSpacing(15)
58.         Text('文本组件文本组件文本组件文本组件文本组件文本组件文本组件文本组件文本组件文本组件')
59.            .height("15%")
60.            .width("100%")
61.            .fontSize(25)
62.            .fontColor(Color.Brown)
63.            .fontWeight(FontWeight.Medium)
64.            .textAlign(TextAlign.Center)
65.            //设置文本的最大行数,默认为不限行数
66.            .maxLines(1)
67.         Text('文本组件文本组件文本组件文本组件文本组件文本组件文本组件文本组件文本组件')
68.            .height("15%")
69.            .width("100%")
70.            .fontSize(25)
71.            .fontStyle(FontStyle.Normal)
72.            .fontColor(Color.Green)
73.            .fontWeight(FontWeight.Bolder)
74.            .textAlign(TextAlign.Center)
75.            .maxLines(2)
76.
77.         Text('文本组件文本组件文本组件文本组件文本组件文本组件文本组件文本组件文本组件')
78.            .height("15%")
79.            .width("100%")
80.            .fontSize(25)
81.            .fontStyle(FontStyle.Normal)
82.            .fontColor(Color.Orange)
83.            .fontWeight(FontWeight.Bolder)
84.            .textAlign(TextAlign.Center)
85.            .maxLines(3)
86.         backButton()
87.      }
88.      .width("100%")
89.      .height("100%")
90.   }
91. }
```

后三个文本组件中,主要展示了 maxLines 属性的作用,maxLines 可以用来限制当前文本组件可以容纳的最大行数。后三个文本组件 Text 中所放置的文本内容完全一致,但是由于 maxLines 的限制展示出不同的效果,如图 5-15 所示。

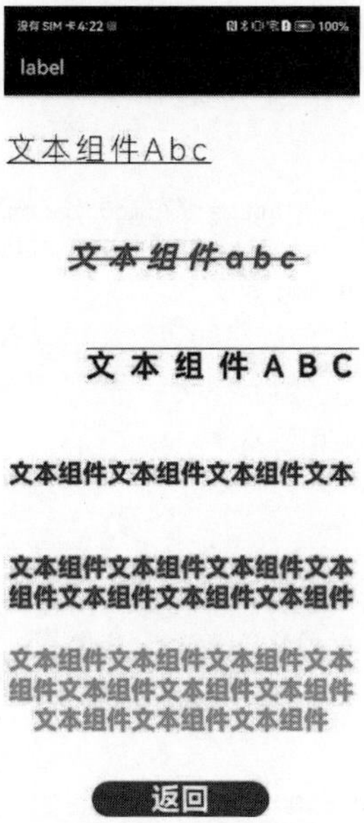

图 5-15　文本组件示例代码运行效果

5.3.2　Image 组件

　　Image 组件是一种常用的展示组件，用于在应用程序中显示图像。通过使用 Image 组件，可以加载并呈现本地图像或远程图像资源。另外，Image 组件支持多种图像格式，开发者可以使用不同的加载方式加载图片并显示在应用程序的用户界面中。

　　如下所示为本节的示例代码，分别实现了从网络和本地中加载图片，在使用网络请求之前，首先需要在 config.json 文件中配置网络请求权限。

```
1.    "reqPermissions": [
2.    {
3.        "usedScene": {
4.          "ability": [
5.            "FormAbility"
6.          ],
7.          "when": "inuse"
8.        },
9.        "name": "ohos.permission.INTERNET"
10.   }
11.   ]
```

　　首先找到一张网络图片的地址，并将图片地址赋值到字符串 src 中，在创建 Image 组件时将 src 传入 Image 组件完成图片的网络加载。对本地图片文件的加载可以使用相对路径引用图片资源，但是当该 Image 组件被跨包或者跨模块调用时，相对路径会出现错误。因此，推荐使用资源引用的方式加载本地图片。选择一张本地图片，放在 resource 的 meida 中。创建 Image 组件时使用 $r 进行资源引用。

```
1.    // /pages/dis/imagecmp.ets
2.    import router from '@ohos.router';
3.    import backButton from '../../component/backButton';
4.
```

```
5.    @Entry
6.    @Component
7.    @Preview
8.    struct Imagecmp {
9.     //网络图片的地址
10.      private img_src: string = 'https://img0.baidu.com/it/u = 4011239345' +
11.      ',1737149525&fm = 253&fmt = auto&app = 120&f = JPEG? w = 640&h = 427'
12.      @State src:string = this.img_src
13.      build() {
14.       Column(){
15.        Column(){
16.         Text('Resource 中的本地图片')
17.           .fontSize(20)
18.           .height(20)
19.
20.         //应用 Resource 目录下 media 中的 apple 图片
21.         Image( $ r('app.media.apple'))
22.           .height("30 %")
23.
24.         //图像的渐变效果
25.         Image( $ r("app.media.lemon"))
26.          ..height("30 %")
27.           .width("100 %")
28.
29.         Text('网络图片')
30.           .fontSize(20)
31.           .height(20)
32.
33.         //使用网络中的图片
34.         Row({space:5}){
35.          Image(this.src)
36.            .height("100 %")
37.            .width("50 %")
38.            .overlay('banana1', { align: Alignment.Bottom, offset: { x: 0, y: 20 } })
39.          Image(this.src)
40.            .height("100 %")
41.            .width("50 %")
42.            .overlay('banana2', { align: Alignment.Bottom, offset: { x: 0, y: 20 } })
43.         }
44.          .height("30 %")
45.          .width("100 %")
46.        }
47.          .height("90 %")
48.          .width("100 %")
49.        backButton()
50.       }
51.        .width("100 %")
52.        .height("100 %")
53.      }
54.    }
```

Image 组件提供了三种事件，分别是：onComplete()事件在图片成功加载时触发该回调，返回成功加载的图源尺寸；onError()事件在图片加载出现异常时触发该回调；当加载的源文件为带动效的 svg 图片时，svg 播放完成时会触发该回调，如果动效为无限循环则该回调不会被触发。上述示例代码运行效果如图 5-16 所示。

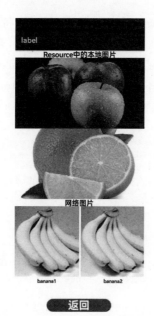

图 5-16　Image 组件示例代码运行效果

5.3.3　TextClock 组件

TextClock 用于设置文本显示当前系统的时间。TextClock 组件可以选择传入两个参数，即 timeZoneOffset 和 controller。

timeZoneOffset 是类型为 number 的参数，默认值为时区偏移量，可以用来设置时区的偏移。取值范围为 −12～12，表示东十二区到西十二区，其中负值表示东时区，正值表示西时区。例如，北京位于东八区，则可以使用 −8 表示。

controller 是参数类型为 TextClockController 的参数，用来绑定一个控制器，可以控制文本时钟的状态。TextClockController 可以控制文本时钟的启动与停止，一个 TextClock 组件仅支持绑定一个控制器。controller.start() 用于启动时钟，controller.stop() 用于停止时钟。

TextClock 组件仅有一个私有属性 format 和一个私有方法 onDateChange()。私有属性 format 用于设置时间的显示格式。日期间的间隔符固定为"/"，时间之间的间隔符号为"："。例如 yyyyMMdd，yyyy-MM-dd 显示为 yyyy/MM/dd，hhmmss 显示为 hh：mm：ss。时间格式只用写一位即可，即 hhmmss 等同于 hms。

onDateChange() 事件提供时间变化回调，该事件最小回调间隔为秒，传入的 event 事件包含 value 参数，value 代表 UTC，自 1970 年 1 月 1 日开始经过的毫秒数。

本节中关于 TextClock 组件的示例代码如下所示，代码所实现的最终效果见图 5-17。先在容器组件外部导入

图 5-17　TextClock 组件运行效果

一个控制器对象 controller，并设置一个 TextClock 组件，将时区设置为北京时间，将之前导入的控制器对象 controller 绑定到该组件上。使用 format 将时间格式设置为时分秒后，在 onDateChange()时间中将 value 赋值给提前声明的变量 accumulateTime。

完成对 TextClock 组件的基本设置后，摆放两个 Button 组件，分别在两个 Button 组件的 onClick 时间中执行 controller.start()和 controller.stop()，达到使用两个按钮控制文本时钟组件的启动和停止的效果。

```
1.    // /pages/dis/textclockcmp.ets
2.    import router from '@ohos.router';
3.    import backButton from '../../component/backButton'
4.    @Entry
5.    @Component
6.    @Preview
7.    struct Textclockcmp {
8.     @State accumulateTime: number = 0
9.     // 导入 TextClockController 对象,用于控制文本时钟状态
10.     controller: TextClockController = new TextClockController()
11.     build() {
12.      Column(){
13.       Column(){
14.        Text('current milliseconds is' + this.accumulateTime)
15.         .fontSize(20)
16.        TextClock({timeZoneOffset: -8, controller: this.controller})
17.         // 将控制器传入 TextClock 组件与 TextClock 绑定
18.         .format('hhmmss')
19.         .onDateChange((value: number) => {
20.          this.accumulateTime = value
21.         })
22.         .margin(20)
23.         .fontSize(30)
24.        Button("start TextClock")
25.         .margin({ bottom: 10 })
26.         .onClick(() =>{
27.          this.controller.start()
28.         })
29.        Button("stop TextClock")
30.         .onClick(() =>{
31.          this.controller.stop()
32.         })
33.       }
34.       .height("90%")
35.       .width("100%")
36.       backButton()
37.      }
38.      .width("100%")
39.      .height("100%")
40.     }
41.    }
```

5.3.4 Navigation 组件

Navigation 组件一般可以作为 Page 页面的根目容器，开发者可以在 Navigation 组件中设置展示界面的标题、工具栏、菜单等属性。Navigation 中可以包含子组件，Navigation 包含八个私有属性，关于私有属性的说明见表 5-6。

表 5-6　Navigation 组件的私有属性

名　　称	参 数 类 型	描　　述
title	string ｜ CustomBuilder	页面标题
subtitle	string	页面副标题
menus	Array＜NavigationMenuItem＞｜CustomBuilder	页面右上角菜单
titleMode	NavigatuionTitleMode	页面标题栏显示模式
toolbar	object ｜ CustomBuilder	设置工具栏内容。items：工具栏所有项
hideToolBar	boolean	设置隐藏/显示工具栏
hideTitleBar	boolean	隐藏标题栏
hideBackButton	boolean	隐藏返回键

表 5-6 中的 CustomBuilder 类型表示使用 @Builder 修饰器修饰的自定义组件。hideToolBar、hideTitleBar 和 hideBackButton 三个属性用于隐藏 Navigation 组件的某些内容，默认情况下被设置为 false。

NavigationMenuItem 类型可以看作 NavigationMenuItem 组件，该组件包含属性 value，类型为 string 类型，是 NavigationMenuItem 组件的必选属性，用于描述菜单栏单个选项的显示文本。icon 属性用于描述菜单栏单个选项的图标资源路径，类型也为 string。此外，该组件还包含一个时间 action()，在当前选项被选中时回调。Object 类型的使用方式与 NavigationMenuItem 类型的使用方式基本一致，只是设置的对象不同，Object 设置针对工具栏的单个选项，而 NavigationMenuItem 针对菜单栏的选项。

表 5-6 中 titleMode 属性的参数类型为 NavigationTitleMode，NavigationTitleMode 的默认值为 NavigationTitleMode.Free，该参数设置标题模式为当内容为可滚动组件时，标题随着内容向上滚动而缩小（子标题的大小不变、淡出），向下滚动内容到顶时则恢复原样。NavigationTitleMode.Mini 则为小标题模式（图标＋主副标题），若设置为 Full 则会将标题模式固定为大标题模式（主副标题）。当前在 NavigationTitleMode.Free 模式下支持的可滚动组件只有 List。

除众多私有属性以外，Navigation 组件还提供了一个私有方法 onTitleModeChange()。该方法会在 titleMode 为 NavigationTitleMode.Free 时，随着该组件的滑动标题栏模式发生变化时触发此回调。

在本节的示例代码中，首先自定义两个组件 NavigationTitle() 和 NavigationMenus()，并使用 @Builder 装饰器对它们进行修饰。在随后的 build 函数中正式开始 Navigation 组件的设置。在 Navigation 中首先放置 List 组件循环渲染出 10 个 Text 组件。在 List 组件后摆放一个 Button 组件，在该组件的 onClick 组件中修改 hideBar 变量的值，该变量为 boolean 类型，用于传入 hideToolBar 属性中控制 ToolBar 是否在组件中隐藏。最终，本节的示例代码运行效果如图 5-18 所示。

1. // /pages/dis/navigationcmp.ets
2. import router from '@ohos.router';

图 5-18　Navigation 组件示例运行效果

```
3.    import backButton from '../../component/backButton';
4.
5.    @Entry
6.    @Component
7.    @Preview
8.    struct Navigationcmp {
9.     private arr: number[] = [0, 1, 2, 3, 4, 5, 6, 7, 8, 9]
10.      @State hideBar: boolean = true
11.      //在@builder装饰器的修饰下定义导航组件的title
12.      @Builder NavigationTitle() {
13.       Column() {
14.        Text('title')
15.          .width(80)
16.          .height(60)
17.          .fontColor(Color.Blue)
18.          .fontSize(30)
19.       }
20.       .onClick(() => {
21.         console.log("title")
22.       })
23.      }
24.
25.      // 在@Builder装饰器的修饰下自定义导航组件的菜单栏
26.      @Builder NavigationMenus() {
27.       Row() {
28.        Image('images/add.png')
29.          .width(25)
30.          .height(25)
31.        Image('comment/more.png')
32.          .width(25)
33.          .height(25)
34.          .margin({ left: 30 })
35.       }.width(100)
36.      }
37.
38.      build() {
39.       Column() {
40.        Navigation() {
41.         // 内置List组件
42.         List({ space: 5, initialIndex: 0 }) {
43.          // 使用ForEach循环渲染Text组件
44.          // Text组件内容为之前@State装饰器修饰的变量arr中的值
45.          ForEach(this.arr, (item) => {
46.           ListItem() {
47.            Text('' + item)
48.              .width('90%')
49.              .height(80)
50.              .backgroundColor('#3366CC')
51.              .borderRadius(15)
52.              .fontSize(16)
53.              .textAlign(TextAlign.Center)
54.           }.editable(true)
55.          }, item => item)
56.         }
57.         // 设置List布局方向
58.         .listDirection(Axis.Vertical)
59.         .height(300)
60.         .margin({ top: 10, left: 18 })
```

```
61.            .width('100%')
62.
63.          Column(){
64.           backButton()
65.          }
66.          .width("100%")
67.
68.          // 使用变量
69.          Button(this.hideBar? "tool bar" : "hide bar")
70.            .onClick(() => {
71.              this.hideBar = !this.hideBar
72.            })
73.            .margin({ left: 135, top: 60 })
74.          }
75.          // 设置 Navigation 组件的 title,将之前定义的 NavigationTitle 传入 title
76.          .title(this.NavigationTitle)
77.          // 设置 subtitle
78.          .subTitle('subtitle')
79.          // 将之前定义的 NavigationMenu 传入 menus
80.          .menus(this.NavigationMenus)
81.          .titleMode(NavigationTitleMode.Free)
82.          .hideTitleBar(false)
83.          .hideBackButton(false)
84.          .onTitleModeChange((titleModel: NavigationTitleMode) => {
85.            console.log('titleMode')
86.          })
87.          .toolBar({ items: [
88.            { value: 'app', icon: $r('app.media.ic_public_app_filled'), action: () => {
89.              console.log("app")
90.            } },
91.            { value: 'delete', icon: $r('app.media.ic_public_delete_filled'), action: () => {
92.              console.log("delete")
93.            } },
94.            { value: 'download', icon: $r('app.media.download'), action: () => {
95.              console.log("download")
96.            } ] })
97.          // 使用变量 hideBar 控制 ToolBar 是否隐藏
98.          .hideToolBar(this.hideBar)
99.        }
100.      }
101.    }
```

5.3.5 Progress 组件

Progress 组件用于显示进度条,可以显示内容加载或操作处理等进度,Progress 传入的参数具体说明由表 5-7 给出。

表 5-7 Progress 私有属性

参 数 名	参 数 类 型	必 填	参 数 描 述
value	number	是	指定当前进度值
total	number	否	指定进度总长
type	ProgressType	否	指定进度条类型

传入参数 value 用于指定当前进度条的值,total 用于指定进度条的总长,type 参数类型为 ProgressType,可以用来指定进度条类型。ProgressType 提供了 5 种进度条类型,分别

是 Linear 线性样式、Ring 环形无刻度样式、Eclipse 环形样式、ScaleRing 环形有刻度样式和 Capsule 胶囊样式。

关于表中的传入参数,除了 value 参数为必填属性以外,其余参数不需要必须传入。这些属性除了可以用参数传入的方式设置以外,也可以通过对组件属性的设置进行更改。

本节的示例代码较为简单,主要是对 Progress 组件不同样式的展示。具体示例代码如下,示例运行效果见图 5-19。

```
1.  // /pages/dis/progresscmp.ets
2.  import router from '@ohos.router';
3.  import backButton from '../../component/backButton';
4.
5.  @Entry
6.  @Component
7.  @Preview
8.  struct Progresscmp {
9.    build() {
10.     Column(){
11.      Column(){
12.       Text("线性样式")
13.        .height("3%").fontSize(15)
14.       Progress({value:10,type:ProgressType.Linear})
15.        .width("100%").height("13%")
16.        .padding(5).color(Color.Blue)
17.       Text("胶囊样式")
18.        .height("3%").fontSize(15)
19.       Progress({value:80,total:180,type:ProgressType.Capsule})
20.        .width("100%").height("13%")
21.        .padding(5).color(Color.Orange)
22.       Text("环形样式")
23.        .height("3%").fontSize(15)
24.       Progress({value:50,type:ProgressType.Eclipse})
25.        .width("100%").height("13%")
26.        .padding(5).color(Color.Gray)
27.       Text("环形无刻度样式")
28.        .height("3%").fontSize(15)
29.       Progress({value:80,type:ProgressType.Ring})
30.        .width("100%").height("13%")
31.        .padding(5).color(Color.Red)
32.       Text("环形有刻度样式")
33.        .height("3%").fontSize(15)
34.       Progress({value:80,type:ProgressType.ScaleRing})
35.        .width("100%").height("13%")
36.        .padding(5).color(Color.Green)
37.      }
38.      .height("90%")
39.      .width("100%")
40.      backButton()
41.     }
42.     .width("100%")
43.     .height("100%")
44.    }
45.  }
```

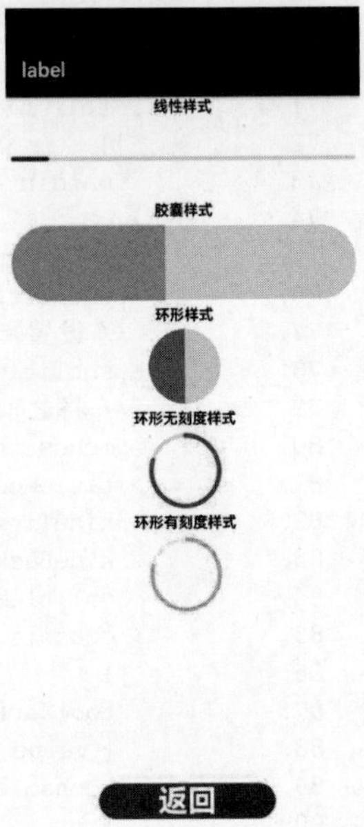

图 5-19 进度条组件示例效果

5.4 交互组件

在 UI 设计中,交互组件是用户界面中用于与用户进行交互的各种元素。这些组件允许用户进行操作、提供反馈和响应用户的输入。交互组件种类繁多,可以包含各种类型的控件、按钮、输入字段、复选框和单选框等,这些组件通过触摸、单击、拖曳或滑动等方式实现与用户实时交互的功能。

交互组件的设计和布局应该考虑到以下几个方面:

(1)易于使用。交互组件应该设计成易于理解和使用的形式,使用户能够轻松地与它们进行交互。

(2)反馈和状态。交互组件应该提供明确的反馈和状态提示,以便用户知道它们的操作是否成功或是否正在进行中。

(3)可访问性。交互组件应该考虑到不同用户的需求,包括可访问性需求,确保所有用户都能够使用和理解它们。

(4)一致性。在整个用户界面中使用一致的交互组件风格和行为,以提供一致的用户体验。

5.4.1 Button 组件

Button 组件在 UI 设计中起着重要的作用,Button 往往作为最常见的交互组件之一出现在 UI 界面中,用于触发特定的操作或执行特定的功能。Button 组件通常以单击的形式出现,用户可以通过单击按钮触发相应的操作。

Button 组件在整个 UI 设计中往往起着触发操作、反馈用户操作、强调重要功能、提高 UI 界面可选用性和统一界面风格等作用。

Button 组件包含两个特有属性,分别是 type 和 stateEffect,设置 type 属性的参数类型为 ButtonType,用于描述按钮的显示样式。stateEffect 属性的参数类型为 boolean,该属性用于控制按钮按下时是否开启按压状态显示效果,当设置为 false 时,按压效果关闭,默认值为 true。

ButtonType 枚举说明如表 5-8 所示。按钮的圆角通过 borderRadius 进行设置。当按钮类型为 Capsule 时,borderRaius 设置不生效,按钮圆角始终为高度的一半。当按钮类型为 Circle 时,borderRadius 即为按钮半径,若未设置 borderRadius 按钮半径则为宽、高中较小值的一半。按钮文本则通用文本样式进行设置。

表 5-8 ButtonType 类型参数

名称	描述
Capsule	胶囊型按钮(圆角默认为高度的一半)
Circle	圆形按钮
Normal	普通按钮(默认不带圆角)

本小节示例代码如下,主要展示了对不同 ButtonType 的设置。每种 ButtonType 类型使用一个 Text 组件分隔开,在每种 ButtonType 类型的展示代码中,使用 Flex 组件创建一个弹性布局容器。该容器使用"alignItems:ItemAlign.Center"表示容器内的子组件在交叉

轴上居中对齐,"justifyContent：FlexAlign.SpaceBetween"表示子组件在主轴上等距分布,即子组件之间留空余。

在 Flex 容器中,包含了三个 Button 组件,每个按钮都有不同的文本。第一个 Button 组件使用了 ButtonType.Normal 类型,表示按钮的默认样式,并对该按钮设置了圆角、背景颜色、宽度等样式属性,并显示文本"ok"。

第二个 Button 组件内部包含了一个 Row 组件,用于在按钮中放置图像和文本。图像使用 Image 组件引用本地资源呈现,并设置了宽度、高度和外边距等样式属性。文本信息使用 Text 组件呈现,并设置了字体大小、字体颜色和外边距等样式。Row 组件中使用 alignItems(VerticalAlign.Center)在纵向上使子组件居中对齐。

第三个 Button 组件使用 stateEffect：false,表示按钮没有交互过。设置了透明度、圆角、背景颜色和宽度等样式属性,并显示文本"Disable"。

下方代码的第二部分与第一部分结构类似,第二部分代码用于展示按钮组件的 Capsule 类型,Capsule 类型的按钮相比 Normal 类型缺少了关于按钮组件倒角的设置,原因在于 Capsule 类型按钮组件的倒角固定为高度的一半。第三部分代码则展示了两个 Circle 类型的组件。示例代码效果如图 5-20 所示。

```
1.   // /pages/inter/buttoncmp.ets
2.   import router from '@ohos.router';
3.   import backButton from "../../component/backButton"
4.   import Btn_cmp from "../../component/btn_cmp"
5.   @Preview
6.   @Entry
7.   @Component
8.   struct Buttoncmp {
9.     build(){
10.      Column(){
11.       Column(){
12.        Text('Common button')
13.          .fontSize(15)
14.          .fontColor(Color.Black)
15.          .margin(15)
16.       // common button
17.       // 将 ButtonType 设置为 Normal 类型
18.       Flex({ alignItems: ItemAlign.Center, justifyContent: FlexAlign.SpaceBetween }) {
19.        Button('Ok', { type: ButtonType.Normal, stateEffect: true })
20.          .borderRadius(8)
21.          .backgroundColor(0x317aff)
22.          .width(90)
23.        Button({ type: ButtonType.Normal, stateEffect: true }) {
24.         // Button 中放置子组件
25.         Row() {
26.          Image( $ r('app.media.update'))
27.            .width(20)
28.            .height(20)
29.            .margin({ left: 12 })
30.          Text('loading')
31.            .fontSize(12)
32.            .fontColor(0xffffff)
33.            .margin({ left: 5, right: 12 })
```

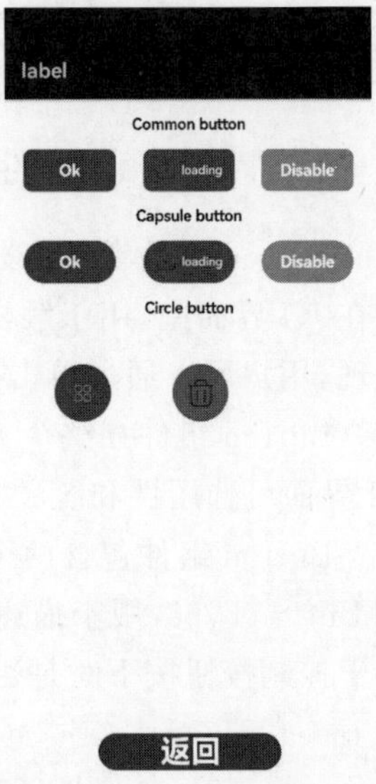

图 5-20　Button 组件示例代码效果

```
34.        }
35.        .alignItems(VerticalAlign.Center)
36.      }
37.      // 使用 borderRadius 设置按钮圆角
38.        .borderRadius(8)
39.        .backgroundColor(0x317aff)
40.        .width(90)
41.      Button('Disable', { type: ButtonType.Normal, stateEffect: false })
42.        .opacity(0.5)
43.        .borderRadius(8)
44.        .backgroundColor(0x317aff)
45.        .width(90)
46.    }
47.    Text('Capsule button')
48.      .fontSize(15)
49.      .fontColor(Color.Black)
50.      .margin(15)
51.    // Capsule button
52.    // 胶囊型按钮,将 ButtonType 设置为 Capsule 类型
53.    Flex({ alignItems: ItemAlign.Center, justifyContent: FlexAlign.SpaceBetween }) {
54.      Button('Ok', { type: ButtonType.Capsule, stateEffect: true })
55.        .backgroundColor(0x317aff)
56.        .width(90)
57.      Button({ type: ButtonType.Capsule, stateEffect: true }) {
58.        Row() {
59.          Image($r('app.media.download'))
60.            .width(20)
61.            .height(20)
62.            .margin({ left: 12 })
63.          Text('loading')
64.            .fontSize(12)
65.            .fontColor(0xffffff)
66.            .margin({ left: 5, right: 12 })
67.        }
68.        .alignItems(VerticalAlign.Center)
69.        .width(90)
70.      }
71.      .backgroundColor(0x317aff)
72.      //单击触发事件
73.      .onClick((event: ClickEvent) => {
74.        AlertDialog.show({ message: 'The login is successful' })
75.      })
76.      Button('Disable', { type: ButtonType.Capsule, stateEffect: false })
77.        .opacity(0.5)
78.        .backgroundColor(0x317aff)
79.        .width(90)
80.    }
81.
82.    Text('Circle button')
83.      .fontSize(15)
84.      .fontColor(Color.Black)
85.      .margin(15)
86.    // Circle button
87.    // 胶囊型按钮,将 ButtonType 设置为 Circle 类型
88.    Flex({ alignItems: ItemAlign.Center, wrap: FlexWrap.Wrap }) {
89.      Button({ type: ButtonType.Circle, stateEffect: true }) {
90.        Image($r('app.media.ic_public_app_filled'))
91.          .width(20)
```

```
92.              .height(20)
93.           }
94.           .width(55)
95.           .height(55)
96.           .backgroundColor(0x317aff)
97.           .margin(30)
98.           Button({ type: ButtonType.Circle, stateEffect: true }) {
99.             Image($r('app.media.ic_public_delete_filled'))
100.              .width(30)
101.              .height(30)
102.           }
103.           .width(55)
104.           .height(55)
105.           .margin(30)
106.           .backgroundColor(0xF55A42)
107.         }
108.
109.       }
110.       .width("90%")
111.       .height("80%")
112.       backButton()
113.     }
114.     .width("100%")
115.     .height("100%")
116.   }
117. }
```

5.4.2 TextArea 和 TextInput 组件

在 UI 设计中，TextArea 和 TextInput 组件在表单设计和用户输入方面起着重要的作用。通过合理地使用这些组件，可以给用户提供良好的输入体验，并确保用户能够方便地输入所需的文本内容。

TextArea 和 TextInput 同为 ArkUI 提供的文本输入组件。不同的是 TextArea 提供给 UI 一个多行的文本输入框，而 TextInput 提供的则是单行的文本输入框，开发者需要根据实际的应用场景选择合适的文本输入组件。

TextArea 组件具有可调整大小、自动换行、滚动条显示等特点，Text 组件更适合用于需要大段文字输入的情况，例如评论、描述或文本编辑等场景，同时可以通过拖曳或者手势来调整 TextArea 组件的大小，以适应输入的文本内容。当文本内容超过 TextArea 组件的宽度时，TextArea 会自动为要显示的文字换行。

TextInput 组件更适合简短的单行文本输入，通常用于输入用户名、密码或搜索关键字的场景。TextInput 组件只接收单行的文本输入，不会自动换行。用户可以通过键盘或者其他输入设备在 TextInput 组件中输入、删除和编辑文本。TextInput 组件提供了格式验证的功能，开发者可以为该组件配置验证规则，对用户输入的文本进行格式验证，如检查输入是否为数字、邮箱格式是否正确等。

无论 TextArea 还是 TextInput 组件，它们都可以通过设置组件属性来控制外观、样式和行为。例如，可以设置宽度、高度、字体样式、文本提示等属性来自定义组件的外观和交互。

TextArea 组件和 TextInput 均可以包含三个参数，分别是 placeholder、text 和

controller，placeholder 参数用来设置当组件无输入时的提示文字，text 参数用于设置输入框当前需要显示的文字，controller 则用来绑定当前组件的控制器。

TextArea 组件和 TextInput 组件的特有属性和事件较多，但是这两个组件之间的事件属性有很多相似的用法，表 5-9 和表 5-10 展示了 TextArea 和 TextInput 组件的特有属性及事件。

表 5-9　TextArea 和 TextInput 组件的特有属性

组件	名称	参数类型	描述
TextArea	placeholderColor	ResourceColor	设置 placeholder 文本颜色
	placeholderFont	Font	设置 placeholder 文本样式
	textAlign	TextAlign	设置文本的对齐方式，默认为 TextAlign.Start
	caretColor	ResourceColor	设置输入框光标颜色
	inputFilter	{value：ResourceStrerror？：(value：string) => void}	通过正则表达式设置输入过滤器。满足表达式的输入允许显示，不满足的输入被忽略。仅支持单个字符匹配，不支持字符串匹配
TextInput	type	InputType	设置输入框的类型
	placeholderColor	ResourceColor	设置 placeholder 的颜色
	placeholderFont	Font	设置 placeholder 的文本样式
	enterKeyType	EnterKeyType	设置输入法回车键类型
	caretColor	ResourceColor	设置输入框光标颜色
	maxLength	number	设置文本的最大输入字符数
	inputFilter	{value：ResourceStr，error？：(value：string) => void}	正则表达式，满足表达式的输入允许显示，不满足正则表达式的输入被忽略。仅支持单个字符匹配，不支持字符串匹配

表 5-10　TextArea 和 TextInput 组件的特有事件

组件	事件	描述
TextArea	onChange()	输入发生变化时，触发回调
	onCopy()	长按输入框内部区域弹出剪贴板后，单击剪切板复制按钮，触发回调
	onCut()	长按输入框内部区域弹出剪贴板后，单击剪切板剪切按钮，触发回调
	onPaste()	长按输入框内部区域弹出剪贴板后，单击剪切板粘贴按钮，触发回调
TextInput	onChange()	输入发生变化时，触发回调
	onSubmit()	回车键或者软键盘回车键触发该回调，参数为当前软键盘回车键类型
	onEditChange()	输入状态变化时，触发回调
	onCopy()	长按输入框内部区域弹出剪贴板后，单击剪切板复制按钮，触发回调
	onCut()	长按输入框内部区域弹出剪贴板后，单击剪切板剪切按钮，触发回调
	onPaste()	长按输入框内部区域弹出剪贴板后，单击剪切板粘贴按钮，触发回调

以上表格展示了 TextArea 和 TextInput 组件的特有方法和特有属性，具体的使用方式在本小节的示例代码段中进行展示。

首先在本小节的示例代码中声明了一个名为 text 的状态变量，使用@State 装饰器对该变量进行修饰，并将其初始化为空字符串。该变量用于存储 TextArea 组件中的文本内容。通过 TextAreaController 和 TextInputController 创建了两个控制器，分别用于控制 TextArea 组件和 TextInput 组件。

TextArea 组件使用了 placeholder 属性设置未输入文字时的提示信息，并通过

controller 属性绑定了相应的控制器。还设置了一些样式属性，如宽度、高度、字体大小和字体颜色等属性。当 TextArea 组件中的文本发生变化时，通过 onChange 回调函数将文本内容存储到 text 状态变量中，该变量用于在 Text 组件中显示文本。Button 组件通过单击事件触发 caretPosition 方法，将光标位置设置到第一个字符之后。

TextInput 组件也使用了 placeholder 属性设置输入框的提示信息，并通过 controller 属性绑定了相应的控制器。与 TextArea 组件不同的是，TextInput 组件通过设置 Type 属性制定了输入文本的类型，在本小节的示例代码中，对第一个 TextInput 组件设置为邮件类型，对第二个 TextInput 组件设置为密码类型。被设置为密码类型的 TextInput 组件在输入字符时输入文字不会明文显示，最终通过 onSubmit 回调函数在用户提交密码时打印日志。

本小节的示例代码实现的最终效果如图 5-21 所示。

```
1.   // pages/inter/textarea_input.ets
2.   import backButton from "../../component/backButton"
3.   import hilogger from"../../Utils/logger"
4.   @Preview
5.   @Entry
6.   @Component
7.   struct Textarea_input {
8.    @State text: string = ""
9.    // TextArea 组件导入控制器
10.   area_controller: TextAreaController = new TextAreaController()
11.   // 对邮箱输入 TextInput 导入控制器
12.   input1_controller: TextInputController = new TextInputController()
13.   // 对密码输入 TextInput 导入控制器
14.   input2_controller: TextInputController = new TextInputController()
15.   build() {
16.    Column() {
17.     Column(){
18.     }
19.     .height("20%")
20.     Column() {
21.      TextArea({
22.       // 未输入文字前显示的文字信息
23.       placeholder: "请输入消息",
24.       // 绑定对应的控制器
25.       controller: this.area_controller
26.      })
27.      .placeholderFont({size:16,weight:40})
28.      .width(300)
29.      .height(100)
30.      .margin(20)
31.      .fontSize(16)
32.      .fontColor('#182431')
33.      // 当 TextArea 组件内的文字改变时触发此回调
34.      .onChange((value:string) =>{
35.       // 得到输入的信息
36.       this.text = value
37.      })
```

图 5-21　TextArea 和 TextInput 示例代码效果

```
38.        // 使用 Text 组件对 TextArea 组件中显示的信息进行打印
39.        Text(this.text)
40.
41.        Button('Set caretPosition 1')
42.          .backgroundColor('#007DFF')
43.          .margin(25)
44.          .onClick(() => {
45.            // 设置光标位置到第一个字符后
46.            this.area_controller.caretPosition(1)
47.          })
48.
49.        TextInput({
50.          placeholder:'请输入邮箱'
51.          controller:this.input1_controller
52.        })
53.          .placeholderFont({size:16,weight:40})
54.          .height(40)
55.          .width('90%')
56.          .margin({top:30,bottom:15})
57.          .fontSize(16)
58.          // 设置 TextInput 单行输入文本的类型为 email
59.          .type(InputType.Email)
60.
61.        TextInput({
62.          placeholder:'请输入长度不超过9位的密码'
63.          controller:this.input2_controller
64.        })
65.          .placeholderFont({size:16,weight:40})
66.          .height(40)
67.          .margin({top:15,bottom:15})
68.          .fontSize(16)
69.          // 对密码长度进行限制
70.          .maxLength(9)
71.          .width('90%')
72.          // 设置 TextInput 单行输入文本的类型为 password
73.          .type(InputType.Password)
74.
75.          .onSubmit(() =>{
76.            hilogger.info("密码提交")
77.          })
78.
79.        }
80.        .width("100%")
81.        .height("50%")
82.        backButton()
83.      }
84.      .width("100%")
85.      .height("100%")
86.
87.    }
88.  }
```

5.4.3 Toggle 组件

Toggle 组件是一种常见的交互组件,用于在两个状态之间进行切换。它通常呈现为一个开关或按钮,用户可以通过单击或拖动来切换其状态。

Toggle 组件通常只具有两个状态，例如开/关、打开/关闭、启用/禁用等。用户通过单击或拖动 Toggle 组件来切换状态。Toggle 组件会明确显示当前状态，以便用户清楚地知道其所处的状态。通常使用不同的视觉表示，例如开关的位置、按钮的背景颜色或图标的变化等。Toggle 组件在用户进行操作时会提供相应的反馈，以告知用户其操作已被接受并更改了状态，该信息的传递可以通过 UI 界面的动画效果、颜色变化、文本提示等方式实现。

Toggle 组件在用户界面中的应用广泛，常见的场景包括设置面板中的开/关选项、应用程序的启用/禁用功能。通过使用 Toggle 组件，可以提供方便的交互方式，使用户能够快速切换特定功能或状态，从而改善用户体验和操作效率。

Toggle 组件的接口需要传入两个参数，即 type 和 isOn。type 参数为必填参数，用于指定该 Toggle 组件的开关类型，目前接受的参数类型为 ToggleType 类型，开发者可以根据需求，选择设置 Toggle 的类型为 Checkbox、Button 或 Switch 类型。isOn 参数用于控制该 Toggle 组件的初始化状态，如打开或者关闭。isOn 参数为 boolean 类型，默认为 false。

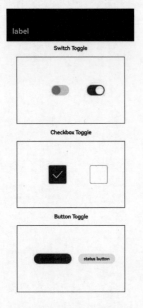

图 5-22　Toggle 组件示例代码运行效果

Toggle 组件提供两个私有属性和一个私有方法。两个私有属性分别是 selectedColor 和 switchPointColor。selectedColor 用于设置组件打开状态的背景颜色。switchPointColor 则用于设置 switch 类型的圆形滑块颜色，该设置仅对 type 为 ToggleType.Switch 生效。私有方法 onChange 则在开关状态切换时触发。

在本小节的示例代码中，build 方法中构建了多个 Toggle 组件，用于展示不同类型的 Toggle。在示例代码中，不同类型的 Toggle 组件被放置在 Row 容器组件中，并使用 Text 组件进行分隔。本小节最终实现的效果见图 5-22。

在第一个 Row 容器中放置了两个 Toggle 组件，通过参数传递的方式，将两个组件的类型指定为 ToggleType.Switch，并指定两个组件的 isOn 参数分别为 true 和 false。使用通用属性 size 对两个 Toggle 组件的大小进行设置，并使用私有属性 selectedColor 和 switchPointColor 设置组件打开状态的背景颜色以及当前类型的圆形滑块颜色。关于 switchPointColor 的设置只对当前类型生效。

在本小节的示例代码中，关于 Button 和 Switch 类型的组件的使用方式与 Switch 类型的 Toggle 组件大致相同，只是缺少了关于 switchPointColor 的设置。除此之外，对所有的 Toggle 组件均设置了 onChange 方法，该方法在组件状态改变时调用，打印输出当前 Toggle 组件的状态。

```
1.    // pages/inter/togglecmp.ets
2.    import hilogger from "../../Utils/logger"
3.    import backButton from "../../component/backButton"
4.    @Preview
5.    @Entry
6.    @Component
7.    struct Togglecmp {
8.      build(){
9.        Column(){
10.         Column(){
```

```
11.        Text('Switch Toggle').fontSize(15).margin(10)
12.        Row(){
13.          // // 设置 toggle 类型为 switch,使用 isOn 设置组件初始化时的状态
14.          Toggle({ type: ToggleType.Switch, isOn: false })
15.            .size({width:50,height:50})
16.            // 设置组件打开状态的背景颜色
17.            .selectedColor('♯007DFF')
18.            // 设置 Switch 类型的滑块颜色
19.            .switchPointColor(Color.Orange)
20.            // 当 Toggle 组件状态改变时,调用 onChange 事件
21.            .onChange((isOn: boolean) =>{
22.              hilogger.info('Toggle 状态' + isOn)
23.            })
24.            .margin(40)
25.          Toggle({ type: ToggleType.Switch, isOn: true })
26.            .size({width:50,height:50})
27.            .selectedColor('♯007DFF')
28.            .switchPointColor('♯FFFFFF')
29.            .onChange((isOn: boolean) =>{
30.              hilogger.info('Toggle 状态' + isOn)
31.            })
32.        }
33.        .justifyContent(FlexAlign.Center)
34.        .height("30%").border({width:1})
35.        .width("85%")
36.        .margin(5)
37.
38.        Text('Checkbox Toggle').fontSize(15).margin(10)
39.        Row(){
40.          // 设置 Toggle 类型为 Checkbox
41.          Toggle({type:ToggleType.Checkbox,isOn:true})
42.            .size({width:50,height:50})
43.            .selectedColor('♯007DFF')
44.            .margin(40)
45.          Toggle({type:ToggleType.Checkbox,isOn:false})
46.            .size({width:50,height:50})
47.            .selectedColor('♯007DFF')
48.        }
49.        .justifyContent(FlexAlign.Center)
50.        .height("30%").border({width:1})
51.        .width("85%")
52.        .margin(5)
53.        Text('Button Toggle').fontSize(15).margin(10)
54.        Row(){
55.          // 设置 Toggle 类型为 Button
56.          Toggle({type:ToggleType.Button,isOn:true}){
57.            Text('status button').fontColor('♯182431').fontSize(12)
58.          }.width(106)
59.            .selectedColor('♯007DFF')
60.            .margin(20)
61.          Toggle({type:ToggleType.Button,isOn:false}){
62.            Text('status button').fontColor('♯182431').fontSize(12)
63.          }.width(106)
64.            .selectedColor('♯007DFF')
65.
66.        }
67.        .justifyContent(FlexAlign.Center)
68.        .height("30%").border({width:1})
```

```
69.        .width("85%")
70.        .margin(5)
71.      }
72.        .width("100%")
73.        .height("85%")
74.      }
75.      .width("100%")
76.      .height("100%")
77.    }
78.  }
```

5.4.4 Checkbox 和 CheckboxGroup 组件

本节将介绍 Checkbox 和 CheckboxGroup 组件，它们与上一小节中提到的 Toggle 组件不同的是 Checkbox 和 CheckboxGroup 适用于较为复杂的勾选状态，可以用于处理复选框选择的相关组件。

Checkbox 组件是一个单独的复选框空间，用于表示单一的选项或者开关状态，用户可以通过单击 Checkbox 来选中或者取消选中，表示选择或取消选择某个选项。Checkbox 类似于 Toggle 组件的 Checkbox 类型，通常用于独立的选项，但 Checkbox 组件则具有一些 Toggle 组件所不具有的特有属性和事件，将在随后进行详细的介绍。

CheckboxGroup 组件是一个容器组件，它可以放置多个 Checkbox 组件，达到组合多个 Checkbox 组件的目的，并通过 CheckboxGroup 组件对这些组件进行管理。CheckboxGroup 组件允许用户选择其中一个或多个选项，当用户选择了 CheckboxGroup 中的某个 Checkbox，CheckboxGroup 会管理该 Checkbox 组件的状态和交互。

使用 Checkbox 和 CheckboxGroup 组件可以很方便地实现复选框的交互功能，提供用户选择多个选项的能力，并处理相应的状态变化。在 UI 设计中，Checkbox 和 CheckboxGroup 组件常常用于表单和设置页面，使用户能够方便地选择所需的选项，以实现更好的用户体验。

Checkbox 的接口需要传入参数 name 和 group，参数 name 用于指定当前 checkbox 多选框的名称，group 用于指定多选框群组的名称。CheckboxGroup 组件仅接收一个参数 group，用于指定多选框群组名称。

Checkbox 组件拥有两个私有属性和一个私有事件，私有属性 select 用于设置多选框是否被选中，selectedColor 则用于设置多选框被选中时的颜色。selectedColor 属性在 CheckboxGroup 组件中同样使用，而 select 属性在 CheckboxGroup 组件中被替换为 selectAll 属性，用于设置该组件初始化时是否全部选中。

私有事件 onChange 在 Checkbox 和 CheckboxGroup 组件中同样适用，该事件在 Checkbox 或 CheckboxGroup 组件状态改变时触发回调。

在本小节的示例代码中，将展示 Checkbox 和 CheckboxGroup 的基本使用方式，Checkbox 组件通常和 CheckboxGroup 组件一起使用，CheckboxGroup 组件负责将各个 Checkbox 组件的状态进行集中管理。在以下示例代码中，先单独展示 Checkbox 的使用方式，然后再结合 CheckboxGroup 进行展示。

在第一个部分展示了两个独立的 Checkbox 组件，通过 Checkbox 组件创建两个 Checkbox，并使用 name 为两个组件指定名称。使用 select 属性初始化这两个 Checkbox 组件为选中状态。使用 selectedColor 为两个 Checkbox 组件设置不同的选中颜色，并利用

onChange 回调函数监听 Checkbox 的状态改变。

第二个部分展示了使用 CheckboxGroup 管理多个 Checkbox 组件的方法。首先使用 CheckboxGroup 组件创建一个 CheckboxGroup，并传入 group 参数，该参数用于指定当前 Group 组件与其他 Checkbox 组件属于同一分组。除了参数传递外，也使用了 selectedColor 属性为 CheckboxGroup 组件设置了框选时的颜色，并通过 onChange 事件监听 CheckboxGroup 组件中 Checkbox 的状态改变事件，并打印选中的 Checkbox 的名称和状态。

在 CheckboxGroup 组件中使用了多个 Checkbox 组件，并在 Checkbox 组件的参数传递过程中加入了 group 参数的传递，该参数用于指定分组名称。最终本小节实现的代码效果如图 5-23 所示。

图 5-23　Checkbox 和 CheckboxGroup 组件运行效果

```
1.   // pages/inter/checkboxcmp.ets
2.   import backButton from "../../component/backButton"
3.   @Preview
4.   @Entry
5.   @Component
6.   struct Checkboxcmp {
7.    build(){
8.     Scroll(){
9.      Column(){
10.      Text('Checkbox').margin(10).height(50).fontSize(15)
11.      // 在 Row 组件中定义两个 Checkbox 组件
12.      Row(){
13.       Checkbox({name:'checkbox1'})
14.        // 初始化该组件为已被选中状态
15.        .select(true)
16.        // 设置选中时颜色
17.        .selectedColor(0xed6f21)
18.        .margin(50)
19.        .onChange((value:boolean) =>{
20.         console.info('Checkbox1 change is' + value)
21.        })
22.       Checkbox({name:'checkbox2'})
23.        .select(true)
24.        .selectedColor('#007DFF')
25.        .margin(50)
26.        .onChange((value:boolean) =>{
27.         console.info('Checkbox2 change is' + value)
28.        })
29.
30.      }
31.      Text('Checkbox and CheckGroup').margin(10).height(50).fontSize(15)
32.      Row(){
33.       CheckboxGroup({ group: 'checkboxGroup' })
34.        .selectedColor('#007DFF')
35.        .size({width:14,height:14})
36.        .onChange((itemName: CheckboxGroupResult) => {
37.         console.info("checkbox group content" + JSON.stringify(itemName))
```

```
38.      })
39.      Text('Select All').fontSize(14).lineHeight(20).fontColor('#182431').fontWeight(500)
40.    }
41.
42.    Row(){
43.     Checkbox({ name: 'checkbox1', group: 'checkboxGroup' })
44.       .selectedColor('#007DFF')
45.       .size({width:14,height:14})
46.       .onChange((value: boolean) => {
47.        console.info('Checkbox1 change is' + value)
48.       })
49.      Text('Checkbox1').fontSize(14).lineHeight(20).fontColor('#182431').fontWeight(500)
50.     }
51.     .margin({left:36})
52.
53.    Row(){
54.     Checkbox({ name: 'checkbox2', group: 'checkboxGroup' })
55.       .selectedColor('#007DFF')
56.       .size({width:14,height:14})
57.       .onChange((value: boolean) => {
58.        console.info('Checkbox1 change is' + value)
59.       })
60.      Text('Checkbo21').fontSize(14).lineHeight(20).fontColor('#182431').fontWeight(500)
61.     }
62.     .margin({left:36})
63.
64.    Row(){
65.     Checkbox({ name: 'checkbox3', group: 'checkboxGroup' })
66.       .selectedColor('#007DFF')
67.       .size({width:14,height:14})
68.       .onChange((value: boolean) => {
69.        console.info('Checkbox1 change is' + value)
70.       })
71.      Text('Checkbox3').fontSize(14).lineHeight(20).fontColor('#182431').fontWeight(500)
72.     }
73.     .margin({left:36})
74.    }
75.   }
76.  }
77. }
```

5.4.5 Search 组件

在 HarmonyOS 开发中，Search 组件是一个常用的搜索框组件，用于在应用程序中实现搜索功能。它通常呈现为一个输入框，用户可以在其中输入搜索关键字，然后触发搜索操作。

用户可以在 Search 组件上通过键盘或其他输入设备输入文本，并通过单击按钮来实现搜索的操作。Search 组件除了提供交互界面以外，还提供了不同的回调函数用于数据的传递，当用户单击搜索按钮、按下回车键或搜索框中的文本改变时，可以触发相应的回调函数来处理搜索逻辑。

Search 组件包含四个参数，分别是 value、placeholder、icon 和 controller，value、placeholder 和 icon 的参数类型均为 string，controller 的参数类型为 SearchContoller。value 用于表示搜索文本值，placeholder 用于展示无输入时的提示文本，icon 用于指定搜索

图标的路径，默认使用系统搜索图标。而 controller 则用于绑定已导入的控制器。

Search 组件包含四个私有属性和五个私有事件，详细的介绍见表 5-11 和表 5-12。

表 5-11　Search 组件的私有属性

名　　称	参 数 类 型	描　　述
searchButton	string	搜索框末尾搜索按钮文本值，默认无搜索按钮
placeholderColor	ResourceColor	设置无输入时提示文本的颜色
placeholderFont	Font	设置无输入时提示文本的文字样式
textFont	Font	设置搜索框内文本样式

通过 Font 参数可以设置文本尺寸、文本字体的粗细、文本的字体列表和字体样式等文本属性。

表 5-12　Search 组件的私有事件

名　　称	功 能 描 述
onSubmit()	单击搜索图标、搜索按钮或者按下软键盘搜索按钮时触发
onChange()	当输入内容开始改变时触发
onCopy()	组件触发系统剪切板复制操作
onCut()	组件触发系统剪切板剪切操作
onPaste()	组件触发系统剪切板粘贴操作

接下来，在本小节的示例代码中展示了 Search 组件的具体使用方法，首先在 build 函数外导入一个类型为 SearchController 的控制器。在 build 函数内，定义两个 Text 组件，这两个 Text 用于显示 onSubmit 和 onChange 事件的回调结果，以便显示 Search 组件的输入变化和搜索按钮的提交值。

接下来使用 Search 创建一个搜索框组件，用 value 属性绑定 changevalue 变量，用于显示搜索框中的内容。用 placeholder 设置无文本键入时搜索框的文字显示"Type to search…"。用 controller 绑定导入的控制器实例用于控制 search 组件的行为。使用 searchButton 方法设置搜索按钮的文本为"search"。除了对 Search 组件私有属性的设置外，还使用了组件的通用属性对 Search 组件的尺寸、背景颜色、文本颜色和字体样式等进行了设置。通过使用 onSubmit 和 onChange 方法分别设置搜索框的提交时间和输入变化事件的回调函数，当搜索框中的文本发生变化时，会触发 onChange 回调，更新 changeValue 的值，当用户单击搜索按钮或按下回车键时，会触发 onSubmit 回调，更新 submitValue 的值。

除此之外，还使用了 Button 组件创建一个按钮，在该按钮的单击事件中设置 this.controller.caretPosition(0)。当按钮被单击时，会利用 Search 组件的控制器将 Search 组件的光标移动至 0 位置。最终本小节实例代码效果如图 5-24 所示。

图 5-24　Search 组件示例代码运行效果

```
1.  // pages/inter/searchcmp.ets
2.  import router from '@ohos.router';
3.  import backButton from "../../component/backButton"
4.
5.  @Preview
6.  @Entry
7.  @Component
```

```
8.   struct Searchcmp {
9.     @State changeValue: string = '';
10.    @State submitValue: string = '';
11.    // 导入新的控制器
12.    controller: SearchController = new SearchController()
13.
14.    build() {
15.     Column() {
16.      // 用于显示当search按钮被按下时文本框的内容
17.      Text('onSubmit:' + this.submitValue)
18.        .fontSize(18)
19.        .margin(15)
20.        .fontWeight(2)
21.      // 用于显示文本框中每次输入变化时的内容
22.      Text('onChange:' + this.changeValue)
23.        .fontSize(18)
24.        .margin(15)
25.        .fontWeight(2)
26.      Search({ value: this.changeValue, placeholder: 'Type to search...', controller: this.controller })
27.        .searchButton('search')
28.        .width('90%')
29.        .height(40)
30.        .backgroundColor(Color.White)
31.        .placeholderColor(Color.Gray)
32.        .placeholderFont({ size: 14, weight: 400 })
33.        .textFont({ size: 14, weight: 400 })
34.        .onSubmit((value: string) => {
35.         this.submitValue = value;
36.        })
37.        .onChange((value: string) => {
38.         this.changeValue = value
39.        })
40.        .margin(20)
41.      Button('set createPosition 0')
42.        .onClick(() => {
43.         this.controller.caretPosition(0)
44.        })
45.
46.     }
47.     .width("100%")
48.     .height("100%")
49.
50.    }
51.   }
```

5.5 高级组件

经过展示组件和交互组件两章节的介绍,读者已经能够了解到大部分常用的组件,本节将介绍三个功能强大的高级组件：ScrollBar 组件(滚动条)、TimePicker(时间选择器)和 DataPicker(日期选择器)。这些组件在 HarmonyOS 开发中具有重要的作用,可以为 UI 界面展示更为丰富、更加灵活的功能和交互体验。

首先,本节将深入探讨 ScrollBar 组件。滚动条是一种常见且实用的用户界面组件,用于处理超出屏幕显示范围的内容。无论是在长列表中浏览数据,还是在拥有大量文本内容的文本区域中滚动,ScrollBar 都能让用户轻松进行交互和导航。本节将学习如何配置和定制 ScrollBar,以满足不同场景的需求。

接着,将介绍 TimePicker 组件。时间选择器是一个常见的用户界面组件,用于允许用户选择特定的时间。无论是预约会议时间还是设置闹钟提醒,TimePicker 都为用户提供了直观且方便的时间选择方式。接下来的内容将探讨 TimePicker 的用法和配置,以及如何处理用户选择的时间数据。

最后,将探索 DataPicker 组件。日期选择器是另一个重要的高级组件,允许用户选择日期和日期范围。无论是创建日程安排还是选择生日,DataPicker 为用户提供了简单易用的日期选择功能。读者将深入了解 DataPicker 的用法和配置,并学习如何处理用户选择的日期数据。

本章将介绍这些高级组件的使用和配置方法,并提供实用的示例代码,帮助读者快速应用它们到应用程序中。无论是刚入门 HarmonyOS 开发,还是已经有一定经验的开发者,本章内容都将为读者提供有价值的知识和实践经验。

5.5.1 ScrollBar 组件

ScrollBar 组件是一个常用的用户界面组件,用于处理超出屏幕显示范围的内容,例如长列表、文本区域等。它通常以垂直或水平的形式显示在屏幕的一侧或底部,允许用户通过拖动滑块来浏览内容。ScrollBar 组件在用户交互和导航方面具有重要的作用,为用户提供了更好的浏览体验。

滚动条组件 ScrollBar 需要有用于配合的滚动组件共同使用,例如 List、Grid、Scroll 等。ScrollBar 在使用时没有私有方法和私有属性需要设置,但 ScrollBar 在使用时需要传入三个参数,第一个参数为 scroller,该参数为必填参数,用于与可滚动组件进行绑定;参数 direction 与 state 为非必填参数,direction 参数用于设置滚动条的方向,控制可滚动组件对应方向的滚动,state 参数则用于设置滚动条状态。

Scroller 组件负责定义可滚动区域的行为样式,而其子节点负责定义滚动条的行为样式。滚动条组件与可滚动组件通过 Scroller 进行绑定,当两者方向相同时才可以联动,ScrollBar 与可滚动组件仅支持一对一绑定。

如下所示为本节的示例代码,在 build 函数外导入了一个控制器 scroller 和一个 number 类型的数组 arr。在 build 函数中放置了 Stack 组件,在 Stack 组件中放置一个 scroll 组件,并为该组件绑定事先声明的 scroller 控制器,在 scroll 组件中使用 ForEach 循环渲染出 arr 数组中的数字。scroll 组件的滑动方向设置为 Vertical,该设置需要与随后放置的 SrollBar 组件的滑动方向保持一致。

随后将 ScrollBar 组件设置为垂直方向,与 scroller 相关联,并设置 state 参数为 BarState.Auto,表示自动显示滚动条。在 ScrollBar 组件中放置一个子组件 Text,但不为其设置显示文本,只设置大小、颜色和倒角等属性,该组件用于显示滑块。

```
1.    // pages/pro/scrollbarcmp.ets
2.    @Entry
3.    @Component
4.    struct Scrollbarcmp {
```

```
5.     // 导入 scroller 组件的控制器
6.     private scroller: Scroller = new Scroller()
7.     private arr: number[] = [0, 1, 2, 3, 4, 5, 6, 7, 8, 9]
8.
9.     build() {
10.      Column() {
11.       Stack({ alignContent: Alignment.End }) {
12.        Scroll(this.scroller) {
13.         Flex({ direction: FlexDirection.Column }) {
14.          // 遍历 arr 数组,循环渲染 Text 文本组件
15.          ForEach(this.arr, (item) => {
16.           Row() {
17.            Text(item.toString())
18.             .width('90%')
19.             .height(100)
20.             .backgroundColor('#3366CC')
21.             .borderRadius(15)
22.             .fontSize(16)
23.             .textAlign(TextAlign.Center)
24.             .margin({ top: 5 })
25.           }
26.          }, item => item)
27.         }.margin({ left: 52 })
28.        }
29.        .scrollBar(BarState.Off)
30.        // 设置 scroll 组件的滑动方向为 Vertical
31.        .scrollable(ScrollDirection.Vertical)
32.        // 放置 ScrollBar 组件,绑定至组件 scroller 控制器
33.        // 并设置 ScrollBar 组件的方向
34.        ScrollBar({ scroller: this.scroller, direction: ScrollBarDirection.Vertical,
           state: BarState.Auto }) {
35.         Text()
36.          .width(30)
37.          .height(100)
38.          .borderRadius(10)
39.          .backgroundColor('#C0C0C0')
40.        }.width(30).backgroundColor('#ededed')
41.       }
42.      }
43.     }
44.    }
```

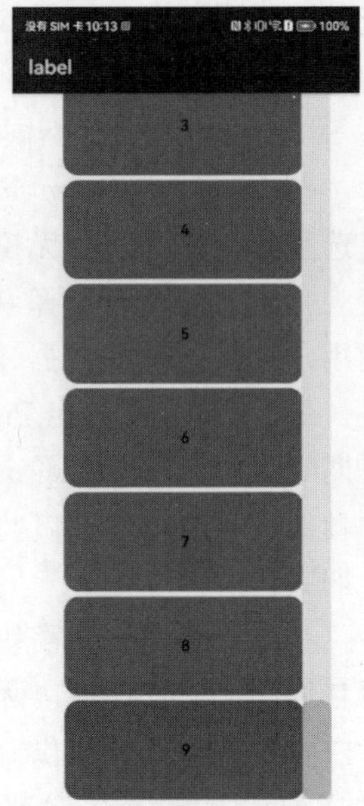

图 5-25 ScrollBar 组件示例代码运行效果

5.5.2 TimePicker 组件

TimePicker 组件是 HarmonyOS 中的时间选择器组件,用于方便用户选择特定的时间。该组件通常用于需要用户选择特定时间的场景,比如设置闹钟、日程提醒等功能。TimePicker 组件提供了一个用户友好的界面,可以通过滚动选择小时和分钟,从而选择所需的时间。

TimePicker 组件仅有一个私有属性和一个私有事件。私有属性 useMilitaryTime 负责设置展示时间是否为 24 小时制,默认情况下设置为 false。私有事件 onChange 在选择时间时触发。

初始化 TimePicker 时可以选择传入参数 selected,该参数类型为 Date 类型,用于设置选中项的时间。

关于 TimePicker 的使用方式较为简单,唯一需要注意的是关于 useMilitaryTime 的设置,这点根据开发者的具体开发场景去设置即可。在本小节的示例代码中,在两个 Row 组件中分别放置了两个 TimePicker 组件,除了 useMilitaryTime 设置方式以外,其余设置都相同。当 useMilitaryTime 被设置为 false 时设置展示时间为 12 小时制,TimePicker 组件会展示出如图 5-26 下方组件所展示出的效果。

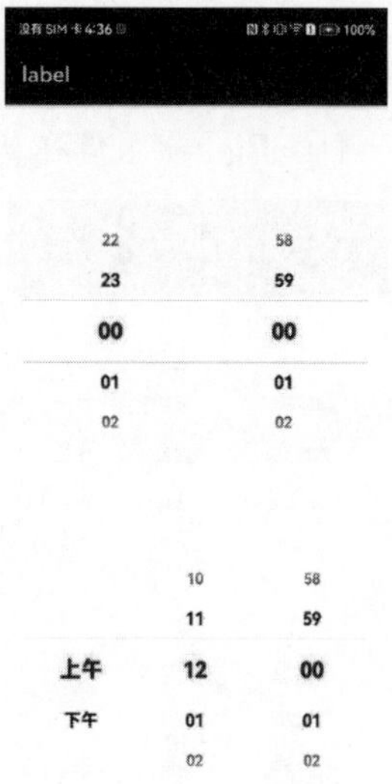

```
1.   // pages/pro/timepickcmp.ets
2.   @Entry
3.   @Component
4.   struct Timepickcmp {
5.     private selectedTime1: Date = new Date('7/22/2023 23:00:00')
6.     private selectedTime2: Date = new Date('7/22/2023 08:00:00')
7.     build() {
8.       Row() {
9.         Column() {
10.          Row(){
11.            TimePicker({
12.              selected: this.selectedTime1,
13.            })
14.            // 显示为 24 小时制
15.            .useMilitaryTime(true)
16.            .onChange((date:TimePickerResult) =>{
17.              console.info('select1 current date is:' + JSON.stringify(date))
18.            })
19.          }.margin(10)
20.          .width('90%')
21.          .height('40%')
22.          Row(){
23.            TimePicker({
24.              selected: this.selectedTime2,
25.            })
26.            // 显示为非 24 小时制
27.            .useMilitaryTime(false)
28.            .onChange((date:TimePickerResult) =>{
29.              console.info('select2 current date is:' + JSON.stringify(date))
30.            })
31.          }.margin(10)
32.          .width('90%')
33.          .height('40%')
34.        }
35.        .width('100%')
36.      }
37.      .height('100%')
38.    }
39.  }
```

图 5-26 TimePicker 组件示例运行效果

5.5.3 DatePicker 组件

DatePicker 组件是 HarmonyOS 中的日期选择器组件,用于方便用户选择特定的日期。该组件通常用于需要用户选择特定日期的场景,比如设置日程、选择生日等功能。DatePicker 组件提供了一个用户友好的界面,可以通过滚动选择年、月和日,从而选择所需的日期。用户可以通过单击"确定"按钮来确认所选日期,也可以通过单击"取消"按钮来取消选择。

DatePicker 组件在初始化时可以选择 start、end 和 selected 参数传入,这三个参数均为非必填参数,参数类型为 Date 类型。start 参数用于指定选择器的起始日期,end 用于指定选择器的结束日期,selected 参数则用于设置选中项的日期。

DatePicker 组件仅有一个私有属性 lunar,lunar 用于设置日期是否显示农历,接受的参数类型为 boolean,默认值为 false。DatePicker 也提供了一个事件 onChange,该事件在选择日期时触发,开发者可以在 onChange 事件中,通过 DatePickerResult 对象获取 year、month 和 day 等信息。

在本小节的示例代码中,在容器中放置了两个 DatePicker 组件,初始化 DatePicker 时,传入的参数 start 和 end 可以省略,省略情况下 start 的默认值为 Date('1970-1-1'),end 的默认值为 Date('2100-12-31'),与传入的参数相同,这里展开只是为了给读者展示参数传入的方式。selected 参数同样为可以省略的参数,省略情况下则显示当前系统的日期。通用属性的设置基本相同,但为两个 DatePicker 组件的 lunar 属性进行了不同设置,最终展示出的效果如图 5-27 所示,第一个 DatePicker 组件的 lunar 属性被设置为 true,最终得到了农历日历效果进行展示。

图 5-27 DatePicker 组件实例代码运行效果

```
1.  // pages/pro/datapickcmp.ets
2.  @Entry
3.  @Component
4.  struct Datepickcmp {
5.    private selectedDate: Date = new Date('2023-08-08')
6.    build(){
7.      Column(){
8.        Row(){
9.          DatePicker({start: new Date('1970-1-1'),end: new Date('2100-12-31'),selected:this.selectedDate})
10.         // 设置为显示农历
11.         .lunar(true)
12.         .onChange((value:DatePickerResult) =>{
13.           this.selectedDate.setFullYear(value.year,value.month,value.day)
14.           console.info('select curent data is :' + JSON.stringify(value))
15.         })
16.       }.width('90%')
17.       .height('40%')
18.
19.       Row(){
20.         DatePicker({start: new Date('1970-1-1'),end: new Date('2100-12-31'),selected:this.selectedDate})
21.         // 不显示农历
22.         .lunar(false)
23.         .onChange((value:DatePickerResult) =>{
24.           this.selectedDate.setFullYear(value.year,value.month,value.day)
25.           console.info('select curent data is :' + JSON.stringify(value))
26.         })
```

```
27.        }.width('90%')
28.         .height('40%')
29.       }.height('100%')
30.       .width('100%')
31.     }
32.   }
```

5.5.4　Web 组件

在移动应用中,许多场景会跳转到一个类似浏览器加载的界面,在加载完成后,才显示这个页面的具体内容,这个加载和显示网页的过程通常都是在浏览器中进行的任务。ArkUI 为开发者提供了 Web 组件来加载网页,借助它就相当于在当前应用程序里嵌入一个浏览器,从而非常轻松地展示各个需要跳转的链接。

Web 组件的使用非常简单,只需要在 Page 目录下的 ArkTS 文件中配置一个 Web 组件,并在 Web 组件中传入参数 src 指定引用的网页路径,controller 为组件的控制器,通过控制前绑定 Web 组件实现对 Web 组件的控制。

通过对 src 路径的设置,可以设置加载在线网页或者本地网页的路径。如果需要对在线网页访问,需要在配置文件中添加网络请求限:ohos.permission.-INTERNET。

如果要使用 Web 组件加载本地网页,首先在 main/resources/rawfile 目录下创建一个 HTML 文件,然后通过 $rawfile 引用本地网页资源。

有些网页可能不能很好地适配手机屏幕,需要对该网页进行缩放才能在手机上展示出较为合适的效果,开发者可以根据需要给 Web 组件设置 zoomAccess 属性,zoomAccess 用于设置是否支持手势进行缩放,默认允许执行缩放。如果选择对文本进行缩放,可以使用 textZoomAtio 方法。其中 text-ZoomAtio 用于设置页面的文本缩放百分比,默认值为 100,表示 100%。本小节示例代码如下所示。

图 5-28　Web 组件实例代码运行效果

```
1.  // pages/pro/webcomponent
2.  @Entry
3.  @Component
4.  struct Webcomponent {
5.    controller: WebController = new WebController();
6.
7.    build() {
8.      Column() {
9.        Web({ src: 'https://www.baidu.com/', controller: this.controller })
10.         // 页面缩放
11.         .zoomAccess(true)
12.         // 文本缩放
13.         .textZoomAtio(150)
14.
15.       }
16.     }
17.   }
```

5.5.5　Video 组件

在手机、平板或智慧电脑这些终端设备上，媒体功能可以算作最常用的场景之一。无论是实现音频的播放、录制、采集，还是视频的播放、切换、循环，抑或是相机的预览、拍照等功能，媒体组件都是必不可少的。以视频功能为例，在应用开发过程中，开发者需要通过 ArkUI 提供的 Video 组件为应用增加基础的视频播放功能。借助 Video 组件，就可以实现视频的播放功能并控制其播放状态。常见的视频播放场景包括观看网络上的视频，也包括查看存储在本地的视频内容。

Video 组件包含四个可选参数，即 src、currentProgressRate、previewUrl 和 controller。

src 表示视频播放源的路径，可以支持本地视频路径和网络路径。使用网络地址，需要在配置文件中申请网络权限。使用本地资源播放时可以使用媒体库管理模块 medialibrary 来查询公共媒体库中的视频文件。

currentProgressRate 表示视频播放倍速，其参数类型为 number，取值支持 0.75,1.0,1.25,1.75,2.0，默认值为 1.0 倍速。

previewUri 表示视频未播放时的预览图片路径，controller 表示视频控制器。目前 Video 组件支持的视频格式是 mp4、mkv、webm、TS。

Video 除了通用属性外，提供了五个属性来支持对视频播放的设置。muted 属性用于设置该视频是否静音，autoplay 用于设置是否自动播放，controls 用于空值视频播放的控制栏是否显示，loop 用于设置是否单个视频循环播放。objectFit 接受一个 ImageFit 类型的参数用于设置视频显示模式。本小节关于 video 组件的示例代码如下所示。

```
1.    // pages/pro/videocomponent.ets
2.    @Entry
3.    @Component
4.    struct VideoCreateComponent {
5.      @State videoSrc: Resource =  $ rawfile('video1.mp4')
6.      @State previewUri: Resource =  $ r('app.media.poster1')
7.      @State curRate: PlaybackSpeed = PlaybackSpeed.Speed_Forward_1_00_X
8.      @State isAutoPlay: boolean = false
9.      @State showControls: boolean = true
10.     controller: VideoController = new VideoController()
11.
12.     build() {
13.      Column() {
14.       Video({
15.        src: this.videoSrc,
16.        previewUri: this.previewUri,
17.        currentProgressRate: this.curRate,
18.        controller: this.controller
19.       }).width('100 % ').height(600)
20.        .autoPlay(this.isAutoPlay)
21.        .controls(this.showControls)
22.        .onStart(() => {
23.         console.info('onStart')
24.        })
25.        .onPause(() => {
26.         console.info('onPause')
27.        })
28.        .onFinish(() => {
```

```
29.         console.info('onFinish')
30.       })
31.       .onError(() => {
32.         console.info('onError')
33.       })
34.       .onPrepared((e) => {
35.         console.info('onPrepared is ' + e.duration)
36.       })
37.       .onSeeking((e) => {
38.         console.info('onSeeking is ' + e.time)
39.       })
40.       .onSeeked((e) => {
41.           console.info('onSeeked is ' + e.time)
42.       })
43.       .onUpdate((e) => {
44.           console.info('onUpdate is ' + e.time)
45.       })
46.
47.       Row() {
48.         Button('src').onClick(() => {
49.           this.videoSrc = $rawfile('video2.mp4')          // 切换视频源
50.         }).margin(5)
51.         Button('previewUri').onClick(() => {
52.           this.previewUri = $r('app.media.poster2')       // 切换视频预览海报
53.         }).margin(5)
54.         Button('controls').onClick(() => {
55.           this.showControls = !this.showControls          // 切换是否显示视频控制栏
56.         }).margin(5)
57.       }
58.
59.       Row() {
60.         Button('start').onClick(() => {
61.           this.controller.start()                         // 开始播放
62.         }).margin(5)
63.         Button('pause').onClick(() => {
64.           this.controller.pause()                         // 暂停播放
65.         }).margin(5)
66.         Button('stop').onClick(() => {
67.           this.controller.stop()                          // 结束播放
68.         }).margin(5)
69.         Button('setTime').onClick(() => {
70.           this.controller.setCurrentTime(10, SeekMode.Accurate)  // 精准跳转到视频的10s位置
71.         }).margin(5)
72.       }
73.
74.       Row() {
75.         Button('rate 0.75').onClick(() => {
76.           this.curRate = PlaybackSpeed.Speed_Forward_0_75_X   // 0.75倍速播放
77.         }).margin(5)
78.         Button('rate 1').onClick(() => {
79.           this.curRate = PlaybackSpeed.Speed_Forward_1_00_X   // 原倍速播放
80.         }).margin(5)
81.         Button('rate 2').onClick(() => {
82.           this.curRate = PlaybackSpeed.Speed_Forward_2_00_X   // 2倍速播放
83.         }).margin(5)
84.       }
85.     }
86.   }
87. }
```

5.6 本章小结

本章详细介绍了 HarmonyOS 应用程序开发中的三类组件：展示组件、交互组件和高级组件。这些组件在应用程序开发中起着重要的作用，帮助开发者构建用户界面、处理用户交互以及实现更复杂的功能。

在展示组件部分，读者深入了解了 HarmonyOS 提供的常见展示组件，如 Text、Image、TextClock、Navigation 和 Progress。这些组件能够在应用程序中显示文本、图像、时钟等内容，并提供了界面布局和导航功能的支持，使得用户界面更加丰富多彩。在交互组件部分，介绍了 HarmonyOS 的交互组件，如 Button、Checkbox、Toggle 和 Search。这些组件赋予应用程序与用户进行交互的能力，包括按钮单击、复选框选择、开关切换以及搜索功能，从而增强了应用的用户体验和互动性。在高级组件部分，读者了解了一些更复杂和功能强大的组件，如 ScrollBar、TimePicker、DatePicker、Video 等。这些组件允许开发者实现更高级的功能，如滚动内容、选择时间和日期等，为应用程序增加更多实用的特性，提供了更灵活的交互和操作方式。

通过本章的学习，开发者可以更好地掌握 HarmonyOS 应用程序开发中常用组件的用法和示例代码。结合不同组件的组合和定制，开发者可以灵活地打造用户界面，实现丰富多样的功能需求，为用户提供更出色的应用体验。

在未来的应用程序开发中，建议开发者继续深入研究 HarmonyOS 提供的组件文档和示例代码，以更深入地了解组件的功能特性和使用方法。通过不断地练习和实践，开发者可以逐渐熟练掌握 HarmonyOS 的组件和开发技巧，打造出更吸引人、功能完善的应用程序，为用户创造更优秀的使用体验。

5.7 课后习题

1. 以下哪种属性设置用于调整 UI 组件的透明度？（　　）
   A. 边框设置　　B. 尺寸设置　　C. 背景设置　　D. 透明度设置
2. 以下哪个事件用于在 UI 组件被用户触摸时触发？（　　）
   A. 单击事件　　B. 挂载事件　　C. 触摸事件　　D. 拖曳事件
3. 下列哪种组件用于显示当前时间？（　　）
   A. Text 组件　　B. Image 组件　　C. TextClock 组件　　D. Navigation 组件
4. 在高级组件中，哪个组件用于选择日期？（　　）
   A. TimePicker 组件　　　　　　　　B. DatePicker 组件
   C. ScrollBar 组件　　　　　　　　　D. web 组件
5. UI 组件的通用属性包括像素单位、尺寸设置、位置设置、_____、背景设置和透明度设置。
6. 在鸿蒙系统中，单击事件是组件的通用事件之一，当用户单击组件时，会触发_____。
7. 交互组件中的_____组件用于接收用户输入的文本。
8. 在高级组件中，_____组件用于在页面上嵌入和显示网页内容。

9. 解释鸿蒙系统中 UI 组件的通用属性,包括像素单位、尺寸设置和位置设置,并举例说明如何应用这些属性。

10. 介绍鸿蒙系统中 UI 组件的通用事件,并举例说明单击事件和触摸事件的使用方法。

11. 请描述 Text 组件和 Image 组件的主要功能,并分别举例说明它们的基本用法。

12. 说明 ScrollBar 组件和 DatePicker 组件的用途,并举例展示它们的基本使用方法。

第6章

容器组件

本章将深入探讨 HarmonyOS 应用程序开发中的容器组件,这些组件在构建界面布局和管理子组件方面发挥着关键的作用。容器组件是构建华丽界面和实现复杂交互的基石,为开发者提供了强大的工具来实现创意和创新性的应用。

本章将逐个介绍 Row、Column、Stack、List、Scroll、Grid、GridItem、Swiper 和 Tabs 组件的特点、用法以及常见应用场景。这些组件不仅让开发者能够灵活地排列、组合和管理界面元素,还能为用户带来更加出色的应用体验。无论读者的应用是简约、直观还是华丽多彩,这些容器组件都能帮助读者实现所期待的视觉效果和交互效果。

无论读者是初学者还是有一定经验的开发者,本章都将为读者提供深入而全面的指导。本章将通过实用的代码示例和最佳实践,帮助读者更快速地上手和应用这些容器组件。从简单的布局到复杂的滚动效果,本章将带读者掌握如何优雅地组织界面结构,提高应用的可用性和吸引力。

6.1 Row 组件

Row 组件是 HarmonyOS 应用程序开发中的一种布局组件,它用于在水平方向上排列子组件。在 UI 设计中,Row 组件常用于创建水平方向的布局,使多个子组件在一行内水平排列。

Row 组件可水平排列多个子组件,根据子组件的大小和布局方式,自动调整子组件在一行内的位置。开发者可以在 Row 组件中使用各种展示组件、交互组件和高级组件,以实现复杂的布局和功能。

Row 组件在使用时可以传入一个参数 space,该参数用于控制 Row 组件内部元素之间的间隔距离。Row 组件提供了两个私有属性,如表 6-1 所示,这两个属性用于控制的对齐和排布格式。

表 6-1 Row 组件的私有属性

名称	参数类型	默认值	描述
alignItems	VerticalAlign	VerticalAlign.Center	设置在垂直方向上的子组件的对齐格式
justifyContent	FlexAlign	FlexAlign.Start	设置子组件在水平方向上的对齐格式

Row 组件内的元素可以在水平方向上按照一定的规则进行排列,alignItems 属性用于控制 Row 组件内部的子组件在竖直方向上的排布方式,该属性提供了三种可选择的排布方

式，VerticalAlign.Top 设置子组件在 Row 组件内部顶端对齐，VerticalAlign.Center 设置居中对齐，该设置也是 alignItems 的默认值，VerticalAlign.Bottom 则设置子组件在 Row 组件内部底部对齐。

Row 组件内的元素默认排列方向为水平方向上，可以认为水平方向为 Row 组件内部元素排列的主轴。要对 Row 主轴上的排列方式进行设置则需要借助私有属性 justifyContent，该属性的传入参数类型为 FlexAlign，关于 FlexAlign 参数的说明可以见表 6-2。

表 6-2　Vertical 类型参数说明

名称	描述
Start	元素在主轴方向首端对齐，第一个元素与行首对齐，同时后续的元素与前一个对齐
Center	元素在主轴方向中心对齐，第一个元素与行首的距离和最后一个元素与行尾距离相同
End	元素在主轴方向尾部对齐，最后一个元素与行尾对齐，其他元素与后一个对齐
SpaceBetween	Flex 主轴方向均匀分配弹性元素，相邻元素之间距离相同。第一个元素与行首对齐，最后一个元素与行尾对齐
SpaceAround	Flex 主轴方向均匀分配弹性元素，相邻元素之间距离相同。第一个元素到行首的距离和最后一个元素到行尾的距离是相邻元素之间距离的一半
SpaceEvenly	Flex 主轴方向均匀分配弹性元素，相邻元素之间的距离、第一个元素与行首的间距、最后一个元素到行尾的间距都完全一样

接下来进入本节示例代码的讲解。在本节的示例代码中，使用五个 Row 组件，为每个 Row 组件设置了不同的私有属性，通过私有属性设置的差异，展示出不同属性设置对 Row 组件内部排列方式的影响。在每个 Row 组件中放置了两个 Row 组件作为子组件，并对这两个子组件设置了相同尺寸和不同的背景颜色加以区分。

示例代码中，通过 space 属性设置 Column 组件内部不同 Row 组件之间的间距，对第一个 Row 容器组件没有做任何私有属性的设置，此时 alignItems 和 justifyContent 属性均为默认值。

在第二个 Row 组件和第三个 Row 组件中，对 alignItems 属性进行了不同的设置，分别设置为 VerticalAlign.Top 和 VerticalAlign.End，可以看到第二和第三个 Row 容器组件中子组件在竖直方向上的排列方式与默认值 VerticalAlign.Center 之间的差异。

第四和第五个 Row 组件则展示了关于 justifyContent 属性的设置，justify-Content 属性设置了子组件在 Row 组件内部的排列方式，默认为 Start 即左端起始。为第四和第五个 Row 组件设置了 Center 和 End，使得 Row 组件内部的元素在水平方向上居中或者右对齐显示。

最后是 Space 属性的设置，这里只对第一个 Row 组件进行了 Space 属性的设置，因此，只有首个 Row 组件内部元素之间被一定的距离间隔开。示例中其余 Row 组件没有设置该属性则子组件之间没有间隔距离。通过对 Row 组件内部元素设置 margin 属性似乎也可以达到相同的效果，但需要对 margin 的细节展开具体设置。space 属性仅针对组件内部子组件之间的距离，并不包含组件本身和子组件的距离。而 margin 属性的设置对以上所有距离一视同仁，若要达到相同效果则需要对上下左右四个方向的边框分别展开设置。

```
1.    // pages/containers_row
2.    import router from '@ohos.router'
3.    @Entry
```

```
4.    @Component
5.    struct Containers_row {
6.     build() {
7.      Column({ space: 5 }) {
8.       //space 属性
9.       Text('space').fontSize(15).fontColor('#000')
10.        .width("90%").margin(10)
11.       Row({ space: 5 }) {
12.        Row()
13.         .width('30%').height(50)
14.         .backgroundColor(0xAFEEEE)
15.        Row()
16.         .width('30%').height(50)
17.         .backgroundColor(0x00FFFF)
18.       }.width("90%").height(107).border({ width: 2 })
19.
20.       //alignItems 属性的展示及不同参数设置的效果
21.       Text('alignItems(Top)').fontSize(15).fontColor('#000')
22.        .margin(10).width("90%")
23.       Row() {
24.        Row()
25.         .width('30%').height(50)
26.         .backgroundColor(0xAFEEEE)
27.        Row()
28.         .width('30%').height(50)
29.         .backgroundColor(0x00FFFF)
30.       }.alignItems(VerticalAlign.Top).height("15%").border({ width: 2 })
31.
32.       Text('alignItems(Bottom)').fontSize(15).fontColor('#000')
33.        .margin(10).width("90%")
34.       Row() {
35.        Row()
36.         .width('30%').height(50)
37.         .backgroundColor(0xAFEEEE)
38.        Row()
39.         .width('30%').height(50)
40.         .backgroundColor(0x00FFFF)
41.       }.alignItems(VerticalAlign.Bottom).height("15%").border({ width: 2 })
42.
43.
44.       Text('justifyContent(End)').fontSize(15).fontColor('#000')
45.        .margin(10).width("90%")
46.       Row() {
47.        Row()
48.         .width('30%').height(50)
49.         .backgroundColor(0xAFEEEE)
50.        Row()
51.         .width('30%').height(50)
52.         .backgroundColor(0x00FFFF)
53.       }.width('90%').border({ width: 2 }).justifyContent(FlexAlign.End)
54.
55.       Text('justifyContent(Center)').fontSize(15).fontColor('#000')
56.        .margin(10).width("90%")
57.       Row() {
58.        Row()
59.         .width('30%').height(50)
60.         .backgroundColor(0xAFEEEE)
61.        Row()
```

```
62.            .width('30%').height(50)
63.            .backgroundColor(0x00FFFF)
64.        }.width('90%').border({ width: 2 }).justifyContent
           (FlexAlign.Center)
65.        }.
66.        .width("100%")
67.    }
68. }
```

通过以上示例代码，可以获得如图 6-1 所示的效果，可以清楚地看到 Row 组件的灵活性和强大功能。通过设置不同的属性，开发者可以轻松地实现不同的布局效果，让应用程序的界面更加丰富多样，提供更好的用户体验。Row 组件是 HarmonyOS 应用程序开发中必不可少的布局组件之一，为开发者提供了极大的便利和灵活性。

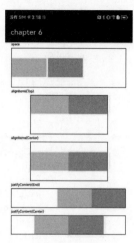

图 6-1 Row 组件实例代码运行效果

6.2 Column 组件

Column 组件是 HarmonyOS 应用程序开发中常用的容器组件之一。它允许开发者将子组件垂直排列，从而实现灵活的界面布局。Column 组件可以嵌套使用，使得构建复杂的垂直布局变得简单而直观。

本节将深入介绍 Column 组件的用法和特点，了解如何在 Column 组件中添加子组件，并通过设置各种属性，如宽度、高度、对齐方式等，来实现不同样式的布局。读者还将学习如何使用 Column 组件嵌套其他容器组件，以及如何配合使用 Text、Image 等展示组件，创造出丰富多彩的界面效果。

通过学习 Column 组件，开发者可以更好地掌握 HarmonyOS 应用程序开发中的布局技巧，实现灵活、美观且用户友好的界面设计。无论是创建简单的垂直列表，还是构建复杂的垂直布局，Column 组件都为开发者提供了强大的工具，让开发者能够更加自如地控制界面元素的排列和显示。

Column 组件在使用方式上与 Row 组件十分相似，只是 Column 组件中元素的主轴方向与 Row 组件不同。Row 组件默认主轴方向为水平方向，Column 默认元素排布的主轴方向为竖直方向，元素在 Column 组件和 Row 组件中均按照主轴的方向排列，排列方式以及对齐格式则由私有属性进行设置，接下来将对 Column 组件的私有属性展开详细介绍。

Column 组件的私有属性名称与 Row 组件完全一致，不同之处在于 Column 组件的 alignItems 属性设置的是水平方向上对齐格式，因此传入参数类型会与 Row 组件不同，参数类型由 VerticalAlign 变为 HorizontalAlign。Column 也包含了 Space 属性用于设置组件内子组件元素之间的间隔，使用 justifyContent 属性设置主轴（竖直）方向上的对齐格式。

本节的示例代码展示逻辑与 Row 组件的示例代码类似，通过 Column 组件展示了三个不同的子组件垂直排列的场景，并使用 alignItems 属性控制了子组件在容器中的水平对齐方式。在每一段中，分别设置了不同的 alignItems 值，分别是 HorizontalAlign.Start、HorizontalAlign.Center 和 HorizontalAlign.End，分别表示左对齐、居中对齐和右对齐。这样，就可以灵活地控制子组件在 Column 容器中的水平位置，实现不同的布局效果。示例代码运行效果如图 6-2 所示。

图 6-2 Column 组件示例代码运行效果

```
1.   // pages/containers_column
2.   @Entry
3.   @Component
4.   struct Containers_column {
5.    build() {
6.     Column() {
7.      Text('aligItems(Start)')
8.       .fontSize(9)
9.       .fontColor('#000').width('90%')
10.     Column() {
11.      Column()
12.       .width('50%').height(30)
13.       .backgroundColor(0xAFEEEE)
14.      Column()
15.       .width('50%').height(30)
16.       .backgroundColor(0x00FFFF)
17.     }
18.     .alignItems(HorizontalAlign.Start)
19.     .width('90%').border({ width: 1 })
20.     Text('aligItems(Center)')
21.      .fontSize(9)
22.      .fontColor('#000').width('90%')
23.     Column() {
24.      Column()
25.       .width('50%').height(30)
26.       .backgroundColor(0xAFEEEE)
27.      Column()
28.       .width('50%').height(30)
29.       .backgroundColor(0x00FFFF)
30.     }
31.     .alignItems(HorizontalAlign.Center)
32.     .width('90%').border({ width: 1 })
33.     Text('aligItems(End)')
34.      .fontSize(9)
35.      .fontColor('#000').width('90%')
36.     Column() {
37.      Column()
38.       .width('50%').height(30)
39.       .backgroundColor(0xAFEEEE)
40.      Column()
41.       .width('50%').height(30)
42.       .backgroundColor(0x00FFFF)
43.     }
44.     .alignItems(HorizontalAlign.End)
45.     .width('90%').border({ width: 1 })
46.    }.width('100%').padding({top:5})
47.   }
48.  }
```

6.3 Stack 组件

Stack 组件是 HarmonyOS 中的一种容器组件，用于将多个子组件堆叠在一起。Stack 可以包含一个或多个子组件，并按照添加的顺序进行堆叠。在堆叠的过程中，子组件可以根据需要进行位置和大小的调整，以实现不同的布局效果。

通过 Stack 组件，可以实现多种布局效果，比如将多个文本、图像等组件叠加在一起，形成层叠效果，或者将一个组件作为另一个组件的背景，实现视觉上的堆叠效果。Stack 组件也支持通过 alignment 属性来调整子组件在容器中的位置，使布局更加灵活。

例如，通过嵌套 Stack 组件实现两个 Text 组件，然后通过设置 Stack 属性和 alignment 属性，将它们分别对齐到容器的左上角和右下角，从而实现一个文字在左上角，一个文字在右下角的布局效果。

Stack 组件提供一个私有属性 Alignment，用于控制子组件在 Stack 组件中堆叠时的对齐方式。在本节的示例代码中，三个 Stack 组件分别设置为 Alignment.Top、Alignment.Center 和 Alignment.Bottom 属性，通过对这三个属性的设置，Stack 的第二个文本组件展示出了不同的堆叠模式。本节示例最终展示的效果如图 6-3 所示。

```
1.    // pages/containers_Stack
2.    @Entry
3.    @Component
4.    struct Containers_Stack {
5.
6.      build() {
7.       Column(){
8.        Stack({alignContent:Alignment.Bottom}){
9.         Text('First child')
10.          .width('90%')
11.          .height('100%')
12.          .backgroundColor(0xAFEEEE)
13.          .align(Alignment.Top)
14.         Text('Second child')
15.          .width('90%')
16.          .height('70%')
17.          .backgroundColor(0x00FFFF)
18.          .align(Alignment.Top)
19.        }
20.        .width('100%').height(150)
21.        .margin({top:10})
22.        Stack({alignContent:Alignment.Center}){
23.         Text('First child')
24.          .width('90%')
25.          .height('100%')
26.          .backgroundColor(0xAFEEEE)
27.          .align(Alignment.Top)
28.         Text('Second child')
29.          .width('90%')
30.          .height('70')
31.          .backgroundColor(0x00FFFF)
32.          .align(Alignment.Top)
33.        }
34.        .width('100%').height(150).margin({top:10})
35.        Stack({alignContent:Alignment.TopStart}){
36.         Text('First child')
37.          .width('90%')
38.          .height('100%')
39.          .backgroundColor(0xAFEEEE)
40.          .align(Alignment.Top)
41.         Text('Second child')
42.          .width('90%').height('70')
```

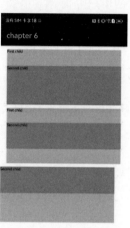

图 6-3 Stack 组件实例代码运行效果

```
43.        .backgroundColor(0x00FFFF)
44.        .align(Alignment.Top)
45.      }
46.      .width('100%')
47.      .height(150)
48.      .margin({top:10})
49.    }
50.    .width('100%')
51.    .alignItems(HorizontalAlign.Center)
52.
53.    }
54.  }
```

总的来说，Stack 组件是一个非常有用的容器组件，它为开发者提供了强大的布局能力，可以在 HarmonyOS 应用程序中实现各种复杂的布局效果，帮助打造更加美观和功能丰富的用户界面。

6.4 List 组件

List 组件是 HarmonyOS 中的一种容器组件，用于展示一个垂直或水平方向的列表，其中可以包含多个子组件。List 组件常用于展示大量数据，比如列表项、卡片、消息等。

List 组件支持垂直和水平两种方向的滚动，可以根据内容的大小自动调整滚动区域的大小。当列表项超出可视区域时，用户可以通过手势滚动来查看更多内容。如果 List 组件需要绑定对应的 ScrollBar 组件，那么需要保证 List 的滚动方向与 ScrollBar 的滚动方向一致，关于 ScrollBar 的具体设置可以见 5.5.1 小节。

除了基本的滚动功能，List 组件还可以通过设置不同的布局和样式来实现不同的列表效果。例如，可以通过设置每个列表项的高度来创建一个等高的列表，也可以通过设置每个列表项的宽度来创建一个等宽的列表。List 组件还支持动态加载数据，可以根据需要动态添加或移除列表项，以便在列表中展示不同数量的数据。

在介绍 List 属性前，需要先对 List 组件的传入参数进行简要介绍。List 组件可以传入三个参数，即 space、initialIndex 和 scroller。space 参数用于设置列表项间距，默认值为 0。initialIndex 属性用于设置当前 List 初次加载时视口起始位置显示的 item 的索引值。如果设置的值超过了当前 List 的最后一个 item 的索引值，则设置不生效。initialIndex 默认值为 0。scroller 参数用于设置可滚动组件的控制器。用于与可滚动组件进行绑定，该参数的类型为 Scroller。

List 组件提供了丰富的私有属性和私有方法，开发者可以使用私有属性对 List 组件例如分割线样式、排列方向以及滚动条状态等属性进行自定义设置，同时也可以使用 List 组件提供的丰富的私有方法对组件的各个状态进行监听。关于 List 组件的私有属性和私有方法的详细介绍见表 6-3 和表 6-4。

表 6-3　List 组件私有属性

名　　称	参　数　类　型	描　　述
listDirection	Axis	设置 List 组件排列方向参照 Axis 类型。默认值：Vertical

续表

名 称	参 数 类 型	描 述
divider	{strokeWidth:Length,color?:ResourceColor, startMargin?:Length,endMargin?:Length}| null	用于设置 ListItem 分割样式,默认无分割线。strokeWidth:设置分割线的宽度 color:分割线的颜色。startMargin:分割线与列表侧边起始端的距离
scrollbar	BarState	设置滚动条状态
cachedCount	number	设置预加载的 ListItem 数量。默认值:1
editMode	Boolean	声明当前 List 组件是否处于可编辑模式
edgeEffect	EdgeEffect	设置滑动效果。目前支持的滑动效果有弹性物理动效、阴影效果和无效果三种
chainAnimation	Boolean	用于设置当前 List 是否启用链式联动动效,开启后列表滑动以及顶部和底部拖曳时会有链式联动的效果。默认值:false
multiSelectable	Boolean	是否开启鼠标框选。默认值:false

表 6-4　List 组件私有事件

名 称	功 能 描 述
onItemDelete(event:(index:number)=> boolean)	列表项删除时触发
onScroll(event:(scrollOffset:number,scrollState: ScrollState)=> void)	列表滑动时触发,返回值 scrollOffset 为动画偏移量,scrollState 为当前滑动状态
onScrollIndex(event:(start:number;end:number) => void)	列表滑动时触发,返回值分别为滑动起始位置索引值与滑动结束位置索引值
onReachStart(event:() => void)	列表到达起始位置时触发
onReachEnd(event:() => void)	列表到达末尾位置时触发
onScrollStop(event:() => void)	列表滑动停止时触发
onItemMove(event:(from:number, to:number) => boolean)	列表元素发生移动时触发,返回值 from、to 分别为移动前索引值与移动后索引值
onItemDragStart(event:(event:ItemDragInfo, itemIndex: number) => ((() => any) | void))	开始拖曳列表元素时触发,返回值 event 见 ItemDragInfo 对象说明,itemIndex 为被拖曳列表元素索引值
onItemDragEnter(event:(event:ItemDragInfo) => void)	拖曳进入列表元素范围内时触发,返回值 event 见 ItemDragInfo 对象说明
onItemDragMove(event:(event:ItemDragInfo, itemIndex: number, insertIndex:number) => void)	拖曳在列表元素范围内移动时触发,返回值 event 见 ItemDragInfo 对象说明,itemIndex 为拖曳起始位置,insertIndex 为拖曳插入位置
onItemDragLeave(event:(event:ItemDragInfo, itemIndex: number) => void)	拖曳离开列表元素时触发,返回值 event 见 ItemDragInfo 对象说明,itemIndex 为拖曳离开的列表元素索引值

续表

名 称	功 能 描 述
onItemDrop(event:(event:ItemDragInfo,itemIndex:number,insertIndex:number,isSuccess:boolean) => void)	绑定该事件的列表元素可作为拖曳释放目标,当在列表元素内停止拖曳时触发,返回值 event 见 ItemDragInfo 对象说明,itemIndex 为拖曳起始位置,insertIndex 为拖曳插入位置,isSuccess 为是否成功释放

　　List 的可编辑模式,需要配合 onItemDelete 事件和 ListItem 的 editable 属性,可编辑模式实现删除列表项功能需要满足 editMode 属性设置为 true;绑定 onItemDelete 事件,且事件回调返回 true;ListItem 的 editable 属性设置为 true。实现 ListItem 拖曳则需要满足 editMode 属性设置为 true;绑定 onDragStart 事件,且事件回调中返回浮动 UI 布局。

　　以上是对 List 组件的所有私有属性和私有事件的说明和补充,List 组件的属性以及事件较为繁多,读者初学时可以主要掌握本节示例代码中的事件及属性,其余属性及事件稍作了解即可。接下来进入本节代码的讲解。

　　在本节的示例代码中,首先定义了一个 number 类型的数组 arr,并使用@state 装饰器声明了一个布尔类型的变量 flag,flag 变量用于控制列表的编辑模式,数组 arr 则用于迭代生成 ListItem 子组件。

　　在 build 方法中,使用 Stack 作为容器组件,并设置其对齐方式为 Alignment.TopStart,使得内容从顶部开始排列。在 Stack 组件中,创建了一个 Column 组件,用于放置 List 组件和一个编辑按钮。在 List 组件中,使用 ForEach 循环遍历数组 arr,并为每个数组项创建一个 ListItem 组件,其中包含了一个显示当前项的数字的 Text 组件。随后对 List 进行了一些属性设置,包括间距 space、排列方向 listDirection、分界线 divider、滑到边缘效果 edgeEffect、编辑模式 editMode 等。

　　在单击"编辑"按钮时,通过按钮组件的 onclick 事件将 flag 变量切换为 true 或 false,从而切换列表的编辑模式。在 onItemDelete 事件中,当用户删除一个列表时,会在控制台打印出被删除的项,并更新 arr 数组,然后将 flag 设为 false 以退出编辑模式。最后,设置整个页面的宽度、高度和背景色。示例代码运行效果如图 6-4 所示。

```
1.    // pages/containers_List
2.    @Entry
3.    @Component
4.    struct Containers_List {
5.      private arr: number [] = [0, 1, 2, 3, 4, 5, 6, 7, 8, 9]
6.      @State flag: boolean = false
7.
8.      build() {
9.        Stack({ alignContent: Alignment.TopStart }) {
10.         Column(){
11.           // space 设置列表项的间距
12.           // initialIndex 设置当前 List 初次加载时视口起始位置
                  // 显示的 item 的索引值
13.           List({space:20,initialIndex:0}){
14.             ForEach(this.arr,(item) => {
```

图 6-4　List 组件示例代码运行效果

```
15.          ListItem(){
16.           Text('' + item)
17.             .width('100%')
18.             .height(100)
19.             .fontSize(20)
20.             .textAlign(TextAlign.Center)
21.             .borderRadius(10)
22.             .backgroundColor(0xFFFFFF)
23.          }.editable(true)                          //设置为可编辑
24.         },item => item)
25.        }
26.         .listDirection(Axis.Vertical)              // 排列方向
27.         .divider({strokeWidth:2,color:0xFFFFFF,startMargin:20,endMargin:20})
                                                       // 每行之间的分界线
28.         .edgeEffect(EdgeEffect.None)               // 滑到边缘效果:关
29.         .onScrollIndex((firstIndex: number, lastIndex: number) =>{
30.          console.info('first' + firstIndex)
31.          console.info('last' + lastIndex)
32.         })
33.         .editMode(this.flag)
34.         .onItemDelete((index:number) =>{
35.          console.info(this.arr[index] + 'Delete')
36.          this.arr.splice(index,1)
37.          console.info(JSON.stringify(this.arr))
38.          this.flag = false
39.          return true
40.         }).width('90%')
41.        }
42.        .width('100%')
43.        Button('edit')
44.         .onClick(() =>{
45.           this.flag = !this.flag
46.         }).margin({top:5,left:20})
47.       }
48.       .width('100%')
49.       .height('100%')
50.       .backgroundColor(0xAFEEEE)
51.       .padding({ top: 5 })
52.     }
53.  }
```

List 组件是一个非常常用和强大的容器组件,它为开发者提供了方便的列表展示功能,帮助构建各种类型的列表布局,提升了应用程序的用户体验。

6.5 Scroll 组件

Scroll 组件是一个用于创建滚动视图的高级组件。它允许在一个可视区域内显示更多内容,并通过滑动手势来浏览超出屏幕大小的内容。Scroll 组件可以在垂直或水平方向上滚动,也可以同时支持垂直和水平滚动。

使用 Scroll 组件时,通常会在其内部放置一个包含内容的容器组件,例如 Column 或 Row 组件,来创建滚动的内容区域。Scroll 组件还支持一些属性和回调函数,以便自定义滚动体验和响应滚动事件。

Scroll 组件回弹的前提是需要有滑动。当内容小于屏幕时,没有回弹效果。该组件嵌套 List 子组件滚动时,若 List 不设置宽高,则默认全部加载,在对性能有要求的场景下建议指定 List 的宽高。Scroll 组件有多个私有属性和多个私有事件支持,关于组件的私有属性和私有事件见表 6-5 和表 6-6。

表 6-5 Scroll 组件私有属性

名称	参数类型	描述
scrollable	ScrollDirection	设置滑动方法。 默认值:ScrollDirection.Vertical
scrollbar	BarState	设置滑动条状态。 默认值:BarState.Off
scrollBarColor	string|number|Color	设置滑动条的颜色
scrollBarWidth	string|number	设置滑动条的宽度
edgeEffect	EdgeEffect	设置滑动效果。 默认值:EdgeEffect.Spring

表 6-6 Scroll 组件的私有事件

名称	功能描述
onScroll(event:(xOffset:number,yOffset: number) => void)	滚动事件回调,返回滚动时水平、竖直方向偏移量
onScrollEdge(event:(side:Edge)=> void)	滚动到边缘事件回调
onScrollEnd(event:() => void)	滚动停止事件回调

以上是 Scroll 组件的全部私有属性和私有事件,接下来进入本节的示例代码讲解。

首先导入一个 Scroller 类型的控制器 Scroller,并定义一个 number 类型的数组 arr,该数组用于在组件中循环渲染子组件。在 build 函数中,将 Scroller 组件放置在 Stack 组件中,并将之前导入的 Scroller 控制器与 Scroller 组件绑定。然后在 Scroller 组件中放置 Column 组件,并在 Column 组件中循环渲染出数组中的元素。最后为 Scroller 组件进行私有属性和通用属性的设置,包括设置 Scroller 组件的滑动方式为 SrollDirection.Vertival,设置滚动条状态为 BarState.On,设置滚动条颜色为 Color.Gray,滚动条设置宽度 。并为该组件绑定事件 onScroll、onScrollEdge 以及 onScrollEnd。除此之外,由于 Stack 组件的特性,还在页面中堆叠显示了三个 Button 组件,并为这三个 Button 组件绑定了单击事件监听,当单击事件触发时,在 Button 组件的 onClick 函数中完成对 Scroll 组件控制器的操作,从而实现对 Scroll 组件的控制。示例代码运行效果如图 6-5 所示。

图 6-5 Scroll 组件示例
代码运行效果

```
1.    // pages/containers_scroll
2.    @Entry
3.    @Component
4.    struct Containers_scroll {
5.      scroller: Scroller = new Scroller()
6.      private arr: number[] = [0, 1, 2, 3, 4, 5, 6, 7, 8, 9]
7.
8.      build() {
9.        Stack({alignContent:Alignment.TopStart}){
10.         Scroll(this.scroller){
11.           Column(){
12.             ForEach(this.arr,(item) => {
13.               Text(item.toString())
```

```
14.              .width('90%')
15.              .height(150)
16.              .backgroundColor(0xFFFFFF)
17.              .borderRadius(15)
18.              .fontSize(16)
19.              .textAlign(TextAlign.Center)
20.              .margin({top:10})
21.        },item = > item)
22.      }.width('100%')
23.    }
24.    .scrollable(ScrollDirection.Vertical)      // 设置 scroll 的滑动方向
25.    .scrollBar(BarState.On)                    // 设置 scrollBar 的状态
26.    .scrollBarColor(Color.Gray)                // 设置滑动条的颜色
27.    .scrollBarWidth(30)                        // 设置滑动条的宽度
28.    // 滚动时间回调,返回滚动时水平、竖直方向偏移量 xOffset 和 yOffset
29.    .onScroll((xOffset: number,yOffset: number) = >{
30.      console.info(xOffset + ''+ yOffset)
31.    })
32.    // 滚动到边缘事件回调
33.    .onScrollEdge(() = >{
34.      console.info('To the edge')
35.    })
36.    // 滚动停止事件回调
37.     .onScrollEnd(() = >{
38.      console.info('Scroll Stop')
39.    })
40.    Button('Scroll 100')
41.      .margin({top:10,left:20})
42.      .onClick(() = >{
43.        this.scroller.scrollTo({xOffset:0,yOffset:this.scroller.currentOffset().
           yOffset + 100})
44.      })
45.    Button('back top')
46.      .margin({top:60,left:20})
47.      .onClick(() = >{
48.        this.scroller.scrollEdge(Edge.Top)
49.      })
50.    Button('next page')
51.      .margin({top:110,left:20})
52.      .onClick(() = >{
53.        this.scroller.scrollPage({next:true})
54.      })
55.    }
56.    .width('100%').height('100%').backgroundColor(0xAFEEEE).padding({top:5})
57.    }
58.  }
```

Scroll 组件在开发过程中非常有用,特别是在需要显示大量内容或滚动内容的情况下。它提供了灵活的配置选项,以满足不同场景下的需求,使得滚动视图的实现变得更加简单和高效。

6.6 Grid 组件

Grid 组件是 HarmonyOS 页面框架中的容器组件之一,用于将子组件以网格形式进行布局。它允许将子组件按照行和列进行排列,Grid 在被创建时默认被创建为长度相等的行和列,并可自由指定子组件在网格中所占的行数和列数。

Grid组件拥有自适应和响应式的布局,可以根据不同屏幕尺寸和方向进行自适应和响应式的布局调整,确保页面在不同设备上显示良好,提升用户体验。

通过使用Grid组件,开发者可以轻松实现复杂的网格布局,如创建栅格系统、制作图表等,从而为用户呈现出更加美观、清晰和易于导航的界面。无论是开发响应式网页还是移动应用,Grid组件都能提供强大的布局能力,为用户带来更好的视觉体验。

Grid组件提供了较多的私有属性和私有方法,与List组件类似,读者在初次接触时对这些属性和事件稍作了解即可。关于Grid组件私有属性和私有事件的详细介绍见表6-7和表6-8。

表 6-7 Grid 组件的私有属性

名 称	参 数 类 型	描 述
columnsTemplate	string	设置当前网格布局列的数量,不设置时默认1列。 默认值:'1fr'
rowsTemplate	string	设置当前网格布局行的数量,不设置时默认1行。 默认值:'1fr'
columnsGap	Length	设置列与列的间距。 默认值:0
rowsGap	Length	设置行与行的间距。 默认值:0
scrollBar	BarState	设置滚动条状态。 默认值:BarState.Off
scrollBarColor	string | number | Color	设置滚动条的颜色
scrollBarWidth	string | number	设置滚动条的宽度
cachedCount	number	设置预加载的GridItem的数量。具体使用可参考应用说明。 默认值:1
editMode	boolean	是否进入编辑模式,进入编辑模式可以拖曳Grid组件内部GridItem。 默认值:false
layoutDirection	GridDirection	设置布局的主轴方向。 默认值:GridDirection.Row
maxCount	number	当layoutDirection是Row/RowReverse时,表示可显示的最大行数 当layoutDirection是Column/Column-Reverse时,表示可显示的最大列数 默认值:1
minCount	number	当layoutDirection是Row/RowReverse时,表示可显示的最小行数。 当layoutDirection是Column/Column-Reverse时,表示可显示的最小列数。 默认值:1
cellLength	number	当layoutDirection是Row/RowReverse时,表示一行的高度。 当layoutDirection是Column/Column-Reverse时,表示一列的宽度。 默认值:0

续表

名称	参数类型	描述
multiSelectable	boolean	是否开启鼠标框选。 默认值：false
supportAnimation	Boolean	是否支持动画。 默认值：false

表 6-8　Grid 组件的私有事件

名称	功能描述
onScrollIndex(event:(first:number) => void)	当前网格显示的起始位置 item 发生变化时触发
onItemDragStart(event:(event:ItemDragInfo,itemIndex:number) => (() => any) | void)	开始拖曳网格元素时触发
onItemDragEnter(event:(event:ItemDragInfo) => void)	拖曳进入网格元素范围内时触发
onItemDragMove(event:(event:ItemDragInfo,itemIndex:number,insertIndex: number) => void)	拖曳在网格元素范围内移动时触发
onItemDragLeave(event:(event:ItemDragInfo,itemIndex:number) => void)	拖曳离开网格元素时触发
onItemDrop(event:(event:ItemDragInfo,itemIndex:number;insertIndex:number,isSuccess:boolean) => void)	绑定该事件的网格元素可作为拖曳释放目标，当在网格元素内停止拖曳时触发

在本节的示例代码中，首先使用 @State 装饰器声明了两个数组 Number_1 和 Number_2，这两个数组用于在 Grid 组件中循环渲染出子组件。在 Column 组件中放置了两个 Grid 组件，并在每个 Grid 组件循环渲染出子组件。通过对第一个 Grid 组件等比设置为 5 行 5 列的格式，并使用 columnGap 和 rowGap 属性设置每个 Grid 中子组件之间的间隙。对第二个子组件则设置为 4 行 4 列，但行列之间的比例为 1∶1∶1∶2，最后得到的示例代码效果如图 6-6 所示。

```
1.   // pages/containers_Grid
2.   @Entry
3.   @Component
4.   struct Containers_Grid {
5.     @State Number_1: string[] = ['0', '1', '2', '3', '4']
6.     @State number_2: string[] = ['0','1','2','3']
7.
8.     build() {
9.       Column({ space: 5 }) {
10.        Grid() {
11.          // 循环渲染组件
12.          ForEach(this.Number_1,(temp: string) =>{
13.            ForEach(this.Number_1,(temp: string) =>{
14.              GridItem() {
15.                Text(temp)
16.                  .fontSize(16)
17.                  .backgroundColor(0x00FFFF)
18.                  .width('100 %')
19.                  .height('100 %')
20.                  .textAlign(TextAlign.Center)
```

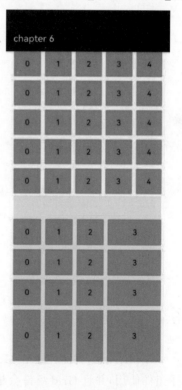

图 6-6　Grid 组件示例代码运行效果

```
21.      }
22.     })
23.    })
24.  }
25.  // 等比设置 5 列
26.  .columnsTemplate('1fr 1fr 1fr 1fr 1fr')
27.  // 设置行格式
28.  .rowsTemplate('1fr 1fr 1fr 1fr 1fr')
29.  // 设置列宽
30.  .columnsGap(10)
31.  // 设置行宽
32.  .rowsGap(10)
33.  .width('90%')
34.  .backgroundColor(0xFAEEE0)
35.  .height(300)
36.
37.  Grid() {
38.   ForEach(this.number_2,(temp: string) =>{
39.    ForEach(this.number_2,(temp: string) =>{
40.     GridItem() {
41.      Text(temp)
42.       .fontSize(16)
43.       .backgroundColor(0x00FFFF)
44.       .width('100%')
45.       .height('100%')
46.       .textAlign(TextAlign.Center)
47.     }
48.    })
49.   })
50.  }
51.  // 按照 1：1：1：2 的比例设置列宽
52.  .columnsTemplate('1fr 1fr 1fr 2fr')
53.  // 按照 1：1：1：2 的比例设置行宽
54.  .rowsTemplate('1fr 1fr 1fr 2fr')
55.  // 设置列间隙
56.  .columnsGap(10)
57.  // 设置行间隙
58.  .rowsGap(10)
59.  .width('90%')
60.  .backgroundColor(0xFAEEE0)
61.  .height(350)
62.  .padding({top:50})
63.
64.  }.width('100%').height('100%')
65.  }
66. }
```

6.7 GridItem 组件

GridItem 组件是用于在 Grid 组件中展示子元素的容器组件。它必须作为 Grid 组件的子组件使用，并且 Grid 组件会根据 GridItem 组件的数量并通过设置列和行的格式来自动排列和调整子元素的布局。

开发者在使用 GridItem 组件的过程中，无须手动设置位置的大小，Grid 组件会自动根据 GridItem 的数量和列、行格式进行布局。同时，GridItem 组件支持在网格中显示不同类型的子元素，包括文本、图像、按钮等。开发者可以在每个 GridItem 组件中放置不同类型的子元素，从而实现多样化的网格布局。

　　Grid 组件在私有属性设置时可以设置列数和行数，并可以设置行数和列数宽度的占比。而 GridItem 组件的私有属性可以依据行号和列号弹性设置 GridItem 组件的大小。rowStart 和 rowEnd 属性用于指定当前元素的起始行号或终止行号，参数类型为 number。columnStart 和 columnEnd 属性则用于指定当前元素的起始列号和终止列号。以上四个私有属性通常用于设置 GridItem 组件在 Grid 中的尺寸。除此之外，GridItem 组件还有私有方法 forceRebuild 用于设置在触发组件 build 时是否重新创建此节点。selectable 属性则用于设置当前 GridItem 元素是否可以被鼠标框选。除了上述私有属性以外，GridItem 组件还提供了一个私有事件——onSelect 事件，该事件在 GridItem 元素被鼠标框选的状态改变时触发。

　　在本节的示例代码中展示了一个使用 Grid 和 GridItem 组件实现的网格布局。具体来说，创建一个包含 16 个元素的字符串数组，每个元素代表一个网格项。然后使用 Grid 组件来容纳这些网格项，并使用 GridItem 组件将每个网格项放置在 Grid 中。在这个例子中使用了 5 个 GridItem 组件，并通过设置它们的 rowStart、rowEnd、columnStart 和 columnEnd 属性来指定它们在 Grid 中的位置。这样，就可以实现不同的网格布局效果。例如，设置了某些 GridItem 从第一行到第四行、第二列到第五列，从而实现它们在网格中的跨越式排列。

　　此外，还使用了 Grid 组件的 columnsTemplate 和 rowsTemplate 属性来按比例设置网格的列和行宽度。在这个例子中，按照 1∶1∶1∶1∶1 的比例设置了五列和五行，使网格中的每个网格项均匀分布。最后，设置 Grid 组件的 columnsGap 和 rowsGap 属性来控制网格项之间的间隔。通过调整这些属性，可以实现不同的网格布局效果，使网格中的元素更加美观和整齐。示例代码运行效果如图 6-7 所示。

```
1.    // pages/containers_GridItem
2.    @Entry
3.    @Component
4.    struct Containers_GridItem {
5.     @State numbers: string[] = Array.apply(null,
       Array(16).map(function(item, i){return i.
       toString()}))
6.
7.     build() {
8.      Column(){
9.       Grid(){
10.       GridItem(){
11.        Text('Item 1')
12.         .width('100%').height('100%')
13.         .fontSize(15).textAlign(TextAlign
            .Center)
14.         .backgroundColor(0x00FFFF)
15.       }
16.       // 设置 GridItem 从第一行排列至第四行
17.        .rowStart(1).rowEnd(4)
18.       GridItem(){
19.        Text('Item 2')
20.         .width('100%').height('100%')
21.         .fontSize(15).textAlign(TextAlign.Center)
22.         .backgroundColor(0x00FFFF)
```

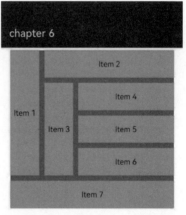

图 6-7　GridItem 组件示例
　　　　代码运行效果

```
23.       }
24.       // 设置 GridItem 从第二列排列至第五列
25.         .columnStart(2).columnEnd(5)
26.       GridItem(){
27.         Text('Item 3')
28.           .width('100%').height('100%')
29.           .fontSize(15).textAlign(TextAlign.Center)
30.           .backgroundColor(0x00FFFF)
31.       }
32.       // 设置 GridItem 从第二行排列至第四行
33.         .rowStart(2).rowEnd(4)
34.       GridItem(){
35.         Text('Item 4')
36.           .width('100%').height('100%')
37.           .fontSize(15).textAlign(TextAlign.Center)
38.           .backgroundColor(0x00FFFF)
39.       }
40.       // 设置 GridItem 从第三列排列至第五列
41.         .columnStart(3).columnEnd(5)
42.       GridItem(){
43.         Text('Item 5')
44.           .width('100%').height('100%')
45.           .fontSize(15)
46.           .textAlign(TextAlign.Center)
47.           .backgroundColor(0x00FFFF)
48.       }
49.       // 设置 GridItem 从第三列排列至第五列
50.         .columnStart(3).columnEnd(5)
51.       GridItem(){
52.         Text('Item 6')
53.           .width('100%').height('100%')
54.           .fontSize(15)
55.           .textAlign(TextAlign.Center)
56.           .backgroundColor(0x00FFFF)
57.       }
58.       // 设置 GridItem 从第三列排列至第五列
59.         .columnStart(3).columnEnd(5)
60.       GridItem(){
61.         Text('Item 7')
62.           .width('100%').height('100%')
63.           .fontSize(15)
64.           .textAlign(TextAlign.Center)
65.           .backgroundColor(0x00FFFF)
66.       }
67.       // 设置 GridItem 从第一列排列至第五列
68.         .columnStart(1).columnEnd(5)
69.
70.     }
71.     // 按 1:1:1:1:1 比例设置五列
72.     .columnsTemplate('1fr 1fr 1fr 1fr 1fr')
73.     // 按 1:1:1:1:1 设置五行
74.     .rowsTemplate('1fr 1fr 1fr 1fr 1fr')
75.     .width('90%')
76.     .height(300)
77.     .columnsGap(10).rowsGap(10)
78.     .backgroundColor(Color.Gray)
79.   }.width('100%').margin({top:5})
80.   }
81. }
```

总体来说，GridItem 组件是一个非常实用的容器组件，可以帮助开发者轻松实现复杂的网格布局，提高页面的美观性和交互性。在使用 Grid 组件时，只需将 GridItem 作为子元素放入其中，并根据需要设置大小和位置，即可实现灵活多样的网格布局效果。

6.8 Swiper 组件

Swiper 组件是一个用于创建图片轮播、滑动展示等功能的组件。它可以实现在一个容器内水平或垂直滑动多个子元素，类似于轮播图的效果。Swiper 组件通常用于展示多张图片、幻灯片、广告横幅等内容，提供了一种简便的方式来展示多个内容项，同时也为用户提供了方便的交互方式。

Swiper 组件允许用户通过手指滑动或单击导航按钮来切换不同的子元素，实现内容的切换和滑动效果。它也可以支持组件内的元素循环播放和自动播放效果，元素滑动到最后一个子元素时，继续滑动回到第一个元素，形成无限循环的效果。Swiper 组件也提供了一些事件回调，例如滑动开始、滑动结束等，开发者可以在这些回调中实现一些自定义的逻辑。

使用 Swiper 组件可以方便地创建出美观且具有交互性的图片轮播、滑动展示等功能，使应用界面更加生动和吸引人。它适用于许多场景，包括产品展示、广告推广、图片画廊等，为用户提供了更好的浏览体验。

Swiper 组件只有一个私有事件 onChange，在当前显示的组件索引变化时触发该事件，返回值为当前显示的子组件的索引值。需要注意的是，Swiper 组件结合懒循环 LazyForEach 使用时，不能在 onChange 事件里触发子页面 UI 的刷新。

相比之下，Swiper 组件拥有许多私有属性，表 6-9 对这些私有属性进行了详细介绍。

表 6-9 Swiper 组件的私有属性

名称	参数类型	描述
index	number	设置当前在容器中显示的子组件的索引值。 默认值：0
autoPlay	boolean	子组件是否自动播放，自动播放状态下，导航点不可操作。 默认值：false
interval	number	使用自动播放时播放的时间间隔，单位为毫秒。 默认值：3000
indicator	boolean	是否启用导航点指示器。 默认值：3000
loop	boolean	是否开启循环。 设置为 true 时表示开启循环，在 LazyForEach 懒循环加载模式下，加载的组件数量建议大于 5 个。 默认值：true
duration	number	子组件切换的动画时长，单位为毫秒。 默认值：400
vertical	boolean	设置是否为纵向滑动。 默认值：false
itemSpace	number | string	设置子组件与子组件之间的间隙。 默认值：0

续表

名称	参数类型	描述
displayMode	SwiperDisplayMode	设置子组件显示模式。 默认值：SwiperDisplayMode.Stretch
cachedCount	number	设置预加载子组件个数。 默认值：1
disableSwipe	boolean	禁用组件滑动切换功能。 默认值：false
displayCount	number | string	设置一页中显示子组件的个数。 默认值：1
effectMode	EdgeEffect	设置滑动到边缘时的显示效果
curve	Curve | string	设置 Swiper 的动画曲线，默认为淡入淡出曲线，常用曲线参考 Curve 枚举说明，也可以通过插值计算模块提供的接口创建自定义的 Curves(插值曲线对象)
indicatorStyle	{left?：Length, top?：Length, right?：Length, bottom?：Length, size?：Length, mask?：boolean, color?：ResourceColor, selectedColor?：ResourceColor}	设置导航点样式： -left：设置导航点距离 Swiper 组件左边的距离。 -top：设置导航点距离 Swiper 组件顶部的距离。 -right：设置导航点距离 Swiper 组件右边的距离。 -bottom：设置导航点距离 Swiper 组件底部的距离。 -size：设置导航点的直径。 -mask：设置是否显示导航点蒙层样式。 -color：设置导航点的颜色。 -selectedColor：设置选中的导航点的颜色

表 6-9 是对 Swiper 组件的私有属性和私有事件的详细介绍。Swiper 组件的私有属性涉及细节较多，初学者可能不容易掌握。接下来直接进入本节示例代码的讲解，初学者可以试着先从代码入手，着重理解本节示例代码中涉及的私有属性。

在本节代码中展示了一个使用 Swiper 组件的示例。首先模拟定义了一个名为 MyDataSource 的数据源类，实现了 IDataSource 接口，用于提供 Swiper 组件所需的数据。接着，创建了一个名为 SwiperExample 的自定义组件，并使用@Entry 和@Component 修饰器对其进行修饰。并在 SwiperExample 组件的 aboutToAppear 方法中，创建了一个包含 1~10 的数字列表，并将其赋值给数据源 data。

在 build 方法中，用 Column 作为最外层容器，并在其中使用了 Swiper 组件。Swiper 组件的子组件使用 LazyForEach 进行循环渲染，用于显示列表中的一个数字。

在 Swiper 组件的属性设置中，可以看到以下几个重要的配置。

(1) cachedCount(2)：设置预加载子组件的个数为 2，这样设置的目的是在滑动过程中可以提前加载一些子组件，提高滑动的流动性和性能。

(2) index(1)：设置当前在容器中显示的子组件的索引值，即初始显示的子组件。

(3) autoPlay(true)：设置子组件自动播放，当开启自动播放时导航点不可操作。

(4) interval(400)：设置自动播放的时间间隔，单位为毫秒。

(5) indicator(true)：是否使用导航点指示器，即是否显示当前显示的子组件位置。

(6) loop(true)：设置开启循环。滑动到最后一个子组件时继续滑动回到第一个子组件。

(7) duration(1000)：子组件与子组件之间切换动画的时长，单位为毫秒。

(8) itemSpace(0)：设置子组件与子组件之间的间隔为 0。

(9) curve(Curve.Linear)：设置 Swiper 的动画曲线，这里使用了线性曲线。

在本节示例代码的最后添加了两个按钮 showNext 和 showPrevious，分别用于手动切换到下一个和上一个子组件。通过调用控制器的 showNext 和 showPrevious 方法，可以手动控制 Swiper 组件切换。最终，本节示例代码实现的效果如图 6-8 所示。

```
1.   // pages/containers_swiper
2.   class MyDataSource implements IDataSource {
3.     private list: number[] = []
4.     private listener: DataChangeListener
5.
6.     constructor(list: number[]) {
7.       this.list = list
8.     }
9.
10.    totalCount(): number {
11.      return this.list.length
12.    }
13.
14.    getData(index: number): any {
15.      return this.list[index]
16.    }
17.
18.    registerDataChangeListener(listener: DataChangeListener): void {
19.      this.listener = listener
20.    }
21.
22.    unregisterDataChangeListener() {
23.    }
24.  }
25.
26.  @Entry
27.  @Component
28.  struct SwiperExample {
29.    private swiperController: SwiperController = new SwiperController()
30.    private data: MyDataSource = new MyDataSource([])
31.
32.    // 被 Component 修饰的自定义组件的回调方法，在 build()被执行前执行
33.    aboutToAppear(): void {
34.      let list = []
35.      for (var i = 1; i <= 10; i++) {
36.        list.push(i.toString());
37.      }
38.      this.data = new MyDataSource(list)
39.    }
40.
41.    build() {
42.      Column({ space: 5 }) {
43.        Swiper(this.swiperController) {
44.          LazyForEach(this.data, (item: string) => {
45.            Text(item).width('90%').height(160).backgroundColor(0xAFEEEE).textAlign
                 (TextAlign.Center).fontSize(30)
46.          }, item => item)
47.        }
48.        .cachedCount(2)           // 设置预加载子组件个数
49.        .index(1)                 // 设置当前在容器中显示的子组件索引值
```

图 6-8　Swiper 组件示例代码运行效果

```
50.       .autoPlay(true)             // 子组件是否自动播放,自动播放状态下导航点不可操作
51.       .interval(4000)             // 使用自动播放时的时间间隔,单位为毫秒
52.       .indicator(true)            // 是否使用导航点指示器
53.       .loop(true)                 // 是否开启循环,设置为 true 时表示开启循环,在
                                      // LazyForEach 懒循环模式下,加载组件数建议大于 5 个
54.       .duration(1000)             // 子组件切换的动画时长,单位为毫秒
55.       .itemSpace(0)               // 设置子组件与子组件之间的间隙
56.       .curve(Curve.Linear)        // 设置 swiper 的动画曲线
57.       .onChange((index: number) => {
58.         console.info(index.toString())
59.       })
60.
61.       Row({ space: 12 }) {
62.         Button('showNext')
63.           .onClick(() => {
64.             this.swiperController.showNext()
65.           })
66.         Button('showPrevious')
67.           .onClick(() => {
68.             this.swiperController.showPrevious()
69.           })
70.       }.margin(5).alignItems(VerticalAlign.Center)
71.     }.width('100%')
72.     .margin({ top: 5 })
73.   }
74. }
```

6.9 Tabs 组件

Tabs 组件是一个用于创建选项卡式导航的容器组件。它允许在水平或垂直方向上显示多个选项卡,并在单击选项卡时切换内容。Tabs 组件通常与 TabItem 组件结合使用,每个 TabItem 表示一个选项卡,Tabs 组件则负责管理 TabItem 的状态和切换。

Tabs 组件提供了选项卡导航,使用户可以轻松切换不同的内容。开发者可以根据需要自定选项卡的样式,包括选中和未选中状态的样式,以及导航栏的样式。Tabs 组件支持滑动和单击两种方式切换选项卡内容,用户可以通过滑动手势或单击选项卡来切换到不同的内容。Tabs 组件的使用场景广泛,特别适用于需要在不同的内容之间进行场景切换,包括动画效果等设置,都可以增强用户在实际使用中的体验。

Tabs 组件提供了一个私有事件 onChange,该事件在 Tab 页切换后触发。除此之外,Tabs 提供了六个私有属性,开发者可以通过私有属性对 Tabs 组件的布局格式进行、TabBar 布局模式、TabBar 尺寸以及动画效果等方面进行设置。具体的使用方式可以见表 6-10。

表 6-10 Tabs 的私有属性

名称	参数类型	默认值	描述
vertical	boolean	false	设置为 false 时为横向 Tabs,设置为 true 时为纵向 Tabs
scrollable	boolean	true	设置为 true 时可以通过滑动页面切换,为 false 时不可滑动切换页面
barMode	BarMode	BarMode.Fixed	TabBar 的布局模式

续表

名称	参数类型	默认值	描述
barWidth	Length	—	TabBar 的宽度值
barHeight	Length	—	TabBar 的高度值
animationDuration	number	200	TabContent 滑动动画时长

以上是 Tabs 组件的私有属性和私有事件介绍,接下来进入本节的示例代码。

首先,在本节的示例代码中分别创建了两个 TabsController 对象,即 controller_1 和 controller_2,分别用于管理不同的 Tabs 组件。接着在 build 函数中创建一个竖直排列的 Tabs 导航,因为 vertical 属性被设置为 true,并且将选项卡导航放在屏幕的左侧。随后,在 Tabs 组件中添加了四个 TabContent 组件,每个 TabContent 表示一个选项卡的内容。每个 Tab 设置为不同的背景颜色。然后使用 tabBar 方法设置 TabBar 上显示的内容,在这里传入要显示的字符串,分别对应四个选项卡的标签。

随后,对 Tabs 组件的私有属性进行设置,在这里使用了多个属性来定制 Tabs 组件的外观和行为,包括:vertical 用于设置选项导航的方向为竖直排列,scrollable 用于设置选项卡导航为可以滑动,barMode 用于设置 TabBar 的布局模式,barWidth 和 barHeight 用于设置 TabBar 的宽度和高度,animationDuration 用于设置选项卡切换的动画时长。

最后,为 Tabs 添加 onChange 方法添加事件处理程序,当选项卡切换后,将触发该事件,并输出选项卡索引。并设置组件样式,使用通用属性设置 Tabs 组件的宽度、高度和背景颜色,以及外边距。示例代码运行效果如图 6-9 所示。

图 6-9 Tabs 组件示例代码运行效果

```
1.    // pages/containers_tabs
2.    @Entry
3.    @Component
4.    struct TabsExample {
5.      // 生成类型为 TabsController 的 controller 对象,作
         // 为参数传入 Tabs 实例中
6.      private controller_1: TabsController = new
         TabsController()
7.      private controller_2: TabsController = new
         TabsController()
8.
9.
10.     build() {
11.       Column() {
12.         // barPosition 用于 Tabs 组件创建页签的位置
13.         // barPosition 需要与 vertical 属性连用,当 vertical 被设置为 true 时,Tabs 组件被竖
            // 直放在屏幕的左侧,即起始端
14.         Tabs({ barPosition: BarPosition.Start, controller: this.controller_1 }) {
15.           TabContent() {
16.             Column().width('100%').height('100%').backgroundColor(Color.Pink)
17.           }
18.           // tabBar()用于设置 TabBar 上显示的内容,本例中直接选择了传入要显示的字符串
19.           .tabBar('pink')
20.
21.           TabContent() {
22.             Column().width('100%').height('100%').backgroundColor(Color.Yellow)
23.           }.tabBar('yellow')
24.
```

```
25.        TabContent() {
26.          Column().width('100%').height('100%').backgroundColor(Color.Blue)
27.        }.tabBar('blue')
28.
29.        TabContent() {
30.          Column().width('100%').height('100%').backgroundColor(Color.Green)
31.        }.tabBar('green')
32.
33.       }
34.       .vertical(true).scrollable(true)
35.       // TabBar 的布局模式,BarMode.Fixed 表示为所有 TabBar 分配平均宽度
36.       // BarMode.Scrollable 表示 TabBar 使用实际布局宽度,超过总长度时可以滑动
37.       .barMode(BarMode.Fixed)
38.       // tabBar 的宽度值和高度值
39.       .barWidth(70).barHeight(150)
40.       // 设置滑动动画的时长
41.       .animationDuration(400)
42.       // Tab 页签切换后触发的时间
43.       .onChange((index: number) => {
44.         console.info(index.toString())
45.       })
46.       .width('90%').backgroundColor(0xF5F5F5)
47.       .height(300).margin({top:10})
48.
49.     }.width('100%').height('100%').margin({ top: 5 })
50.   }
51. }
```

总体而言,Tabs 组件是一个非常实用的容器组件,可以为应用程序提供漂亮的选项卡导航和内容切换功能,提升用户体验和界面交互效果。

6.10 低代码开发

低代码开发(Low-Code Development)指利用可视化的图形界面和配置化的方式来快速开发应用程序,而不需要编写大量的代码。

低代码开发主要包括以下特点。

(1)可视化的拖曳界面:低代码平台提供类似拼图的可视化编辑器,通过拖曳、配置组件的方式构建应用。

(2)预置的组件和模板:组件库中包含常见的业务功能组件,通过配置而非编码的方式使用。

(3)功能自动生成:低代码平台可以根据设置自动生成前后端功能代码,不需要手动编码。

(4)少量编码:低代码平台上可以添加自定义代码进行扩展,但大部分逻辑通过配置实现。

(5)面向业务人员:低代码简化了开发工作,业务人员经过培训也可以使用低代码平台进行应用开发。

(6)快速迭代开发:低代码通过简化工作和自动生成代码大大提升了开发效率。

HarmonyOS 低代码开发方式,具有丰富的 UI 界面编辑功能,例如基于图形化的自由

拖曳、数据的参数化配置等,遵循 HarmonyOS JS 开发规范,通过可视化界面开发方式快速构建布局,可有效降低用户的时间成本和提升用户构建 UI 界面的效率。

6.10.1 创建新工程支持低代码开发

在之前讲到的创建工程的基础上,开发者只需要选择 Enable Super Visual 功能即可开启低代码开发支持功能,如图 6-10 所示。

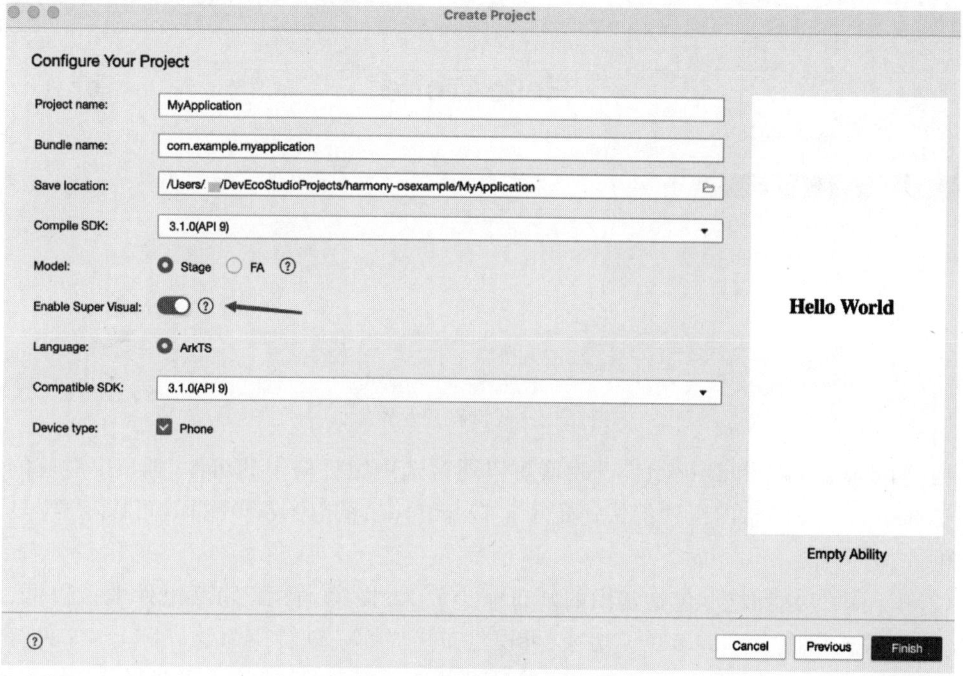

图 6-10 开启低代码支持功能

同步完成后,工程目录中自动生成低代码目录结构,如图 6-11 所示。

pages>index.ets:低代码页面的逻辑描述文件,定义了页面里所用到的所有的逻辑关系,比如数据、事件等,详情请参考 ArkTS 语法参考。如果创建了多个低代码页面,则 pages 目录下会生成多个页面文件夹及对应的 ets 文件。

supervisual>pages index.visual:visual 文件存储低代码页面的数据模型,双击该文件即可打开低代码页面,进行可视化开发设计。如果创建了多个低代码页面,则 pages 目录下会生成多个页面文件夹及对应的 visual 文件。

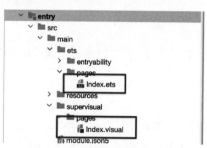

图 6-11 低代码开发目录结构

打开"index.visual"文件,即可进行页面的可视化布局设计与开发,如图 6-12 所示。

(1) UI Control:UI 控件栏,可以将相应的组件选中并拖动到画布(Canvas)中,实现控件的添加。

(2) Component Tree:组件树,在低代码开发界面中,开发者可以直观地看到组件的层

图 6-12 低代码开发界面

级结构、摘要信息以及错误提示。开发者可以通过选中组件树中的组件（画布中对应的组件被同步选中），实现画布内组件的快速定位；单击组件后的 ◉ 或 ◎ 图标，可以隐藏/显示相应的组件。

（3）Panel：功能面板，包括常用的画布缩小放大、撤销、显示/隐藏组件虚拟边框、设备切换、明暗模式切换、Media query 切换、可视化布局界面一键转换为 hml 和 css 文件等。

（4）Canvas：画布，开发者可在此区域对组件进行拖曳、拉伸等可视化操作，构建 UI 界面布局效果。

（5）Attributes & Styles：属性样式栏，选中画布中的相应组件后，在右侧属性样式栏可以对该组件的属性样式进行配置。

6.10.2 低代码开发 Demo 示例

删除模板页面中的控件后，选中组件栏中的 List 组件，将其拖曳至中央画布区域，松开鼠标，实现一个 List 组件的添加。在 List 组件添加完成后，用同样的方法拖曳一个 ListItem 组件至 List 组件内。创建 List 组件如图 6-13 所示。

选中画布内的 List 组件，按住控件的 resize 按钮，将 List 拉大，如图 6-14 所示。

依次选中组件栏中的 Row、Image、Column、Text 组件，将 Row 组件拖曳至中央画布区域的 ListItem 组件内，Image、Column 组件拖曳至画布内 Row 组件内，Text 组件拖曳至最内层 Column 组件内，如图 6-15 所示。

分别选中组件树中的组件，单击右侧属性样式栏中微调其属性使组件达到要求。

ets 文件用来定义页面的业务逻辑，基于 ArtTs 语言的动态化能力，可以使应用/服务更加富有表现力，具备更加灵活的设计。在低代码页面关联 ets 文件中定义的 data 数组中包含了需要引用的图片以及字符串资源，这些资源将在低代码开发页面中被引用。

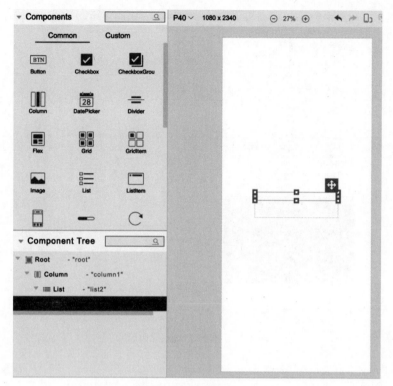

图 6-13 创建 List 组件

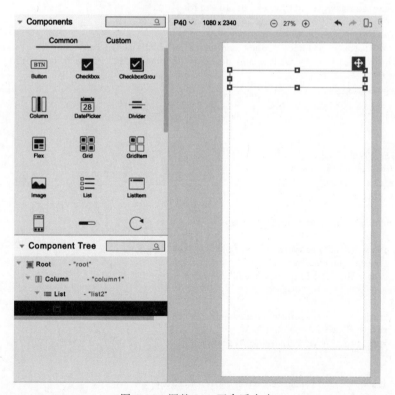

图 6-14 调整 List 至合适大小

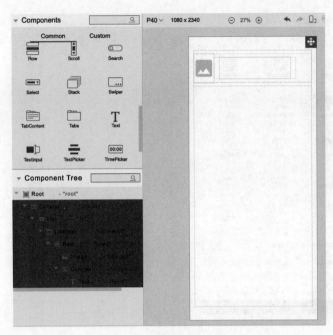

图 6-15 创建 ListItem 内容

```
1.   @Entry
2.   @Component
3.   struct Index {
4.     @State message: string = 'Hello World'
5.     @State data : Array < TaskInfo > = DataList
6.     /**
7.      * In low-code mode, do not add anything to the build function, as it will be
8.      * overwritten by the content generated by the .visual file in the build phase.
9.      */
10.    build() {
11.
12.    }
13.  }
14.
15.  class TaskInfo{
16.    image : string = '';
17.    title : string = '';
18.    subtitle: string = '';
19.  }
20.  const DataList: Array < TaskInfo > = [
21.    {
22.      image:'../../resources/base/media/Mate40.png',
23.      title : "Huawei Mate 40",
24.      subtitle: "Lead Further Ahead"
25.    },
26.    {
27.      image:'../../resources/base/media/Mate40rs.png',
28.      title:"Huawei Mate 40rs",
29.      subtitle: "Pays Tribute To Old World"
30.    },
31.    {
32.      image:'../../resources/base/media/Mate30.png',
33.      title:"Huawei Mate 30",
34.      subtitle:"Rethink Possibilities"
```

```
35.      },
36.      {
37.        image:'../../resources/base/media/Mate305G.png',
38.        title:"Huawei Mate 305G",
39.        subtitle:"Rethink Possibilities"
40.      }
41.    ]
```

选中组件树中的 ListItem 组件,单击右侧属性样式栏中的属性图标(Properties),在展开的 Properties 栏中找到 Render 中的 Foreach 属性对应的输入框,并在弹出的下拉框中选中输入 this.data,实现在低代码页面内引用关联 ets 文件中定义的数据。成功实现关联后,For 属性会根据设置的数据列表(data),展开当前元素,即复制出 3 个结构一致的 ListItem。

选中画布中的 Image 组件,修改右侧属性栏中的 Src 属性为{{$item.image}},为 Image 设置图片资源。其中 item 为 data 数组中定义的对象,item.image 即为对象中的 image 属性,该属性被设置为要引用的图片。如图 6-16 所示。

选中画布中的 Text 组件,修改右侧属性栏中的 Content 属性为{{$item.title}},为 Text 设置文本内容并调整 Text 的 Width 样式。

复制并粘贴画布中的 Text 组件,修改被粘贴的 Text 组件右侧属性栏中的 Content 属性为{{$item.subTitle}},为其设置文本内容并调整 FontSize 样式。

使用预览器预览界面效果。打开.visual 文件,并单击 DevEco Studio 右侧 Previewer,即可实现实时的预览功能,开发者在低代码页面中的每一步操作都会在 Previewer 上实时显示。最终显示效果如图 6-17 所示。

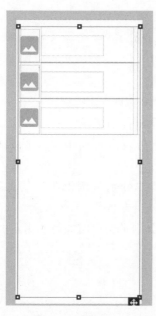
图 6-16 复制 item

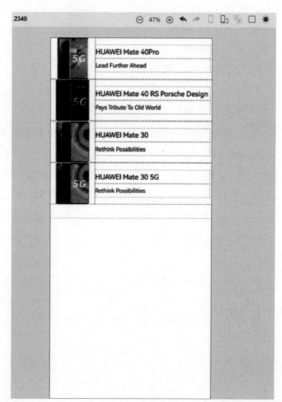
图 6-17 最终显示效果

6.11 本章小结

本章深入介绍了 HarmonyOS 应用程序开发中的容器组件，包括 Row、Column、Stack、List、Scroll、Grid、GridItem、Swiper 和 Tabs 组件。这些容器组件在构建界面布局和管理子组件方面发挥着关键的作用，为开发者提供了强大的工具来实现创意和创新性的应用。

在学习本章的内容后，相信读者已经了解了每个容器组件的特点、用法以及常见应用场景。Row 和 Column 组件可用于灵活地排列子组件，Stack 组件使得创建叠加效果变得轻而易举，List 和 Scroll 组件允许构建滚动视图和可滚动列表，Grid 和 GridItem 组件则为创建网格布局提供了便利，Swiper 和 Tabs 组件带来了丰富的交互体验。

通过实用的代码示例和最佳实践，学习了如何设计出各种不同样式的界面，实现自定义布局和滚动效果，为开发者的应用增添了更多可能性。无论应用是简约还是华丽，小而精致还是功能丰富，本章的内容都提供了丰富的灵感和实用的技巧。在接下来的应用开发中，读者可以更加自信地运用这些容器组件，实现更多创新的设计和功能，为用户带来更好的使用体验。

6.12 课后习题

1. 下列哪个组件用于创建水平布局的容器？（　　）
   A. Column 组件　　　　　　　　B. Row 组件
   C. Stack 组件　　　　　　　　　D. Grid 组件
2. 在鸿蒙系统中，哪个组件用于创建可以在两个方向上滚动的容器？（　　）
   A. List 组件　　　　　　　　　　B. Scroll 组件
   C. Stack 组件　　　　　　　　　D. Swiper 组件
3. 以下哪种组件适合用于实现多页面切换的功能？（　　）
   A. Swiper 组件　　　　　　　　　B. Tabs 组件
   C. Grid 组件　　　　　　　　　　D. Row 组件
4. ＿＿＿＿组件用于创建垂直布局的容器，使得子组件按垂直方向排列。
5. ＿＿＿＿组件用于创建可以在一个页面上堆叠多个子组件的容器。
6. 在鸿蒙系统的容器组件中，＿＿＿＿组件可以用于在表格布局中定义单元格的内容。
7. 详细描述 Row 组件和 Column 组件的用途及区别，并分别举例说明它们的基本用法。
8. 解释 List 组件和 Grid 组件的功能及其主要区别，并分别举例说明如何使用它们。

第7章

数据与文件管理

7.1 数据管理

数据管理为开发者提供数据存储、数据管理能力,比如联系人应用数据可以保存到数据库中,提供数据库的安全、可靠等管理机制。

数据存储:提供通用数据持久化能力,根据数据特点,分为用户首选项、键值型数据库和关系型数据库。

数据管理:提供高效的数据管理能力,包括权限管理、数据备份恢复、数据共享框架等。

应用创建的数据库都保存到应用沙盒,当应用卸载时,数据库也会自动删除。

7.2 应用数据持久化

应用数据持久化,是指应用将内存中的数据通过文件或数据库的形式保存到设备上。内存中的数据形态通常是任意的数据结构或数据对象,存储介质上的数据形态可能是文本、数据库、二进制文件等。

HarmonyOS 标准系统支持典型的存储数据形态,包括用户首选项、键值型数据库、关系型数据库。

开发者可以根据如下功能介绍,选择合适的数据形态以满足自己应用数据的持久化需要。

用户首选项(Preferences):通常用于保存应用的配置信息。数据以文本的形式保存在设备中,应用使用过程中会将文本中的数据全量加载到内存中,所以访问速度快、效率高,但不适合需要存储大量数据的场景。

键值型数据库(KV-Store):一种非关系型数据库,其数据以"键值对"的形式进行组织、索引和存储,其中"键"作为唯一标识符。适合很少数据关系和业务关系的业务数据存储,同时因其在分布式场景中降低了解决数据库版本兼容问题的复杂度和数据同步过程中冲突解决的复杂度而被广泛使用。相比于关系型数据库,更容易做到跨设备跨版本兼容。

关系型数据库(RelationalStore):以行和列的形式存储数据,广泛用于应用中的关系型数据的处理,包括一系列的增、删、改、查等接口,开发者也可以运行自己定义的 SQL 语句来满足复杂业务场景的需要。

7.2.1 通过用户首选项实现数据持久化

用户首选项为应用提供 Key-Value 键值型的数据处理能力，支持应用持久化轻量级数据，并对其修改和查询。当用户希望有一个全局唯一存储的地方，可以采用用户首选项来进行存储。Preferences 会将数据转为持久化文件保存在文件目录中，当 Ability 加载时，Preferences 再将该数据缓存在内存中，当用户读取时，能够快速从内存中获取数据。随着存放的数据量越多而导致应用占用的内存越大，因此，Preferences 不适合存放过多的数据，适用的场景一般为应用保存用户的个性化设置（字体大小，是否开启夜间模式）等。

接下来本小节将介绍 Preferences 的具体使用方式，具体方式将通过以下几个步骤展开。

（1）导入用户首选项模块。

```
1. import dataPreferences from '@ohos.data.preferences';
```

（2）要通过用户首选项实现数据持久化，首先要获取 Preferences 实例。读取指定文件，将数据加载到 Preferences 实例，用于数据操作，以下为获取 Preferences 示例。注意，当想要获取的 Preferences 不存在时，系统会自动创建一个空的 Preferences 返回。

```
1.   import UIAbility from '@ohos.app.ability.UIAbility';
2.
3.   class EntryAbility extends UIAbility {
4.    onWindowStageCreate(windowStage) {
5.     try {
6.      dataPreferences.getPreferences(this.context, 'mystore', (err, preferences) => {
7.       if (err) {
8.        console.error(`Failed to get preferences. Code: ${err.code},message: ${err.message}`);
9.        return;
10.       }
11.       console.info('Succeeded in getting preferences.');
12.       // 进行相关数据操作
13.      })
14.     } catch (err) {
15.      console.error(`Failed to get preferences. Code: ${err.code},message: ${err.message}`);
16.     }
17.    }
18.   }
```

（3）写入数据。

使用 put()方法保存数据到缓存的 Preferences 实例中。在写入数据后，如有需要，可使用 flush()方法将 Preferences 实例的数据存储到持久化文件。

```
1.    preferences.has('startup', function (err, val) {
2.     if (err) {
3.      console.error(`Failed to check the key 'startup'. Code: ${err.code}, message: ${err.message}`);
4.      return;
5.     }
6.     if (val) {
7.      console.info("The key 'startup' is contained.");
8.     } else {
9.      console.info("The key 'startup' does not contain.");
```

```
10.         // 此处以此键值对不存在时写入数据为例
11.        try {
12.         preferences.put('startup', 'auto', (err) => {
13.           if (err) {
14.             console.error(`Failed to put data. Code: ${err.code}, message: ${err.message}`);
15.             return;
16.           }
17.           console.info('Succeeded in putting data.');
18.         })
19.        } catch (err) {
20.         console.error(`Failed to put data. Code: ${err.code},message: ${err.message}`);
21.        }
22.       }
23.     })
24.    } catch (err) {
25.     console.error(`Failed to check the key 'startup'. Code: ${err.code}, message: ${err.message}`);
26.    }
```

（4）读取数据。

使用 get() 方法获取数据，即指定键对应的值。如果值为 null 或者非默认值类型，则返回默认数据。示例代码如下所示：

```
1.  try {
2.   preferences.get('startup', 'default', (err, val) => {
3.     if (err) {
4.       console.error(`Failed to get value of 'startup'. Code: ${err.code}, message: ${err.message}`);
5.       return;
6.     }
7.     console.info(`Succeeded in getting value of 'startup'. val: ${val}.`);
8.   })
9.  } catch (err) {
10.   console.error(`Failed to get value of 'startup'. Code: ${err.code}, message: ${err.message}`);
11. }
```

（5）删除数据。

用 delete() 方法删除指定键值对，示例代码如下所示：

```
1.  try {
2.   preferences.delete('startup', (err) => {
3.     if (err) {
4.       console.error(`Failed to delete the key 'startup'. Code: ${err.code}, message: ${err.message}`);
5.       return;
6.     }
7.     console.info("Succeeded in deleting the key 'startup'.");
8.   })
9.  } catch (err) {
10.   console.error(`Failed to delete the key 'startup'. Code: ${err.code}, message: ${err.message}`);
11. }
```

（6）数据持久化。

应用存入数据到 Preferences 实例后，可以使用 flush() 方法实现数据持久化。示例代码如下所示：

```
1.  try {
```

```
2.    preferences.flush((err) => {
3.      if (err) {
4.        console.error(`Failed to flush. Code: $ {err.code}, message: $ {err.message}`);
5.        return;
6.      }
7.      console.info('Succeeded in flushing.');
8.    })
9.  } catch (err) {
10.   console.error(`Failed to flush. Code: $ {err.code}, message: $ {err.message}`);
11. }
```

(7) 订阅数据变更。

应用订阅数据变更需要指定 observer 作为回调方法。订阅的 Key 值发生变更后,当执行 flush()方法时,observer 被触发回调。示例代码如下所示:

```
1.  let observer = function (key) {
2.    console.info('The key' + key + 'changed.');
3.  }
4.  preferences.on('change', observer);
5.  // 数据产生变更,由'auto'变为'manual'
6.  preferences.put('startup', 'manual', (err) => {
7.    if (err) {
8.      console.error(`Failed to put the value of 'startup'. Code: $ {err.code},message:
        $ {err.message}`);
9.      return;
10.   }
11.   console.info("Succeeded in putting the value of 'startup'.");
12.   preferences.flush((err) => {
13.     if (err) {
14.       console.error(`Failed to flush. Code: $ {err.code}, message: $ {err.message}`);
15.       return;
16.     }
17.     console.info('Succeeded in flushing.');
18.   })
19. })
```

(8) 删除指定文件。

使用 deletePreferences()方法从内存中移除指定文件对应的 Preferences 实例,包括内存中的数据。若该 Preference 存在对应的持久化文件,则同时删除该持久化文件,包括指定文件及其备份文件、损坏文件。

```
1.  try {
2.    dataPreferences.deletePreferences(this.context, 'mystore', (err, val) => {
3.      if (err) {
4.        console.error(`Failed to delete preferences. Code: $ {err.code}, message: $ {err.
          message}`);
5.        return;
6.      }
7.      console.info('Succeeded in deleting preferences.');
8.    })
9.  } catch (err) {
10.   console.error(`Failed to delete preferences. Code: $ {err.code}, message: $ {err.message}`);
11. }
```

接下来通过一个综合示例来演示使用 Preferences。

```
1.  //DataPreferences/entry/src/main/ets/entryability/entryability.ts
```

```
2.   import UIAbility from '@ohos.app.ability.UIAbility';
3.   import hilog from '@ohos.hilog';
4.   import window from '@ohos.window';
5.   import dataPreferences from '@ohos.data.preferences';
6.   let preferences = null;
7.   export default class EntryAbility extends UIAbility {
8.     onWindowStageCreate(windowStage: window.WindowStage) {
9.       //尝试获取 preferences
10.      try {
11.        dataPreferences.getPreferences(this.context, 'mystore', (err, preferences) => {
12.          if (err) {
13.            console.error(`获取 preferences 失败,错误代码:${err.code},错误信息:${err.message}`);
14.            return;
15.          }
16.          console.info('获取 preferences 成功');
17.          //将获取到的 preferences 赋值给变量 preferences,接下来可以通过操作此变量来
              //操控名为 mystore 的 preferences
18.          preferences = preferences;
19.          //尝试从 mystore 中获取值
20.          try {
21.            preferences.get('startup', 'default', (err, val) => {
22.              if (err) {
23.                console.error(`获取 startup 的值失败,错误代码:${err.code}, 错误信息:${err.message}`);
24.                return;
25.              }
26.              console.info(`获取 startup 值成功,值为:${val}.`);
27.            })
28.          } catch (err) {
29.            console.error(`获取 startup 的值失败,错误代码:${err.code},错误信息:${err.message}`);
30.          }
31.          //尝试向 mystore 中存放数据
32.          try {
33.            preferences.put('startup', 'auto', (err) => {
34.              if (err) {
35.                console.error(`存放数据失败。错误代码:${err.code},错误信息:${err.message}`);
36.                return;
37.              }
38.              console.info('存放数据成功。');
39.            })
40.          } catch (err) {
41.            console.error(`存放数据失败。错误代码:${err.code},错误信息:${err.message}`);
42.          }
43.          //尝试向 mystore 中存放数据
44.          try {
45.            preferences.flush((err) => {
46.              if (err) {
47.                console.error(`转为持久化文件失败.错误代码:${err.code},错误信息:${err.message}`);
48.                return;
49.              }
50.              console.info('转为持久化成功');
51.            })
52.          } catch (err) {
53.            console.error(`Failed to flush. Code:${err.code}, message:${err.message}`);
54.          }
```

```
55.        })
56.      } catch (err) {
57.        console.error(`获取 preferences 失败,错误代码:${err.code},错误信息:${err.message}`);
58.      }
59.      windowStage.loadContent('pages/Index', (err, data) => {
60.        if (err.code) {
61.          hilog.error(0x0000, 'testTag', 'Failed to load the content. Cause: %{public}s', JSON.stringify(err)??'');
62.          return;
63.        }
64.        hilog.info(0x0000, 'testTag', 'Succeeded in loading the content. Data: %{public}s', JSON.stringify(data)??'');
65.      });
66.    }
67.
68.  }
```

当运行以上代码时,系统会先从持久化文件中读取名为 mystore 的 preferences 对应的文件并加载到内存中,但由于是第一次运行的缘故,系统会返回一个空的名为 mystore 的实例。当开发者尝试从 mystore 中获取 startup 对应的值时,会返回默认值 default,如图 7-1 所示。

```
07-11 17:18:39.309 4833-25796/? I 0FEFE/JsApp: 获取 preferences 成功
07-11 17:18:39.344 4833-25796/? I 0FEFE/JsApp: 获取 startup 值成功,值为: default.
07-11 17:18:39.344 4833-25796/? I 0FEFE/JsApp: 存放数据成功。
07-11 17:18:39.344 4833-25796/? I 0FEFE/JsApp: 转为持久化成功
```

图 7-1　第一次获取 preferences

第一次运行结束后,如果没有对 preferences 持久化,当再次启动应用时,将得到如图 7-1 相同的结果,但此次运行了 preferences 持久化,所以当开发者再一次运行应用时,将得到如图 7-2 的运行结果,此时 mystore 不再是一个空的 preferences,并且能从其中获取到上一次运行存储在其中的 startup 值。

```
07-11 17:19:05.015 5057-25874/? I 0FEFE/JsApp: 获取 startup 值成功,值为: auto.
07-11 17:19:05.015 5057-25874/? I 0FEFE/JsApp: 存放数据成功。
07-11 17:19:05.015 5057-25874/? I 0FEFE/JsApp: 转为持久化成功
```

图 7-2　第二次获取 preferences

7.2.2　通过键值型数据库实现数据持久化

键值型数据库存储键值对形式的数据,当需要存储的数据没有复杂的关系模型,比如存储商品名称及对应价格、员工工号及今日是否已出勤等,由于数据复杂度低,更容易兼容不同数据库版本和设备类型,因此推荐使用键值型数据库持久化此类数据。

通过以下几个步骤介绍 Stage 模型下的键值型数据库使用。

(1) 若要使用键值型数据库,首先要获取一个 KVManager 实例,用于管理数据库对象。示例代码如下所示:

```
1.  // 导入模块
2.  import distributedKVStore from '@ohos.data.distributedKVStore';
3.
4.  // Stage 模型
5.  import UIAbility from '@ohos.app.ability.UIAbility';
```

```
6.
7.     let kvManager;
8.
9.     export default class EntryAbility extends UIAbility {
10.      onCreate() {
11.        let context = this.context;
12.        const kvManagerConfig = {
13.          context: context,
14.          bundleName: 'com.example.datamanagertest'
15.        };
16.        try {
17.          // 创建 KVManager 实例
18.          kvManager = distributedKVStore.createKVManager(kvManagerConfig);
19.          console.info('Succeeded in creating KVManager.');
20.          // 继续创建获取数据库
21.        } catch (e) {
22.          console.error(`Failed to create KVManager. Code: ${e.code},message: ${e.message}`);
23.        }
24.      }
25.    }
```

（2）创建并获取键值数据库。示例代码如下所示：

```
1.   try {
2.     const options = {
3.       createIfMissing: true,         // 当数据库文件不存在时是否创建数据库,默认创建
4.       encrypt: false,                // 设置数据库文件是否加密,默认不加密
5.       backup: false,                 // 设置数据库文件是否备份,默认备份
6.       kvStoreType: distributedKVStore.KVStoreType.SINGLE_VERSION,
         // 设置要创建的数据库类型,默认为多设备协同数据库
7.       securityLevel: distributedKVStore.SecurityLevel.S2 // 设置数据库安全级别
8.     };
9.     // storeId 为数据库唯一标识符
10.    kvManager.getKVStore('storeId', options, (err, kvStore) => {
11.      if (err) {
12.        console.error(`Failed to get KVStore. Code: ${err.code},message: ${err.message}`);
13.        return;
14.      }
15.      console.info('Succeeded in getting KVStore.');
16.      // 进行相关数据操作
17.    });
18.  } catch (e) {
19.    console.error(`An unexpected error occurred. Code: ${e.code},message: ${e.message}`);
20.  }
```

（3）调用 put()方法向键值数据库中插入数据。示例代码如下所示：

```
1.   const KEY_TEST_STRING_ELEMENT = 'key_test_string';
2.   const VALUE_TEST_STRING_ELEMENT = 'value_test_string';
3.   try {
4.     kvStore.put(KEY_TEST_STRING_ELEMENT, VALUE_TEST_STRING_ELEMENT, (err) => {
5.       if (err !== undefined) {
6.         console.error(`Failed to put data. Code: ${err.code},message: ${err.message}`);
7.         return;
8.       }
9.       console.info('Succeeded in putting data.');
10.    });
11.  } catch (e) {
12.    console.error(`An unexpected error occurred. Code: ${e.code},message: ${e.message}`);
```

13.   }

（4）调用get()方法获取指定键的值。示例代码如下所示：

```
1.   const KEY_TEST_STRING_ELEMENT = 'key_test_string';
2.   const VALUE_TEST_STRING_ELEMENT = 'value_test_string';
3.   try {
4.     kvStore.put(KEY_TEST_STRING_ELEMENT, VALUE_TEST_STRING_ELEMENT, (err) => {
5.       if (err !== undefined) {
6.         console.error(`Failed to put data. Code: ${err.code},message: ${err.message}`);
7.         return;
8.       }
9.       console.info('Succeeded in putting data.');
10.      kvStore.get(KEY_TEST_STRING_ELEMENT, (err, data) => {
11.        if (err !== undefined) {
12.          console.error(`Failed to get data. Code: ${err.code},message: ${err.message}`);
13.          return;
14.        }
15.        console.info(`Succeeded in getting data. data: ${data}`);
16.      });
17.    });
18.  } catch (e) {
19.    console.error(`Failed to get data. Code: ${e.code},message: ${e.message}`);
20.  }
```

（5）调用delete()方法删除指定键值的数据。示例代码如下所示：

```
1.   const KEY_TEST_STRING_ELEMENT = 'key_test_string';
2.   const VALUE_TEST_STRING_ELEMENT = 'value_test_string';
3.   try {
4.     kvStore.put(KEY_TEST_STRING_ELEMENT, VALUE_TEST_STRING_ELEMENT, (err) => {
5.       if (err !== undefined) {
6.         console.error(`Failed to put data. Code: ${err.code},message: ${err.message}`);
7.         return;
8.       }
9.       console.info('Succeeded in putting data.');
10.      kvStore.delete(KEY_TEST_STRING_ELEMENT, (err) => {
11.        if (err !== undefined) {
12.          console.error(`Failed to delete data. Code: ${err.code},message: ${err.message}`);
13.          return;
14.        }
15.        console.info('Succeeded in deleting data.');
16.      });
17.    });
18.  } catch (e) {
19.    console.error(`An unexpected error occurred. Code: ${e.code},message: ${e.message}`);
20.  }
```

接下来将通过一个简单的代码示例展示如何在应用中使用键值型数据库。

```
5.   //KVManager/entry/main/ets/pages/index.ets
6.   import distributedKVStore from '@ohos.data.distributedKVStore';
7.   import common from '@ohos.app.ability.common';
8.   @Entry
9.   @Component
10.  struct Index {
11.    @State message: string = 'Hello World'
12.    private context = getContext(this) as common.UIAbilityContext;
13.    private KVManager = null;
14.
```

```
15.    KVStore = null;
16.    //控制数据输入框展示
17.    dialogController: CustomDialogController = new CustomDialogController({
18.      builder: CustomDialogExample({
19.        kvStore: this.KVStore
20.      }),
21.      autoCancel: true,
22.      alignment: DialogAlignment.Default,
23.      offset: { dx: 0, dy: -20 },
24.      gridCount: 4,
25.      customStyle: false
26.    })
27.    dialogGetDataController: CustomDialogController = new CustomDialogController({
28.      builder: CustomDialogGetData({
29.        kvStore: this.KVStore,
30.        message: $ message
31.      }),
32.      autoCancel: true,
33.      alignment: DialogAlignment.Default,
34.      offset: { dx: 0, dy: -20 },
35.      gridCount: 4,
36.      customStyle: false
37.    })
38.    dialogDeleteController: CustomDialogController = new CustomDialogController({
39.      builder: CustomDialogDeleteData({
40.        kvStore: this.KVStore
41.      }),
42.      autoCancel: true,
43.      alignment: DialogAlignment.Default,
44.      offset: { dx: 0, dy: -20 },
45.      gridCount: 4,
46.      customStyle: false
47.    })
48.    build() {
49.      Row() {
50.        Column() {
51.          Text(this.message)
52.            .fontSize(50)
53.            .fontWeight(FontWeight.Bold)
54.          Button("获取 KVManager").onClick(() =>{
55.            this.KVManager = getKVManager(this.kvManagerConfig)
56.            dialogShow("提示","获取 KVManager 成功")
57.          }).fontSize(30)
58.            .margin(10)
59.          Button("创建并获取数据库").onClick(() =>{ if(this.KVManager == null)
60.            dialogShow("提示","请先获取 KVManager")
61.            else
62.            {
63.              createDatabase(this.KVManager)
64.                .then(store => {
65.                  // 在这里可以使用 store 对象
66.                  this.KVStore = store;
67.                })
68.                .catch(error => {
69.                  // 错误处理
70.                  console.error(error);
71.                });
72.              dialogShow("提示","获取数据库成功")
```

```
73.        }
74.      }).fontSize(30)
75.        .margin(10)
76.      Button("添加数据").onClick(()=>{
77.        if(this.KVStore == null)
78.          dialogShow("提示","请先获取数据库")
79.        else
80.        {
81.          this.dialogController.open()
82.        }
83.      })
84.      Button("获取数据").onClick(()=>{
85.        if(this.KVStore == null)
86.          dialogShow("提示","请先获取数据库")
87.        else
88.        {
89.          this.dialogGetDataController.open()
90.        }
91.      }).margin(10)
92.      Button("删除数据").onClick(()=>{
93.        if(this.KVStore == null)
94.          dialogShow("提示","请先获取数据库")
95.        else
96.        {
97.          this.dialogDeleteController.open()
98.        }
99.      }).margin(10)
100.    }
101.    .width('100%').height('100%')
102.   }
103.    .height('100%')
104.  }
105.  kvManagerConfig = {
106.   context: this.context,
107.   bundleName: 'com.example.datamanagertest'
108. };
109. }
110. //获取 KVManager
111. function getKVManager(kvManagerConfig)
112. {
113.   try {
114.     // 创建 KVManager 实例
115.     let kvManager = distributedKVStore.createKVManager(kvManagerConfig);
116.     console.info('Succeeded in creating KVManager.');
117.     return kvManager
118.   } catch (e) {
119.     console.error(`Failed to create KVManager. Code:${e.code},message:${e.message}`);
120.   }
121. }
122. //创建键值数据库
123. function createDatabase(kvManager)
124. {
125.
126.   const options = {
127.     createIfMissing: true,        // 当数据库文件不存在时是否创建数据库,默认创建
128.     encrypt: false,               // 设置数据库文件是否加密,默认不加密
129.     backup: false,                // 设置数据库文件是否备份,默认备份
130.     kvStoreType: distributedKVStore.KVStoreType.SINGLE_VERSION,
```

```
131.         securityLevel: distributedKVStore.SecurityLevel.S2 // 设置数据库安全级别
132.     };
133.     // storeId 为数据库唯一标识符,数据库不存在时会返回新的数据库
134.     return new Promise((resolve, reject) => {
135.         kvManager.getKVStore('storeId', options, (err, store) => {
136.             if (err) {
137.                 console.error(`Failed to get KVStore. Code: ${err.code},message: ${err.message}`);
138.                 reject(err);
139.             } else {
140.                 console.info('获取数据库成功');
141.                 resolve(store);
142.             }
143.         });
144.     });
145.
146. }
147. //获取数据
148. function getData(kvStore,k)
149. {
150.     const KEY_TEST_STRING_ELEMENT = k;
151.     return new Promise((resolve, reject) => {
152.         kvStore.get(KEY_TEST_STRING_ELEMENT, (err, data) => {
153.             if (err !== undefined) {
154.                 console.error(`获取数据失败,错误代码:${err.code},错误信息:${err.message}`);
155.                 dialogShow("提示","数据不存在")
156.                 reject(err)
157.             }
158.             console.info(`获取数据成功, data:${data}`);
159.             resolve(data)
160.         });
161.     })
162. }
163. //存储数据
164. function putData(kvStore,k,v)
165. {
166.
167.     try {
168.         kvStore.put(k, v, (err) => {
169.             if (err !== undefined) {
170.                 console.error(`添加数据失败,错误代码:${err.code},错误信息:${err.message}`);
171.                 return;
172.             }
173.             dialogShow("提示","添加数据成功")
174.             console.info('添加数据成功');
175.         });
176.     } catch (e) {
177.         console.error(`意外发生,错误代码:${e.code},错误信息:${e.message}`);
178.     }
179. }
180.
181. function deleteData(kvStore,k) {
182.
183.     kvStore.delete(k, (err) => {
184.         if (err !== undefined) {
185.             dialogShow("提示","数据不存在")
186.             console.error(`删除数据失败,错误代码:${err.code},错误信息:${err.message}`);
187.             return;
```

```
188.     }
189.     dialogShow("提示","删除成功")
190.    });
191.  }
192.  function  dialogShow(title, message){
193.   AlertDialog.show(
194.     {
195.      title: title,
196.      message: message,
197.      autoCancel: true,
198.      alignment: DialogAlignment.Bottom,
199.      offset: { dx: 0, dy: -20 },
200.      gridCount: 3,
201.      confirm: {
202.       value: '确认',
203.       action: () => {
204.        console.info('Button-clicking callback')
205.       }
206.      },
207.      cancel: () => {
208.       console.info('Closed callbacks')
209.      }
210.     }
211.    )
212.  }
213.  //弹出保存框
214.  @CustomDialog
215.  struct CustomDialogExample {
216.
217.   keyValue:string
218.   valueValue:string
219.   kvStore:any
220.   controller: CustomDialogController
221.   // 若尝试在 CustomDialog 中传入多个其他的 controller,以实现在 CustomDialog 中打开另
              // 一个或另一些 CustomDialog,那么此处需要将指向自己的 controller 放在最后
222.
223.   build() {
224.    Column() {
225.     Text('请输入键值').fontSize(20).margin({ top: 10, bottom: 10 })
226.     TextInput({ placeholder: '请输入 key 值', text: this.keyValue }).height(60).width('90%')
227.      .onChange((value: string) => {
228.       this.keyValue = value
229.      })
230.     TextInput({ placeholder: '请输入 value 值', text: this.valueValue }).height(60).
             width('90%')
231.      .onChange((value: string) => {
232.       this.valueValue = value
233.      })
234.   /*
235.     Text('是否保存').fontSize(16).margin({ bottom: 10 })
236.   */
237.     Flex({ justifyContent: FlexAlign.SpaceAround }) {
238.      Button('取消')
239.       .onClick(() => {
240.        this.controller.close()
241.       }).backgroundColor(0xffffff).fontColor(Color.Black)
242.      Button('确认')
243.       .onClick(() => {
```

```
244.        putData(this.kvStore,this.keyValue,this.valueValue)
245.        this.controller.close()
246.      }).backgroundColor(0xffffff).fontColor(Color.Red)
247.    }.margin({ bottom: 10 })
248.    }
249.    // dialog 默认的 borderRadius 为 24vp,如果需要使用 border 属性,请和 borderRadius
          // 属性一起使用
250.    }
251.  }
252.
253. //弹出取值框
254. @CustomDialog
255. struct CustomDialogGetData {
256.
257.   keyValue:string
258.   kvStore:any
259.   @Link message:string
260.   controller: CustomDialogController
261.   // 若尝试在 CustomDialog 中传入多个其他的 controller,以实现在 CustomDialog 中打开另一
          // 个或另一些 CustomDialog,那么此处需要将指向自己的 controller 放在最后
262.
263.   build() {
264.    Column() {
265.     Text('请输入要取值的键值').fontSize(20).margin({ top: 10, bottom: 10 })
266.     TextInput({ placeholder: '请输入 key 值', text: this.keyValue }).height(60).width('90%')
267.       .onChange((value: string) => {
268.         this.keyValue = value
269.       })
270.     Flex({ justifyContent: FlexAlign.SpaceAround }) {
271.       Button('取消')
272.         .onClick(() => {
273.          this.controller.close()
274.         }).backgroundColor(0xffffff).fontColor(Color.Black)
275.       Button('确认')
276.         .onClick(() => {
277.          // @ts-ignore
278.          getData(this.kvStore,this.keyValue).then(data =>{this.message = data})
279.          if (this.message == undefined)
280.          {
281.            dialogShow("提示","数据不存在")
282.          }
283.          this.controller.close()
284.         }).backgroundColor(0xffffff).fontColor(Color.Red)
285.     }.margin({ bottom: 10 })
286.    }
287.    // dialog 默认的 borderRadius 为 24vp,如果需要使用 border 属性,请和 borderRadius
          // 属性一起使用。
288.    }
289.  }
290.
291. //弹出取值框
292. @CustomDialog
293. struct CustomDialogDeleteData {
294.
295.   keyValue:string
296.   kvStore:any
297.   controller: CustomDialogController
298.   // 若尝试在 CustomDialog 中传入多个其他的 controller,以实现在 CustomDialog 中打开另一
```

```
             // 个或另一些 CustomDialog,那么此处需要将指向自己的 controller 放在最后
299.
300.    build() {
301.      Column() {
302.        Text('请输入要删除的键值').fontSize(20).margin({ top: 10, bottom: 10 })
303.        TextInput({ placeholder: '请输入 key 值', text: this.keyValue }).height(60).width('90 %')
304.          .onChange((value: string) => {
305.            this.keyValue = value
306.          })
307.        Flex({ justifyContent: FlexAlign.SpaceAround }) {
308.          Button('取消')
309.            .onClick(() => {
310.              this.controller.close()
311.            }).backgroundColor(0xffffff).fontColor(Color.Black)
312.          Button('确认')
313.            .onClick(() => {
314.              // @ts-ignore
315.              deleteData(this.kvStore,this.keyValue)
316.              this.controller.close()
317.            }).backgroundColor(0xffffff).fontColor(Color.Red)
318.        }.margin({ bottom: 10 })
319.      }
320.      // dialog 默认的 borderRadius 为 24vp,如果需要使用 border 属性,请和 borderRadius
           // 属性一起使用。
321.    }
322.  }
```

读者可以在本书代码库中下载对应的项目运行此代码实例,通过实际的运行,相信读者对键值型数据库存储有更深的理解。项目运行结果如图 7-3 所示。

图 7-3　键值型数据库示例代码运行结果

在运行的程序中,用户需要依次执行获取 KVManager,创建并获取数据库,添加数据,获取数据和删除数据,如果用户没有按照正确的顺序执行,将会出现如图 7-4、图 7-5 的提示,当用户按照正确的顺序执行时可以看到图 7-6 的提示。

当用户尝试向键值数据库中添加值时,会弹出输入框提示用户输入,如图 7-7 所示,当用户单击"确认"按钮后,可以获取通过输入键值获取数据,如图 7-8 所示,最后用户可以看到,获取到的数据通过赋值给装饰器@State 装饰的变量,使页面重新渲染,如图 7-9 所示。

图 7-4　提示 1　　　　　　图 7-5　提示 2　　　　　　图 7-6　提示 3

图 7-7　效果 1　　　　　　图 7-8　效果 2　　　　　　图 7-9　效果 3

7.2.3　通过关系型数据库实现数据持久化

关系型数据库基于 SQLite 组件，适用于存储包含复杂关系数据的场景，比如一个班级的学生信息，需要包括姓名、学号、各科成绩等；又如公司的雇员信息，需要包括姓名、工号、职位等，由于数据之间有较强的对应关系，复杂程度比键值型数据更高，此时需要使用关系型数据库来持久化保存数据。

SQLite 是一种嵌入式关系型数据库管理系统(RDBMS)，它被设计为一个零配置、服务器无关的数据库引擎。它是一款轻量级的数据库解决方案，具有高度的可靠性、稳定性和性能。

以下是一些关于 SQLite 的重要特点和特性。

（1）嵌入式数据库引擎：SQLite 以静态库或动态链接库的形式嵌入应用程序中，不需要独立的数据库服务器进程。这使得 SQLite 成为嵌入式设备和移动应用程序的理想选择。

（2）零配置：SQLite 不需要任何烦琐的配置或管理任务。创建一个数据库只需要一个文件，并且可以在没有任何额外配置的情况下直接开始使用。

（3）轻量级：SQLite 非常轻巧，库文件的大小通常不超过几百 KB。它的内存占用也很小，适合在资源受限的环境中使用。

（4）支持标准的 SQL 语法：SQLite 支持大部分标准 SQL 语法，包括 SELECT、INSERT、UPDATE 和 DELETE 等关键字，以及复杂的查询语句、连接和子查询。

（5）事务支持：SQLite 提供了完整的事务支持，使用 ACID（原子性、一致性、隔离性和持久性）属性来保证数据的完整性和一致性。

（6）多种编程语言支持：SQLite 支持多种编程语言，包括 C、C++、Java、Python、Ruby 等。开发者可以使用它们中的任意一种进行数据库操作。

（7）跨平台：SQLite 可以在各种操作系统上运行，包括 Windows、mac OS X、Linux 和其他 UNIX 系统。

（8）公有领域授权：SQLite 是以公有领域授权方式发布的，可以免费使用和分发，也没有任何商业限制。

ArkTS 为开发者提供了一套便于开发者编写数据库操作的增删改查操作接口，但是当遇到复杂操作场景时仍需要用户编写 SQL 语句进行操作，以下代码示例将简单地介绍 SQL 语句的书写，熟悉此部分知识的读者可跳过此段内容。

（1）创建表(CREATE TABLE)。

```
1.    CREATE TABLE table_name (
2.        column1 datatype constraint,
3.        column2 datatype constraint,
4.        ...
5.    );
```

例如，创建一个名为"users"的表，包含"id"和"name"两列。

```
1.    CREATE TABLE users (
2.        id INTEGER PRIMARY KEY,
3.        name TEXT
4.    );
```

(2) 插入数据(INSERT INTO)。

```
1.    INSERT INTO table_name (column1, column2, ...)
2.    VALUES (value1, value2, ...);
```

例如,向"users"表中插入一条数据。

```
1.    INSERT INTO users (id, name)
2.    VALUES (1, 'John');
```

(3) 查询数据(SELECT)。

```
1.    SELECT column1, column2, ...
2.    FROM table_name
3.    WHERE condition;
```

例如,从"users"表中查询所有数据。

```
1. SELECT * FROM users;
```

(4) 更新数据(UPDATE)。

```
1.    UPDATE table_name
2.    SET column1 = value1, column2 = value2, ...
3.    WHERE condition;
```

例如,更新"users"表中 id 为 1 的数据的 name 字段。

```
1.    UPDATE users
2.    SET name = 'Jane'
3.    WHERE id = 1;
```

(5) 删除数据(DELETE FROM)。

```
1.    DELETE FROM table_name
2.    WHERE condition;
```

例如,从"users"表中删除 id 为 1 的数据。

```
1.    DELETE FROM users
2.    WHERE id = 1;
```

以上只是 SQLite 中 SQL 语句的简单介绍,实际上还有很多其他的 SQL 语句和语法,如使用 JOIN 进行表连接、使用 GROUP BY 进行分组、使用 ORDER BY 进行排序等,可以根据具体需求来学习和使用更多的 SQL 语句和功能。

接下来介绍在 ArkTS 中结合接口的 SQLite 用法。

(1) 使用关系型数据库实现数据持久化,需要获取一个 RdbStore。示例代码如下所示:

```
1.    import relationalStore from '@ohos.data.relationalStore';        // 导入模块
2.    import UIAbility from '@ohos.app.ability.UIAbility';
3.
4.    class EntryAbility extends UIAbility {
5.      onWindowStageCreate(windowStage) {
6.        const STORE_CONFIG = {
7.          name: 'RdbTest.db',                                          // 数据库文件名
8.          securityLevel: relationalStore.SecurityLevel.S1              // 数据库安全级别
9.        };
10.
11.       const SQL_CREATE_TABLE = 'CREATE TABLE IF NOT EXISTS EMPLOYEE (ID INTEGER PRIMARY KEY
          AUTOINCREMENT, NAME TEXT NOT NULL, AGE INTEGER, SALARY REAL, CODES BLOB)';
```

```
12.                                                                          // 建表 SQL 语句
13.    relationalStore.getRdbStore(this.context, STORE_CONFIG, (err, store) => {
14.      if (err) {
15.        console.error(`Failed to get RdbStore. Code: ${err.code}, message: ${err.message}`);
16.        return;
17.      }
18.      console.info(`Succeeded in getting RdbStore.`);
19.      store.executeSql(SQL_CREATE_TABLE);                                  // 创建数据表
20.
21.      // 这里执行数据库的增、删、改、查等操作
22.
23.    });
24.  }
25. }
```

（2）获取到 RdbStore 后，调用 insert() 接口插入数据。示例代码如下所示：

```
1.  const valueBucket = {
2.    'NAME': 'Lisa',
3.    'AGE': 18,
4.    'SALARY': 100.5,
5.    'CODES': new Uint8Array([1, 2, 3, 4, 5])
6.  };
7.  store.insert('EMPLOYEE', valueBucket, (err, rowId) => {
8.    if (err) {
9.      console.error(`Failed to insert data. Code: ${err.code}, message: ${err.message}`);
10.     return;
11.   }
12.   console.info(`Succeeded in inserting data. rowId: ${rowId}`);
13. })
```

（3）根据谓词指定的实例对象，对数据进行修改或删除。调用 update() 方法修改数据，调用 delete() 方法删除数据。示例代码如下所示：

```
1.  // 修改数据
2.  const valueBucket = {
3.    'NAME': 'Rose',
4.    'AGE': 22,
5.    'SALARY': 200.5,
6.    'CODES': new Uint8Array([1, 2, 3, 4, 5])
7.  };
8.  let predicates = new relationalStore.RdbPredicates('EMPLOYEE');
                                                    // 创建表'EMPLOYEE'的 predicates
9.  predicates.equalTo('NAME', 'Lisa');    // 匹配表'EMPLOYEE'中'NAME'为'Lisa'的字段
10. store.update(valueBucket, predicates, (err, rows) => {
11.   if (err) {
12.     console.error(`Failed to update data. Code: ${err.code}, message: ${err.message}`);
13.     return;
14.   }
15.   console.info(`Succeeded in updating data. row count: ${rows}`);
16. })
17.
18. // 删除数据
19. let predicates = new relationalStore.RdbPredicates('EMPLOYEE');
20. predicates.equalTo('NAME', 'Lisa');
21. store.delete(predicates, (err, rows) => {
22.   if (err) {
23.     console.error(`Failed to delete data. Code: ${err.code}, message: ${err.message}`);
```

```
24.        return;
25.      }
26.      console.info(`Delete rows: ${rows}`);
27.    })
```

（4）根据谓词指定的查询条件查找数据。调用 query( ) 方法查找数据，返回一个 ResultSet 结果集。示例代码如下所示：

```
1.    let predicates = new relationalStore.RdbPredicates('EMPLOYEE');
2.    predicates.equalTo('NAME', 'Rose');
3.    store.query(predicates, ['ID', 'NAME', 'AGE', 'SALARY', 'CODES'], (err, resultSet) => {
4.      if (err) {
5.        console.error(`Failed to query data. Code: ${err.code}, message: ${err.message}`);
6.        return;
7.      }
8.      console.info(`ResultSet column names: ${resultSet.columnNames}`);
9.      console.info(`ResultSet column count: ${resultSet.columnCount}`);
10.   })
```

（5）调用 deleteRdbStore( ) 方法，删除数据库及数据库相关文件。示例代码如下所示：

```
1.    import UIAbility from '@ohos.app.ability.UIAbility';
2.    
3.    class EntryAbility extends UIAbility {
4.      onWindowStageCreate(windowStage) {
5.        relationalStore.deleteRdbStore(this.context, 'RdbTest.db', (err) => {
6.          if (err) {
7.            console.error(`Failed to delete RdbStore. Code: ${err.code}, message: ${err.message}`);
8.            return;
9.          }
10.         console.info('Succeeded in deleting RdbStore.');
11.       });
12.     }
13.   }
```

以下实例通过一个代码示例讲解如何在实际开发中运用关系型数据库操作，受制于篇幅的内容限制，以下代码示例仅展示基础的用法，更高级的用法请读者查阅官方文档学习。

```
1.    //SQLiteExample/entry/src/main/ets/pages/Index.ets
2.    import relationalStore from '@ohos.data.relationalStore';          // 导入模块
3.    import common from '@ohos.app.ability.common';
4.    let Store;
5.    @Entry
6.    @Component
7.    struct Index {
8.      @State resultSet:Array<Employee> = null;
9.      @State changeValue: string = '';
10.     @State submitValue: string = '';
11.     private context = getContext(this) as common.UIAbilityContext;
12.     controller: SearchController = new SearchController();
13.     private store;
14.     aboutToAppear(){
15.       relationalStore.getRdbStore(this.context, STORE_CONFIG,  async (err, store) => {
16.         if (err) {
17.           console.error(`Failed to get RdbStore. Code: ${err.code}, message: ${err.message}`);
18.           return;
19.         }
20.         console.info(`Succeeded in getting RdbStore.`);
21.         store.executeSql(SQL_CREATE_TABLE);    // 创建数据表,注意当重新启动时,数据库不
                                                   // 会被重复创建
```

```
22.        this.store = store
23.        Store = store
24.        await queryAll(this.store).then( async (result) =>{if(result.rowCount == 0)
25.        {
26.         atbegin(this.store)
27.        }
28.        await queryAll(this.store).then((result) =>{
29.         this.resultSet = dealWithResultSet(result)})
30.     })
31.     });
32.    }
33.    build() {
34.     Row() {
35.      Column() {
36.       Row(){
37.        Search({ value: this.changeValue, placeholder: 'Type to search...', controller:
           this.controller })
38.         .searchButton('SEARCH')
39.         .width(320)
40.         .height(40)
41.         .backgroundColor(Color.White)
42.         .placeholderColor(Color.Grey)
43.         .placeholderFont({ size: 14, weight: 200 })
44.         .textFont({ size: 14, weight: 200 })
45.         .onSubmit((value: string) => {
46.          this.submitValue = value;
47.          query(Store,this.submitValue).then((resultSet) =>{this.resultSet = dealWithResultSet
            (resultSet)})
48.        })
49.         .onChange((value: string) => {
50.          this.changeValue = value;
51.        })
52.         .margin(0)
53.        Button({ type: ButtonType.Circle, stateEffect: true }) {
54.         Text(" + ").fontSize(30).height(30)
55.        }.width(30).height(30).margin({ left: 0 }).backgroundColor(Color.White)
56.       }
57.       Row()
58.       {
59.        Text("ID").fontSize(20).width('15%')
60.        Text("姓名").fontSize(20).width('20%')
61.        Text("年龄").fontSize(20).width('20%')
62.        Text("薪水").fontSize(20).width('20%')
63.        Text("操作").fontSize(20).width('20%')
64.       }
65.       ForEach(this.resultSet,(item) =>{
66.        employee({eid:item.id,name:item.name,age:item.age,salary:item.salary})
67.       },(item) => (item.id).toString())
68.       }
69.       .width('100%')
70.      }
71.     }
72.    }
73.
74.  //渲染员工信息组件
75.  @Component
```

```
76.    struct employee{
77.      eid:number;
78.      name:string;
79.      age:number;
80.      salary:number;
81.      build()
82.      {
83.        Row()
84.        {
85.          Text(`${this.eid}`).fontSize(20).width('15%')
86.          Text(`${this.name}`).fontSize(20).width('20%')
87.          Text(`${this.age}`).fontSize(20).width('20%')
88.          Text(`${this.salary}`).fontSize(20).width('20%')
89.          Button("删除").fontSize(20).width('20%').onClick(()=>dialogShow("警告","是否删
             除",Store,this.eid))
90.        }.margin(10)
91.      }
92.    }
93.    const STORE_CONFIG = {
94.      name: 'RdbTest.db',                                              // 数据库文件名
95.      securityLevel: relationalStore.SecurityLevel.S1 // 数据库安全级别
96.    };
97.    const SQL_CREATE_TABLE = 'CREATE TABLE IF NOT EXISTS EMPLOYEE (ID INTEGER PRIMARY KEY
         AUTOINCREMENT, NAME TEXT NOT NULL, AGE INTEGER, SALARY REAL)';   // 建表SQL语句
98.    //当数据库没有数据时,向数据库插入三条数据便于展示
99.    async function atbegin(store) {
100.     const valueBucket = {
101.       'NAME': 'Lisa',
102.       'AGE': 18,
103.       'SALARY': 100.5,
104.     };
105.     const valueBucket2 = {
106.       'NAME': 'lihua',
107.       'AGE': 20,
108.       'SALARY': 1440.5,
109.     };
110.     const valueBucket3 = {
111.       'NAME': 'wangming',
112.       'AGE': 29,
113.       'SALARY': 1030.5,
114.     };
115.     store.insert('EMPLOYEE', valueBucket,(err, rowId) => {
116.       if (err) {
117.         console.error(`Failed to insert data. Code:${err.code}, message:${err.message}`);
118.         return;
119.       }
120.       console.info(`Succeeded in inserting data. rowId:${rowId}`);
121.     })
122.     store.insert('EMPLOYEE', valueBucket2,(err, rowId) => {
123.       if (err) {
124.         console.error(`Failed to insert data. Code:${err.code}, message:${err.message}`);
125.         return;
126.       }
127.       console.info(`Succeeded in inserting data. rowId:${rowId}`);
128.     })
129.     store.insert('EMPLOYEE', valueBucket3,(err, rowId) => {
130.       if (err) {
```

```
131.     console.error(`Failed to insert data. Code: ${err.code}, message: ${err.message}`);
132.     return;
133.   }
134.   console.info(`Succeeded in inserting data. rowId: ${rowId}`);
135. })
136.
137. }
138. //查询全部员工信息，以便展示
139. function queryAll(store)
140. {
141.   const SELECT_ALL = "SELECT * FROM EMPLOYEE"
142.   return store.querySQL(SELECT_ALL)
143. }
144.
145. //根据 ID 删除员工信息
146. function deleteEmployee(store, ID)
147. {
148.   let predicates = new relationalStore.RdbPredicates('EMPLOYEE');
149.   predicates.equalTo('ID', ID);
150.   store.delete(predicates, (err, rows) => {
151.     if (err) {
152.       console.error(`Failed to delete data. Code: ${err.code}, message: ${err.message}`);
153.       return;
154.     }
155.     console.info(`Delete rows: ${rows}`);
156.   })
157.
158. }
159. //查询单个 ID 对应的信息
160. function query(store, ID)
161. {
162.   let predicates = new relationalStore.RdbPredicates('EMPLOYEE');
163.   predicates.equalTo('ID', ID);
164.   return new Promise((resolve, reject) => store.query(predicates, ['ID', 'NAME', 'AGE', 'SALARY'], (err, resultSet) => {
165.     if (err) {
166.       console.error(`Failed to query data. Code: ${err.code}, message: ${err.message}`);
167.       reject(err);
168.     }
169.     console.log(`dhhdhdh ${resultSet.rowCount}`)
170.     resolve(resultSet)
171.   }))
172. }
173. //弹出删除提示框
174. function dialogShow(title, message, store, ID){
175.   AlertDialog.show(
176.     {
177.       title: title,
178.       message: message,
179.       autoCancel: true,
180.       alignment: DialogAlignment.Bottom,
181.       offset: { dx: 0, dy: -20 },
182.       gridCount: 3,
183.       confirm: {
184.         value: '确认',
185.         action: () => {
186.           deleteEmployee(store, id)
```

```
187.         }
188.       },
189.       cancel: () => {
190.         console.info('Closed callbacks')
191.       }
192.     }
193.   )
194. }
195. //定义员工类,用以封装从数据库查询的信息
196. class Employee
197. {
198.   public id:number;
199.   public name:string;
200.   public age:number;
201.   public salary:number;
202. 
203.   constructor(id,name,age,salary) {
204.     this.id = id;
205.     this.name = name;
206.     this.age = age;
207.     this.salary = salary;
208.   }
209. }
210. 
211. //处理从数据库中获取的结果
212. function dealWithResultSet(resultSet) {
213.   let count = resultSet.rowCount;
214.   console.log(`ddddd${count}`);
215.   if (count === 0 || typeof count === 'string') {
216.     console.log('Query no results!');
217.   } else {
218.     resultSet.goToFirstRow();
219.     const result = [];
220.     for (let i = 0; i < count; i++) {
221.       let tmp = {'id': 0, 'name': '', 'age': 0, 'salary': 0}
222.       tmp.id = resultSet.getDouble(resultSet.getColumnIndex('id'));
223.       tmp.name = resultSet.getString(resultSet.getColumnIndex('name'));
224.       tmp.age = resultSet.getDouble(resultSet.getColumnIndex('age'));
225.       tmp.salary = resultSet.getDouble(resultSet.getColumnIndex('salary'));
226.       let employee = new Employee(tmp.id,tmp.name,tmp.age,tmp.salary)
227.       result[i] = employee;
228.       resultSet.goToNextRow();
229.     }
230.     console.log(result.toString())
231.     return result
232.   }
233. }
```

在上述代码示例中,初次运行此程序时,为了便于接下来的展示,先向数据库中添加了三条员工信息,运行结果如图 7-10 所示。注:由于插入数据库是异步操作,可能需要重新进入程序才能看到列表展示信息。并且用户可以通过 ID 搜索对应的员工信息,如图 7-11 所示。当用户单击对应的删除按钮时,该用户信息会从数据库删除,重新进入应用程序不会再看到该条信息,如图 7-12 所示。

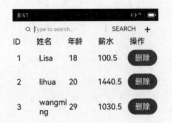  

图 7-10　初试界面　　　　图 7-11　查询 ID 为 1 的用户　　　图 7-12　删除 1 后的界面

7.3　文件管理

在操作系统中，存在各种各样的数据，按数据结构可分为结构化数据和非结构化数据。

结构化数据：能够用统一的数据模型加以描述的数据。常见的是各类数据库数据。在应用开发中，对结构化数据的开发活动隶属于数据管理模块。

非结构化数据：指数据结构不规则或不完整，没有预定义的数据结构/模型，不方便用数据库二维逻辑表来表现的数据。常见的是各类文件，如文档、图片、音频、视频等。在应用开发中，对非结构化数据的开发活动隶属于文件管理模块，将在下文展开介绍。

在文件管理模块中，按文件所有者的不同，有如下文件分类模型。

应用文件：文件所有者为应用，包括应用安装文件、应用资源文件、应用缓存文件等。

用户文件：文件所有者为登录到该终端设备的用户，包括用户私有的图片、视频、音频、文档等。

系统文件：与应用和用户无关的其他文件，包括公共库、设备文件、系统资源文件等。这类文件不需要开发者进行文件管理，本书不展开介绍。

本节将从应用文件和用户文件两方面展开讲解文件管理。

7.3.1　应用文件

应用需要对应用文件目录下的应用文件进行查看、创建、读写、删除、移动、复制、获取属性等访问操作，下文介绍具体方法。

在对应用文件开始访问前,开发者需要获取应用文件路径。在前文中已经介绍了如何获取 Context 上下文信息,文件路径则可从 Context 中获取到。

下面介绍几种常用操作示例。

1. 新建并读写一个文件

以下示例代码演示了如何新建一个文件并对其读写。

```
1.    //FileManage/entry/src/main/ets/pages/createFile.ets
2.    import fs from '@ohos.file.fs';
3.    import common from '@ohos.app.ability.common';
4.
5.    function createFile() {
6.      // 获取应用文件路径
7.      let context = getContext(this) as common.UIAbilityContext;
8.      let filesDir = context.filesDir;
9.
10.     // 新建并打开文件
11.     let file = fs.openSync(filesDir + '/test.txt', fs.OpenMode.READ_WRITE | fs.OpenMode.CREATE);
12.     // 写入一段内容至文件
13.     let writeLen = fs.writeSync(file.fd, "Try to write str.");
14.     console.info("The length of str is: " + writeLen);
15.     // 从文件读取一段内容
16.     let buf = new ArrayBuffer(1024);
17.     let readLen = fs.readSync(file.fd, buf, { offset: 0 });
18.     console.info("the content of file: " + String.fromCharCode.apply(null, new Uint8Array(buf.slice(0, readLen))));
19.     // 关闭文件
20.     fs.closeSync(file);
21.   }
```

2. 读取文件内容并写入另一个文件

以下示例代码演示了如何从一个文件读写内容到另一个文件。

```
1.    //FileManage/entry/src/main/ets/pages/readWriteFile.ets
2.    import fs from '@ohos.file.fs';
3.    import common from '@ohos.app.ability.common';
4.
5.    function readWriteFile() {
6.      // 获取应用文件路径
7.      let context = getContext(this) as common.UIAbilityContext;
8.      let filesDir = context.filesDir;
9.
10.     // 打开文件
11.     let srcFile = fs.openSync(filesDir + '/test.txt', fs.OpenMode.READ_WRITE);
12.     let destFile = fs.openSync(filesDir + '/destFile.txt', fs.OpenMode.READ_WRITE | fs.OpenMode.CREATE);
13.     // 读取源文件内容并写入目的文件
14.     let bufSize = 4096;
15.     let readSize = 0;
16.     let buf = new ArrayBuffer(bufSize);
17.     let readLen = fs.readSync(srcFile.fd, buf, { offset: readSize });
18.     while (readLen > 0) {
19.       readSize += readLen;
20.       fs.writeSync(destFile.fd, buf);
21.       readLen = fs.readSync(srcFile.fd, buf, { offset: readSize });
22.     }
```

```
23.      // 关闭文件
24.      fs.closeSync(srcFile);
25.      fs.closeSync(destFile);
26.  }
```

3. 以流的形式读写文件

以下示例代码演示了如何使用流接口进行文件读写。

```
1.   //FileManage/entry/src/main/ets/pages/readWriteFileWithStream.ets
2.   import fs from '@ohos.file.fs';
3.   import common from '@ohos.app.ability.common';
4.
5.   async function readWriteFileWithStream() {
6.     // 获取应用文件路径
7.     let context = getContext(this) as common.UIAbilityContext;
8.     let filesDir = context.filesDir;
9.
10.     // 打开文件流
11.     let inputStream = fs.createStreamSync(filesDir + '/test.txt', 'r+');
12.     let outputStream = fs.createStreamSync(filesDir + '/destFile.txt', "w+");
13.     // 以流的形式读取源文件内容并写入目的文件
14.     let bufSize = 4096;
15.     let readSize = 0;
16.     let buf = new ArrayBuffer(bufSize);
17.     let readLen = await inputStream.read(buf, { offset: readSize });
18.     readSize += readLen;
19.     while (readLen > 0) {
20.       await outputStream.write(buf);
21.       readLen = await inputStream.read(buf, { offset: readSize });
22.       readSize += readLen;
23.     }
24.     // 关闭文件流
25.     inputStream.closeSync();
26.     outputStream.closeSync();
27.  }
```

4. 查看文件列表

以下示例代码演示了如何查看文件列表。

```
1.   /FileManage/entry/src/main/ets/pages/filelist.ets
2.   // 查看文件列表
3.   import fs from '@ohos.file.fs';
4.   import common from '@ohos.app.ability.common';
5.
6.     // 获取应用文件路径
7.     let context = getContext(this) as common.UIAbilityContext;
8.     let filesDir = context.filesDir;
9.
10.     // 查看文件列表
11.     let options = {
12.       recursion: false,
13.       listNum: 0,
14.       filter: {
15.         suffix: ['.png', '.jpg', '.txt'],         // 匹配文件后缀名为'.png','.jpg','.txt'
16.         displayName: ['test%'],                   // 匹配文件全名以'test'开头
17.         fileSizeOver: 0,                          // 匹配文件大小大于或等于0
18.         lastModifiedAfter: new Date(0).getTime(), // 匹配文件最近修改时间在1970年1月1日之后
19.       },
```

```
20.    }
21.    let files = fs.listFileSync(filesDir, options);
22.    for (let i = 0; i < files.length; i++) {
23.        console.info(`The name of file: ${files[i]}`);
24.    }
```

7.3.2 用户文件

1. 选择用户文件

终端用户有时需要分享、保存一些图片、视频等用户文件,开发者需要在应用中支持此类使用场景。此时,开发者可以使用 HarmonyOS 系统预置的文件选择器(FilePicker),实现用户文件选择及保存能力。

根据用户文件的常见类型,文件选择器(FilePicker)分别提供以下接口。

(1) PhotoViewPicker:适用于图片或视频类文件的选择与保存。

(2) DocumentViewPicker:适用于文档类文件的选择与保存。

(3) AudioViewPicker:适用于音频类文件的选择与保存。

以下代码示例展示了如何在程序中调用选择器。

```
1.   //FileManage/entry/src/main/ets/pages/Picker.ets
2.   //导入文件操作模块
3.   import fs from '@ohos.file.fs'
4.   //导入选择器模块
5.   import picker from '@ohos.file.picker';
6.   //创建图库选择选项实例
7.   const photoSelectOptions = new picker.PhotoSelectOptions();
8.   //选择媒体文件类型和选择媒体文件的最大数目
9.   //以下示例以图片选择为例,媒体文件类型请参见 PhotoViewMIMETypes
10.
11.  photoSelectOptions.MIMEType = picker.PhotoViewMIMETypes.IMAGE_TYPE;
                                                          // 过滤选择媒体文件类型为 IMAGE
12.  photoSelectOptions.maxSelectNumber = 5;               // 选择媒体文件的最大数目
13.  //创建图库选择器实例,调用 select()接口拉起 FilePicker 界面进行文件选择
14.  //文件选择成功后,返回 PhotoSelectResult 结果集,可以根据结果集中 URI 进行文件读取等操作
15.
16.  let uri = null;
17.  const photoPicker = new picker.PhotoViewPicker();
18.  //照片选择
19.  function Photoselect()
20.  {
21.   photoPicker.select(photoSelectOptions).then((photoSelectResult) => {
22.     uri = photoSelectResult.photoUris[0];
23.     console.log(uri)
24.   }).catch((err) => {
25.     console.error(`Invoke photoPicker.select failed, code is ${err.code}, message is
        ${err.message}`);
26.   })
27.  }
28.  //文档类选择
29.  const documentSelectOptions = new picker.DocumentSelectOptions();
30.  let documentUri = null;
31.  function documentSelect()
32.  {
33.   const documentViewPicker = new picker.DocumentViewPicker(); // 创建文件选择器实例
34.   documentViewPicker.select(documentSelectOptions).then((documentSelectResult) => {
```

```
35.    documentUri = documentSelectResult[0];
36.   }).catch((err) => {
37.    console.error(`Invoke documentPicker.select failed, code is ${err.code}, message is
       ${err.message}`);
38.   })
39.  }
40.  //音频选择
41.  const audioSelectOptions = new picker.AudioSelectOptions();
42.  function audioSelect()
43.  {
44.   let audiouri = null;
45.   const audioViewPicker = new picker.AudioViewPicker();
46.   audioViewPicker.select(audioSelectOptions).then(audioSelectResult => {
47.    audiouri = audioSelectOptions[0];
48.    console.log(audiouri)
49.   }).catch((err) => {
50.    console.error(`Invoke audioPicker.select failed, code is ${err.code}, message is
       ${err.message}`);
51.   })
52.
53.  }
54.  @Entry
55.  @Component
56.  struct Picker {
57.   @State message: string = 'Hello World'
58.   @State imageuri:String = null;
59.   build() {
60.    Row() {
61.     Column() {
62.      Button("打开照片选择").fontSize("30").onClick(() =>
63.      {
64.       Photoselect()
65.      })
66.      Button("打开文档类选择").fontSize("30").onClick(() =>
67.      {
68.       documentSelect()
69.      }).margin(10)
70.      Button("打开音频类选择").fontSize("30").onClick(() =>
71.      {
72.       audioSelect()
73.      }).margin(10)
74.     }
75.     .width('100%')
76.    }
77.    .height('100%')
78.   }
79.  }
```

针对以上过程，可以总结为以下几个步骤：

（1）导入选择器模块。

（2）创建选择选项实例。

（3）创建文档选择器实例。调用select()接口拉起Picker界面进行文件选择。

（4）文件选择成功后，返回被选中文档的URI结果集。开发者可以根据结果集中URI做进一步的处理。

例如通过文件管理接口根据URI获取部分文件属性信息，比如文件大小、访问时间、修改时间等。如有获取文件名称需求,请暂时使用 startAbilityForResult 获取。

(5) 待界面从 FilePicker 返回后,在其他函数中使用 fs.openSync 接口,通过 uri 打开这个文件得到 fd。

(6) 通过 fd 使用 fs.readSync 接口对这个文件进行读取数据,读取完成后关闭 fd。

2. 保存用户文件

在从网络下载文件到本地、或将已有用户文件另存为新的文件路径等场景下,需要使用 FilePicker 提供的保存用户文件的能力。

对音频、图片、视频、文档类文件的保存操作类似,均通过调用对应 Picker 的 save()接口并传入对应的 saveOptions 来实现。

以下代码过程介绍如何保存用户文件。

1) 保存图片或视频类文件

(1) 导入选择器模块。

```
1.    import picker from '@ohos.file.picker';
```

(2) 创建图库保存选项实例。

```
1.    const photoSaveOptions = new picker.PhotoSaveOptions(); // 创建文件管理器保存选项实例
2.    photoSaveOptions.newFileNames = ["PhotoViewPicker01.jpg"]; // 保存文件名(可选)
```

(3) 创建图库选择器实例,调用 save()接口拉起 FilePicker 界面进行文件保存。用户选择与文件类型相对应的文件夹,即可完成文件保存操作。保存成功后,返回保存文档的 URI。

```
1.    let uri = null;
2.    const photoViewPicker = new picker.PhotoViewPicker();
3.    photoViewPicker.save(photoSaveOptions).then((photoSaveResult) => {
4.      uri = photoSaveResult[0];
5.    }).catch((err) => {
6.      console.error(`Invoke documentPicker.select failed, code is ${err.code}, message is 
        ${err.message}`);
7.    })
```

(4) 待界面从 FilePicker 返回后,在其他函数中使用 fs.openSync 接口,通过 uri 打开这个文件得到 fd。

```
1.    let file = fs.openSync(uri, fs.OpenMode.READ_WRITE);
2.    console.info('file fd: ' + file.fd);
```

(5) 通过 fd 使用 fs.writeSync 接口对这个文件进行编辑修改,编辑修改完成后关闭 fd。

```
1.    let writeLen = fs.writeSync(file.fd, 'hello, world');
2.    console.info('write data to file succeed and size is:' + writeLen);
3.    fs.closeSync(file);
```

2) 保存文档类文件

(1) 导入选择器模块。

```
1.    import picker from '@ohos.file.picker';
```

(2) 创建文档保存选项实例。

```
1.    const documentSaveOptions = new picker.DocumentSaveOptions(); // 创建文件管理器选项实例
2.    documentSaveOptions.newFileNames = ["DocumentViewPicker01.txt"]; // 保存文件名(可选)
```

（3）创建文档选择器实例。调用 save() 接口拉起 FilePicker 界面进行文件保存。用户选择与文件类型相对应的文件夹，即可完成文件保存操作。保存成功后，返回保存文档的 URI。

```
1.    let uri = null;
2.    const documentViewPicker = new picker.DocumentViewPicker();    // 创建文件选择器实例
3.    documentViewPicker.save(documentSaveOptions).then((documentSaveResult) => {
4.      uri = documentSaveResult[0];
5.    }).catch((err) => {
6.      console.error(`Invoke documentPicker.save failed, code is ${err.code}, message is
       ${err.message}`);
7.    })
```

（4）待界面从 FilePicker 返回后，在其他函数中使用 fs.openSync 接口，通过 uri 打开这个文件得到 fd。

```
1.    let file = fs.openSync(uri, fs.OpenMode.READ_WRITE);
2.    console.info('file fd: ' + file.fd);
```

（5）通过 fd 使用 fs.writeSync 接口对这个文件进行编辑修改，编辑修改完成后关闭 fd。

```
1.    let writeLen = fs.writeSync(file.fd, 'hello, world');
2.    console.info('write data to file succeed and size is:' + writeLen);
3.    fs.closeSync(file);
```

3）保存音频类文件

（1）导入选择器模块。

```
1.    import picker from '@ohos.file.picker';
```

（2）创建音频保存选项实例。

```
1.    const audioSaveOptions = new picker.AudioSaveOptions(); // 创建文件管理器选项实例
2.    audioSaveOptions.newFileNames = ['AudioViewPicker01.mp3']; // 保存文件名(可选)
```

（3）创建音频选择器实例。调用 save() 接口拉起 FilePicker 界面进行文件保存。用户选择与文件类型相对应的文件夹，即可完成文件保存操作。保存成功后，返回保存文档的 URI。

```
1.    let uri = null;
2.    const audioViewPicker = new picker.AudioViewPicker();
3.    audioViewPicker.save(audioSaveOptions).then((audioSelectResult) => {
4.      uri = audioSelectResult[0];
5.    }).catch((err) => {
6.      console.error(`Invoke audioPicker.select failed, code is ${err.code}, message is
       ${err.message}`);
7.    })
```

（4）待界面从 FilePicker 返回后，在其他函数中使用 fs.openSync 接口，通过 uri 打开这个文件得到 fd。

```
1.    let file = fs.openSync(uri, fs.OpenMode.READ_WRITE);
2.    console.info('file fd: ' + file.fd);
```

（5）通过 fd 使用 fs.writeSync 接口对这个文件进行编辑修改，编辑修改完成后关闭 fd。

```
1.    let writeLen = fs.writeSync(file.fd, 'hello, world');
2.    console.info('write data to file succeed and size is:' + writeLen);
3.    fs.closeSync(file);
```

3. 使用第三方库进行文件操作

第三方库是开发者在系统能力的基础上进行了一层具体功能的封装,对其能力进行拓展,提供更加方便的接口,提升开发效率的工具。如果是发布到开源社区,称为开源第三方库,开发者可以通过访问开源社区获取。而一些团队内部开发使用的第三方库,没有发布到开源社区的称为内部第三方库。相对于原生 API,第三方库往往能提供更强的功能便于开发者开发,用户可从鸿蒙开发官网获取第三方库信息,也可从以下链接获取第三方资源 https://gitee.com/openharmony-tpc/tpc_resource?_from=gitee_search,本节将基于 fileio-extra 库介绍如何使用第三方库进行文件操作。

在安装第三方库之前,请确保将 DevEco Studio 中 ohpm 安装地址配置在"环境变量-系统变量-PATH(Windows 环境下)"中,接着在项目根路径下的命令行中执行以下命令。

```
1. ohpm install @ohos/fileio-extra
```

如果安装成功,开发者可以在项目根路径下 oh-package.json5 文件的 dependencies 中看到对应包名,如下所示。

```
1.  {
2.    "name": "filemanage",
3.    "version": "1.0.0",
4.    "description": "Please describe the basic information.",
5.    "main": "",
6.    "author": "",
7.    "license": "",
8.    "dependencies": {
9.      "@ohos/fileio-extra": "^2.0.0"
10.   },
11.   "devDependencies": {
12.     "@ohos/hypium": "1.0.6"
13.   }
14. }
```

接下来将用一个简单的代码示例介绍如何在开发中使用@ohos/fileio-extra 第三方库。

```
1.  //filemanage/entry/src/main/ets/pages/fileio.ETS
2.  import fs from '@ohos/fileio-extra'
3.  let context = getContext(this);
4.  @Entry
5.  @Component
6.  struct Fileio {
7.    @State message: string = 'Hello World'
8.    path = context.filesDir ;            // 文件路径
9.
10.   build() {
11.     Row() {
12.       Column() {
13.         Text(this.message)
14.           .fontSize(50)
15.           .fontWeight(FontWeight.Bold)
16.         Button("创建文件").fontSize(30).onClick(() => fs.outputFile(`${this.path}/test.txt`,"你好鸿蒙")
17.           .then(() => {
18.             console.log('创建成功')
19.             fs.readText(`${this.path}/test.txt`).then((str) => this.message = str)
20.           }).catch(err => {
```

```
21.            console.log('创建失败' + err)
22.          }))
23.
24.        }
25.        .width('100%')
26.      }
27.      .height('100%')
28.    }
29.  }
```

在上面的代码示例中,通过调用@ohos/fileio-extra 为开发者提供的接口,先向文件中写入"你好鸿蒙"的字符串,接着又从文件中读取这一字符串,将其赋值给 message 字符串,并在页面中展现出来,如图 7-13 所示。

图 7-13 文件操作结果演示

以下将介绍@ohos/fileio-extra 中其他接口的用法。

4. 创建文件夹目录

```
1.  import fs from '@ohos/fileio-extra'
2.  //同步创建
3.  fs.mkdirsSync("xx/xx/dirname")       //目录路径/文件夹名
4.  //异步创建
5.  fs.mkdirs("xx/xx/dirname").then(() => {
6.    console.log('创建成功')
7.  }).catch(err => {
8.    console.log('创建失败' + err)
9.  })
```

5. 创建 txt 文件和 json 文件

```
1.  import fs from '@ohos/fileio-extra'
2.  //同步创建 txt 文件和 json 文件
3.  fs.outputFileSync("xx/xx/filename.txt", '文件内容') //目录路径/文件名.txt
4.  fs.outputJSONSync("xx/xx/filename.json", '{}', { encoding: "utf-8"}) //目录路径/文件名.json
```

```
5.    //异步创建 txt 文件和 json 文件
6.    fs.outputFile("xx/xx/filename.txt", '文件内容').then(() => {
7.        console.log('创建成功')
8.    }).catch(err => {
9.        console.log('创建失败' + err)
10.   })
11.   fs.outputJSON("xx/xx/filename.json", '{}', { encoding: "utf-8"}).then(() => {
12.       console.log('创建成功')
13.   }).catch(err => {
14.       console.log('创建失败' + err)
15.   })
```

6. 删除某文件夹目录或文件

```
1.    import fs from '@ohos/fileio-extra'
2.    //同步删除
3.    fs.removeSync("xx/xx/filename") //需要删除的文件夹目录或文件路径
4.    //异步删除
5.    fs.remove("xx/xx/filename").then(() => {
6.        console.log('删除成功')
7.    }).catch(err => {
8.        console.log('删除失败' + err)
9.    })
```

7. 复制某文件夹目录或文件

```
1.    import fs from '@ohos/fileio-extra'
2.    //同步复制(参数一:需要复制的文件路径,参数二:目标路径)
3.    fs.copySync("xx/folder1/filename", "xx/folder2/filename")
4.    //异步复制
5.    fs.copy("xx/folder1/filename", "xx/folder2/filename").then(() => {
6.        console.log('复制成功')
7.    }).catch(err => {
8.        console.log('复制失败' + err)
9.    })
```

8. 移动某文件夹目录或文件

```
1.    import fs from '@ohos/fileio-extra'
2.    //同步移动(参数一:需要移动的文件路径,参数二:目标路径)
3.    fs.moveSync("xx/folder1/filename", "xx/folder2/filename")
4.    //异步移动
5.    fs.move("xx/folder1/filename", "xx/folder2/filename").then(() => {
6.        console.log('移动成功')
7.    }).catch(err => {
8.        console.log('移动失败' + err)
9.    })
```

9. 判断某文件夹或文件是否存在

```
1.    import fs from '@ohos/fileio-extra'
2.    //同步判断(存在为 true,不存在为 false)
3.    let path = fs.pathExistsSync("xx/folder1/filename")        //文件夹或文件路径
4.    console.log(path + ' = true 或 false')
5.    //异步判断
6.    fs.pathExists("xx/folder1/filename").then((res) => {
7.        console.log('存在为 true,不存在为 false' + res)
8.    })
```

10. 清空某文件夹下所有文件或文件夹

```
1.   import fs from '@ohos/fileio - extra'
2.   //同步清空
3.   fs.emptyDirSync("xx/folder1/filename")          //文件夹路径(路径为文件时报错)
4.   //异步清空
5.   fs.emptyDir("xx/folder1/filename").then((res) => {
6.     console.log('清空成功')
7.   })
```

相较于 npm 第三方库，ohpm 第三方库目前提供的数量仍显得有些单薄，但已基本覆盖了鸿蒙开发的方方面面，读者可从前文提供的链接中查看更多的第三方库，并且希望读者有一天也能成为鸿蒙开发第三方库的贡献者。

7.4 本章小结

本章系统地探讨了数据与文件管理的相关内容，涵盖了数据管理、应用数据持久化和文件管理的各个方面。通过本章的学习，读者应掌握数据管理的基本概念和方法，理解不同数据持久化方式的特点和适用场景，并能在实际应用中灵活运用这些技术。同时，读者还应学会如何有效管理应用文件和用户文件，确保数据和文件的安全性和完整性。

7.5 课后习题

1. 以下哪种方法用于通过用户首选项实现数据持久化？（　　）
   A. 使用文件系统　　　　　　　　B. 使用关系型数据库
   C. 使用键值对存储　　　　　　　D. 使用内存缓存
2. 通过关系型数据库实现数据持久化时，常用的数据库管理系统是（　　）。
   A. SQLite　　　B. Redis　　　C. MongoDB　　　D. Cassandra
3. 在文件管理中，用户文件的管理主要关注：（　　）。
   A. 应用内部配置文件　　　　　　B. 日志文件
   C. 用户生成的内容文件　　　　　D. 临时缓存文件
4. 数据持久化的目的是为了确保应用数据在设备_____或_____后能够恢复。
5. 通过键值型数据库实现数据持久化时，数据以_____的形式存储，可以快速访问。
6. 在鸿蒙系统的文件管理中，应用文件通常存储在应用的_____目录中。
7. 说明在鸿蒙系统中，如何通过用户首选项实现数据持久化，并举例说明其基本用法。
8. 介绍如何在鸿蒙系统中通过键值型数据库实现数据持久化，举例说明其基本操作。

第8章

网络与连接

前文内容所做的开发工作都是基于客户端进行,但是有些工作不能只依靠客户端进行,比如需要依靠网络将用户信息传入服务器中对用户登录进行鉴权,或通过网络与服务器和其他客户端进行通信。本章将基于网络与连接进行讲解,使读者学习鸿蒙开发中网络通信功能。

使用网络管理模块的相关功能时,需要请求相应的权限。在开始学习之前,需要先对项目 entry module 下的 module.json5 文件中进行如下权限配置。

```
1.    "requestPermissions":[
2.      {
3.        "name" : "ohos.permission.GET_NETWORK_INFO",
4.        "usedScene": {
5.          "abilities": [
6.            "EntryAbility"
7.          ],
8.          "when":"always"
9.        }
10.     },
11.     {
12.       "name" : "ohos.permission.SET_NETWORK_INFO",
13.       "usedScene": {
14.         "abilities": [
15.           "EntryAbility"
16.         ],
17.         "when":"always"
18.       }
19.     },
20.     {
21.       "name" : "ohos.permission.INTERNET",
22.       "usedScene": {
23.         "abilities": [
24.           "EntryAbility"
25.         ],
26.         "when":"always"
27.       }
28.     }
29.   ],
```

其中 ohos.permission.GET_NETWORK_INFO 用于获取网络连接信息。ohos.permission.SET_NETWORK_INFO 用于修改网络连接状态。ohos.permission.INTERNET 用于允

许程序打开网络套接字,进行网络连接。

8.1 HTTP 数据请求

在程序运行中,很多数据是通过客户端向服务器进行请求,由服务器进行处理请求后再将客户端所需要的数据交给客户端进行处理,ArkTS 为开发者提供了 request 接口进行发送 http 请求。使用 request 接口应遵循以下开发步骤。

(1) 从@ohos.net.http.d.ts 中导入 http 命名空间。

(2) 调用 createHttp()方法,创建一个 httpRequest 对象。

(3) 调用该对象的 on()方法,订阅 http 响应头事件,此接口会比 request 请求先返回。可以根据业务需要订阅此消息。

(4) 调用该对象的 request()方法,传入 http 请求的 url 地址和可选参数,发起网络请求。

(5) 按照实际业务需要,解析返回结果。

(6) 调用该对象的 off()方法,取消订阅 http 响应头事件。

(7) 当该请求使用完毕时,调用 destroy()方法主动销毁。

request 接口使用方法如以下代码所示。

```
1.   // 引入包名
2.   import http from '@ohos.net.http';
3.
4.   // 每个 httpRequest 对应一个 http 请求任务,不可复用
5.   let httpRequest = http.createHttp();
6.   // 用于订阅 http 响应头,此接口会比 request 请求先返回。可以根据业务需要订阅此消息
7.   // 从 API 8 开始,使用 on('headersReceive', Callback)替代 on('headerReceive', AsyncCallback)。8+
8.   httpRequest.on('headersReceive', (header) => {
9.     console.info('header: ' + JSON.stringify(header));
10.  });
11.  httpRequest.request(
12.    // 填写 http 请求的 URL 地址,可以带参数也可以不带参数。URL 地址需要开发者自定义。
       // 请求的参数可以在 extraData 中指定
13.    "EXAMPLE_URL",
14.    {
15.      method: http.RequestMethod.POST,        // 可选,默认为 http.RequestMethod.GET
16.      // 开发者根据自身业务需要添加 header 字段
17.      header: {
18.        'Content-Type': 'application/json'
19.      },
20.      // 当使用 POST 请求时此字段用于传递内容
21.      extraData: {
22.        "data": "data to send",
23.      },
24.      expectDataType: http.httpDataType.STRING,  // 可选,指定返回数据的类型
25.      usingCache: true,                          // 可选,默认为 true
26.      priority: 1,                               // 可选,默认为 1
27.      connectTimeout: 60000,                     // 可选,默认为 60000ms
28.      readTimeout: 60000,                        // 可选,默认为 60000ms
29.      usingProtocol: http.httpProtocol.HTTP1_1,  // 可选,协议类型默认值由系统自动指定
30.    }, (err, data) => {
31.      if (!err) {
```

```
32.      // data.result 为 http 响应内容,可根据业务需要进行解析
33.      console.info('Result:' + JSON.stringify(data.result));
34.      console.info('code:' + JSON.stringify(data.responseCode));
35.      // data.header 为 http 响应头,可根据业务需要进行解析
36.      console.info('header:' + JSON.stringify(data.header));
37.      console.info('cookies:' + JSON.stringify(data.cookies)); // 8+
38.    } else {
39.      console.info('error:' + JSON.stringify(err));
40.      // 取消订阅 http 响应头事件
41.      httpRequest.off('headersReceive');
42.      // 当该请求使用完毕时,调用 destroy 方法主动销毁
43.      httpRequest.destroy();
44.    }
45.  }
46. );
```

下面去掉上文中所有的非必要信息,来演示如何在实际开发中使用 request 模块发送 http 请求并使用返回的数据。

```
1.  //Internet/entry/src/main/ets/pages/httprequest.ets
2.  import http from '@ohos.net.http';
3.  let httprequest = http.createhttp();
4.
5.  @Entry
6.  @Component
7.  struct httprequest {
8.    @State message: string = 'Hello World'
9.
10.   build() {
11.     Row() {
12.       Column() {
13.         Text(this.message)
14.           .fontSize(50)
15.           .fontWeight(FontWeight.Bold)
16.         // @ts-ignore
17.         Button('发送 http 请求').onClick(() => this.sendrequest())
18.       )
19.     }
20.     .width('100%')
21.   }
22.   .height('100%')
23. }
24. //将发送请求封装到一个函数里
25. sendrequest()
26. {
27.   httprequest.request(
28.     "https://yuanxiapi.cn/api/Aword",
29.     {
30.       method: http.requestMethod.POST, // 可选,默认为 http.requestMethod.GET
31.       // 开发者根据自身业务需要添加 header 字段
32.       header: {
33.         'Content-Type': 'application/json'
34.       },
35.     }, (err, data) => {
36.       if (!err) {
37.         // @ts-ignore
38.         let mes = JSON.parse(data.result).duanju
39.         this.message = mes
```

```
40.         } else {
41.           console.info('error:' + JSON.stringify(err));
42.           // 当该请求使用完毕时,调用 destroy 方法主动销毁
43.           httprequest.destroy();
44.         }
45.       }
46.     );
47.   }
48. }
```

以上代码向 https://yuanxiapi.cn/api/Aword 接口中发送了一个 post 请求,此接口是一个公共测试接口,任何人向其发送请求都会获得一段随机的话,在经过简单的 Json 处理之后,将获取到的内容渲染到页面上,如图 8-1 所示。

图 8-1　使用 request 获取数据

8.2　使用 Axios 第三方库进行网络请求

除了使用官方为开发者提供的 httprequest 方法外,更便捷的方式是在开发中使用 Axios 第三方库。Axios 是一个基于 promise 的 http 库,是目前为止使用的最广泛的 JS 网络请求库,相较于 hrrprequest,Axios 提供了更多更强大的功能,并且目前已经完美适配了 ArkTS 开发环境,所以在这里更建议使用 Axios 库进行开发,所以在接下来的内容中将会用更多的篇幅介绍 Axios 库的使用。

1. 下载安装

```
1.   ohpm install @ohos/axios
```

Axios 安装方式与前文中提到的 fileio 库安装方式相同,只需要将库名替换为 @ohos/

axios 即可。

2. 使用示例

在使用 Axios 前,开发者可以对 Axios 进行一些全局配置,这些选项不是必需的,但有助于减少开发者后续的工作量。全局配置将作用于每个请求。

1) 全局 Axios 默认值

```
1.    axios.defaults.baseURL = 'https://www.xxx.com';
2.    axios.defaults.headers.common['Authorization'] = AUTH_TOKEN;
3.    axios.defaults.headers.post['Content-Type'] = 'application/x-www-form-urlencoded';
```

在以上配置中制定了 Axios 请求的 baseURL,也就是说在之后的请求中,开发者不需要再写重复冗长的请求基地址,只需要填入指定的接口名称即可。比如在今后的开发中 url 可以从 https://www.xxx.com/user 简化为/user。接下来的两项则配置了请求头信息。

2) 使用 Axios 发送一个 GET 请求

```
1.    import axios from '@ohos/axios'
2.
3.    // 向给定 ID 的用户发起请求
4.    axios.get('/user?ID = 12345')
5.      .then((response) => {
6.      // 处理成功情况
7.      console.info(JSON.stringify(response));
8.    })
9.      .catch(function (error) {
10.     // 处理错误情况
11.     console.info(JSON.stringify(error));
12.   })
13.     .then(function () {
14.     // 总是会执行
15.   });
16.
17.   // 上述请求也可以按以下方式完成(可选)
18.   axios.get('/user', {
19.    params: {
20.     ID: 12345
21.    }
22.   })
23.     .then(function (response) {
24.     console.info(JSON.stringify(response));
25.   })
26.     .catch(function (error) {
27.     console.info(JSON.stringify(error));
28.   })
29.     .then(function () {
30.     // 总是会执行
31.   });
32.
33.   // 支持 async/await 用法
34.   async function getUser() {
35.    try {
36.     const response = await axios.get('/user ID = 12345');
37.     console.log(JSON.stringify(error));
38.    } catch (error) {
39.     console.error(JSON.stringify(error));
40.    }
```

41.   }

3）使用 Axios 发送 POST 请求

```
1.   axios.post('/user', {
2.     firstName: 'Fred',
3.     lastName: 'Flintstone'
4.   })
5.   .then(function (response) {
6.     console.info(JSON.stringify(response));
7.   })
8.   .catch(function (error) {
9.     console.info(JSON.stringify(error));
10.  });
```

除了常见的 GET 和 POST 请求外，Axios 还支持 request、delete、put 请求，以上请求方式读者可查询 Axios 库的使用方法，在 ArkTS 中使用 Axios 库与在 JS 及 TS 环境中使用方法相同。

除了使用 Axios 的 GET 或 POST 方法发送请求外，Axios 也支持使用配置信息来发送请求，通俗地讲，就是在传递给 Axios 的配置信息内指定请求方法。如下代码所示。

```
1.   axios({
2.     method: "get",
3.     url: 'https://www.xxx.com/info'
4.   }).then(res => {
5.     console.info('result:' + JSON.stringify(res.data));
6.   }).catch(error => {
7.     console.error(error);
8.   })
```

4）Axios 的响应信息

一个请求的响应包含以下信息。

```
1.   {
2.     // `data` 由服务器提供的响应
3.     data: {},
4.
5.     // `status` 来自服务器响应的 http 状态码
6.     status: 200,
7.
8.     // `statusText` 来自服务器响应的 http 状态信息
9.     statusText: 'OK',
10.
11.    // `headers` 是服务器响应头
12.    // 所有的 header 名称都是小写,而且可以使用方括号语法访问
13.    // 例如: `response.headers['content-type']`
14.    headers: {},
15.
16.    // `config` 是 Axios 请求的配置信息
17.    config: {},
18.
19.    // `request` 是生成此响应的请求
20.    request: {}
21.  }
```

后端服务器返回的自定义信息将会封装在 response 的 data 属性中，假设后端封装了一个名为 account 的信息，则可通过 response.data.account 直接获取，也就是说开发者不再需

要使用额外的库去解析后端返回的内容,这也是本书为什么推崇使用 Axios 库而不是使用 ArkTS 默认的请求方式的原因之一。获取 reponse 信息代码如下。

```
1.    axios.get('/user/12345')
2.    .then(function (response) {
3.      console.log(response.data);
4.      console.log(response.status);
5.      console.log(response.statusText);
6.      console.log(response.headers);
7.      console.log(response.config);
8.    });
```

5)上传下载文件

除了简单的发送请求和接收数据外,Axios 还为开发者提供了上传下载文件的方法,上传文件需要额外的导入 Axios 下的 FormData 模块,使用方法如下代码所示。

```
1.   import axios from '@ohos/axios'
2.   import { FormData } from '@ohos/axios'
3.   import fs from '@ohos.file.fs';
4.
5.   // ArrayBuffer
6.   var formData = new FormData()
7.   let cacheDir = globalThis.abilityContext.cacheDir
8.   try {
9.     // 写入
10.    let path = cacheDir + '/hello.txt';
11.    let file =   fs.openSync(path , fs.OpenMode.CREATE | fs.OpenMode.READ_WRITE)
12.    fs.writeSync(file.fd, "hello, world");        // 以同步方法将数据写入文件
13.    fs.fsyncSync(file.fd);                         // 以同步方法同步文件数据
14.    fs.closeSync(file.fd);
15.
16.    // 读取
17.    let file2 = fs.openSync(path, 0o2);
18.    let stat = fs.lstatSync(path);
19.    let buf2 = new ArrayBuffer(stat.size);
20.    fs.readSync(file2.fd, buf2);                   // 以同步方法从流文件读取数据
21.    fs.fsyncSync(file2.fd);
22.    fs.closeSync(file2.fd);
23.
24.    formData.append('file', buf2, 'hello.txt');
25.   }catch(err){
26.    console.info('err:' + JSON.stringify(err));
27.   }
28.   // 发送请求
29.   axios.post('https://www.xxx.com/upload', formData, {
30.    headers: { 'Content-Type': 'multipart/form-data' },
31.    context: globalThis.abilityContext,
32.    onUploadProgress:(progressEvent: any ):void => {
33.     console.info(Math.ceil(progressEvent.loaded/progressEvent.total * 100) + '%');
34.    },
35.   }).then((res) => {
36.    console.info("result" + JSON.stringify(res.data));
37.   }).catch(error => {
38.    console.error("error:" + JSON.stringify(error));
39.   })
```

通过以下代码可以实现下载文件的功能。

```
1.    let filePath = globalThis.abilityContext.cacheDir + '/blue.jpg'
2.    // 如果文件已存在,则先删除文件
3.    try {
4.      fs.accessSync(filePath);
5.      fs.unlinkSync(filePath);
6.    } catch(err) {}
7.
8.    axios({
9.      url: 'https://www.xxx.com/blue.jpg',
10.     method: 'get',
11.     context: globalThis.abilityContext,
12.     filePath: filePath ,
13.     onDownloadProgress: (progressEvent:any):void => {
14.       console.info("progress: " + Math.ceil( progressEvent.loaded/progressEvent.total * 100 ))
15.     }
16.   }).then((res) =>{
17.     console.info("result: " + JSON.stringify(res.data));
18.   }).catch((error) =>{
19.     console.error("error:" + JSON.stringify(error));
20.   })
```

3. WebSocket

前面提到的 HTTP 协议是一种基于请求-响应模式的协议,即客户端向服务器发送请求,服务器返回相应结果后立即关闭连接,而 WebSocket 协议通过单个长久的连接,在客户端和服务器之间建立全双工通信,双方都可以主动发送和接收数据。它定义了浏览器和服务器之间进行全双工通信的规范。WebSocket 协议基于 TCP 协议,通过一次协议握手建立连接,连接建立后,双方可以通过该连接进行双向通信。相比于传统的 HTTP 协议,在 WebSocket 中不需要频繁地发送请求和响应,而是保持一个持久化的连接状态,实现实时性更强的数据传输。WebSocket 协议非常适用于需要实时更新数据或进行实时交互的应用场景,例如实时聊天、在线游戏、股票行情等。

使用 WebSocket 建立服务器与客户端的双向连接,需要先通过 createWebSocket()方法创建 WebSocket 对象,然后通过 connect()方法连接到服务器。当连接成功后,客户端会收到 open 事件的回调,之后客户端就可以通过 send()方法与服务器进行通信。当服务器发信息给客户端时,客户端会收到 message 事件的回调。当客户端不需要此连接时,可以通过调用 close()方法主动断开连接,之后客户端会收到 close 事件的回调。

1) WebSocket 开发步骤

(1) 导入需要的 webSocket 模块。

(2) 创建一个 WebSocket 连接,返回一个 WebSocket 对象。

(3) (可选)订阅 WebSocket 的打开、消息接收、关闭、Error 事件。

(4) 根据 URL 地址,发起 WebSocket 连接。

(5) 使用完 WebSocket 连接之后,主动断开连接。

简单使用方法代码如下。

```
1.    import webSocket from '@ohos.net.webSocket';
2.
3.    var defaultIpAddress = "ws://";
4.    let ws = webSocket.createWebSocket();
5.    ws.on('open', (err, value) => {
```

```
6.    console.log("on open, status:" + JSON.stringify(value));
7.    // 当收到 on('open')事件时,可以通过 send()方法与服务器进行通信
8.    ws.send("Hello, server!", (err, value) => {
9.      if (!err) {
10.       console.log("Message sent successfully");
11.     } else {
12.       console.log("Failed to send the message. Err:" + JSON.stringify(err));
13.     }
14.    });
15.  });
16.  ws.on('message', (err, value) => {
17.    console.log("on message, message:" + value);
18.    // 当收到服务器的`bye`消息时(此消息字段仅为示意,具体字段需要与服务器协商),主动
       // 断开连接
19.    if (value === 'bye') {
20.     ws.close((err, value) => {
21.       if (!err) {
22.         console.log("Connection closed successfully");
23.       } else {
24.         console.log("Failed to close the connection. Err: " + JSON.stringify(err));
25.       }
26.     });
27.    }
28.  });
29.  ws.on('close', (err, value) => {
30.    console.log("on close, code is " + value.code + ", reason is " + value.reason);
31.  });
32.  ws.on('error', (err) => {
33.    console.log("on error, error:" + JSON.stringify(err));
34.  });
35.  ws.connect(defaultIpAddress, (err, value) => {
36.    if (!err) {
37.      console.log("Connected successfully");
38.    } else {
39.      console.log("Connection failed. Err:" + JSON.stringify(err));
40.    }
41.  });
```

下面以一个聊天室程序演示如何在实际开发中使用 WebSocket,以下的代码示例中用到了服务端代码,为了方便演示,使用了 Node.JS 下的 ws 库开发了一个简单的后端程序处理客户端之间的信息交流,读者可从本书的仓库里下载对应的程序 serve.js。

serve.js 依赖 Node 环境下的 ws 库,读者需要在 serve.js 目录下执行以下命令。

```
1.  node install   ws   -- save
```

接着使用以下命令启动 serve。

```
1.  node serve.js
```

在提供的代码里,serve 程序在 23456 端口执行,读者可自行更改。

```
1.  //Internet/entry/src/main/ets/pages/WebSockets.ets
2.  import webSocket from '@ohos.net.webSocket';
3.  import router from '@ohos.router';
4.  var defaultIpAddress = "ws://10.168.53.121:23456";
5.
6.  @Entry
7.  @Component
```

```
8.    struct WebSocket {
9.     @State message: string = 'Hello World'
10.    ws = webSocket.createWebSocket();
11.    username:string = "匿名"
12.
13.    build() {
14.     Row() {
15.      Column() {
16.       TextInput({ placeholder: '请输入你的用户名或以匿名形式进入聊天室',text:''}).
          margin({ top: 20 })
17.        .onChange((EnterKeyType) =>{
18.         // @ts-ignore
19.         this.username = EnterKeyType
20.         console.log(this.username)
21.        })
22.       Button("进入聊天室").onClick(() =>{   this.ws.connect(defaultIpAddress, (err,
          value) => {
23.        if (!err) {
24.         console.log("Connected successfully");
25.         AppStorage.SetOrCreate('ws', this.ws);
26.         this.ws.send(this.username, (err, value) => {
27.          if (!err) {
28.           console.log("Message sent successfully");
29.          } else {
30.           console.log("Failed to send the message. Err:" + JSON.stringify(err));
31.          }
32.         });
33.         router.pushUrl({url:'pages/ChatRoom',
34.         })
35.        } else {
36.         console.log("Connection failed. Err:" +
           JSON.stringify(err));
37.        }
38.       });
39.
40.       })
41.
42.      }
43.      .width('100%')
44.     }
45.     .height('100%')
46.    }
47.   }
```

以上代码会尝试与服务器建立连接,建立连接后用户可选择以匿名的形式进入聊天室,或者创建自己的用户名。读者在运行此代码前,应将 defaultIpAddress 更改为自己的服务器地址,端口号可以在本书提供的 serve.js 文件里进行更改。运行结果如图 8-2 所示。

接着进入聊天室界面,在此用户发送信息。当用户第一次进入聊天室时,代码会将用户名称发送给服务器,服务器会将用户名保存,当用户发送信息时,服务器就会将用户名称与用户发送的信息转发给所有建立双工通信的客户端。代码如下所示。

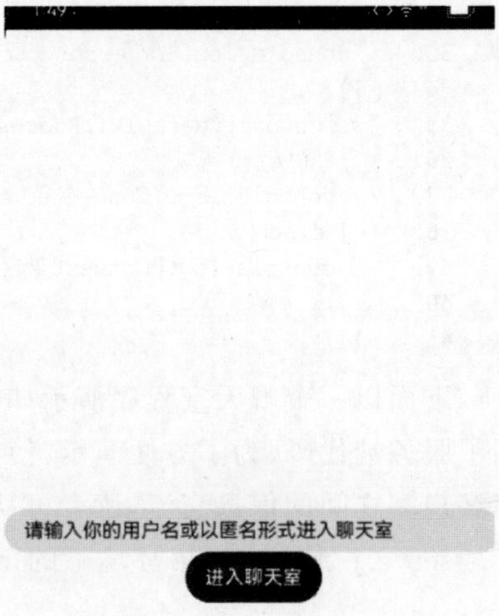

图 8-2 初始界面

```
1.   //Internet/entry/src/main/ets/pages/ChatRoom.ets
2.   import util from '@ohos.util';
3.   let ws = AppStorage.Get('ws')
4.
5.   //用于存储信息的类
6.   class Message {
7.
8.    key: string = util.generateRandomUUID(true);  message: string;
9.    constructor( message: string) {
10.     this.message = message;
11.   }
12.  }
13.  let initialMessages: Array<Message> = [];
14.  initialMessages.push(new Message("欢迎加入聊天室"))
15.  AppStorage.SetOrCreate('Message',initialMessages)
16.
17.
18.  @Entry
19.  @Component
20.  struct ChatRoom {
21.   //存储聊天室信息
22.   @StorageLink('Message') Messages:Array<Message> = []
23.   ws = ws
24.   mes:string = null
25.   build() {
26.    Row() {
27.     Column() {
28.      List() {
29.       //用于展示聊天信息
30.       ForEach(this.Messages, (item: Message) => {
31.        ListItem() {
32.         Row() {
33.          // Text(item.ip).fontColor(10)
34.          Text(item.message).fontSize(20)
35.         }
36.         .width('100%')
37.         .justifyContent(FlexAlign.Start)
38.        }
39.       }, item => item.key)
40.      }
41.      .width('100%').height('80%')
42.      //输入信息文本框
43.      TextInput({ placeholder: '',text:''}).margin({ top: 20 })
44.       .onChange((EnterKeyType) =>{
45.        // @ts-ignore
46.        this.mes = EnterKeyType
47.       })
48.      //发送信息
49.      Button("发送").onClick(() =>
50.      {
51.       if (this.mes != null)
52.       {
53.        // @ts-ignore
54.        this.ws.send(this.mes,(err, value) => {
55.         if (!err) {
56.          console.log("Message sent successfully");
57.         } else {
58.          console.log("Failed to send the message. Err:" + JSON.stringify(err));
59.         }
```

```
60.          });
61.        }
62.
63.      })
64.    }
65.    }
66.    .width('100%').height('100%')
67.    }
68.
69.  }
70.
71.  // @ts-ignore
72.  ws.on('message', (err, value) => {
73.    console.log("on message, message:" + value);
74.    initialMessages.push(new Message(value))
75.    AppStorage.SetOrCreate('Message', initialMessages)
76.
77.    // 当收到服务器的`bye`消息时(此消息字段仅为示意,具体字段需要与服务器协商),主动
       // 断开连接
78.    if (value === 'bye') {
79.      // @ts-ignore
80.      ws.close((err, value) => {
81.        if (!err) {
82.          console.log("Connection closed successfully");
83.        } else {
84.          console.log("Failed to close the connection. Err: " + JSON.stringify(err));
85.        }
86.      });
87.    }
88.  });
```

上述代码用于向服务器发送信息,服务器接收信息后会将信息同步发送给所有聊天室中的用户。运行结果如图 8-3 所示。

图 8-3 聊天室界面

除去以上介绍到的 HTTP 请求和 WebSocket 通信协议，ArkTS 还为开发者提供了更基础的 Socket 接口编写以面对定制化的应用场景，在本书中不再讲解，读者如有需要可自行学习。

8.3 本章小结

本章主要介绍了在鸿蒙系统中进行网络与连接相关的操作，重点包括 HTTP 数据请求的基本概念和使用 Axios 第三方库进行网络请求的方法。在鸿蒙系统中，通过 HTTP 数据请求可以实现与服务器端的数据交互，获取远程数据以及发送数据请求。使用 Axios 这样的第三方库可以简化网络请求的处理，提供便捷的 API 来处理请求和响应。

8.4 课后习题

1. 使用 HTTP 进行数据请求时，下列哪种方法通常用于发送数据？（   ）
   A. GET   B. POST   C. DELETE   D. PUT
2. 在鸿蒙系统中，哪一个第三方库可以用于简化网络请求的编写？（   ）
   A. jQuery   B. Axios   C. lodash   D. moment
3. 在使用 HTTP 进行数据请求时，_____方法用于从服务器获取数据，而_____方法用于向服务器发送数据。
4. 使用 Axios 库进行网络请求时，可以通过_____方法来处理请求的成功响应和_____方法来处理请求的失败响应。
5. 简述在鸿蒙系统中进行 HTTP 数据请求的基本步骤，并说明每个步骤的作用。
6. 使用 Axios 第三方库在鸿蒙系统中实现 GET 请求的示例代码，并解释代码中每个步骤的功能。

第9章

案例展示

本章将展示一些实际案例,通过这些案例,将演示如何使用 HarmonyOS 应用框架和组件来构建功能丰富的应用程序。这些案例将涵盖不同的应用场景和功能,帮助读者更好地理解和掌握 HarmonyOS 应用开发的技巧和方法。

9.1 动画开发中的弹性效果实现

本节将带领读者实现动画中的弹性效果。HarmonyOS 中提供了三种弹簧动画虚线来实现弹性效果,将在本节的案例中展示这三种弹簧曲线的使用方式以及其展示的效果。

本节中使用到的模块主要是@ohos.curves(插值计算)这个模块,在开始之前首先使用 import 导入该模块。

```
1.    import curves from '@ohos.curves';
```

本节将在一个页面中演示 curves 模块中提供的三种弹簧动画曲线。

(1) curves.springCurve:可以通过 curves.springCurve 构造一个弹簧曲线对象,该弹簧曲线对象通过控制初速度、质量、刚度和阻尼这 4 个属性来控制它提供的动画效果。

(2) curves.springMotion:curves.springMotion 构造的弹性动画对象通过控制弹簧自然振动、阻尼系数和弹性动画衔接时长等控制该动画对象。springMotion 对象的特殊之处在于如果对同一对象的同一属性进行多个弹性动画,每个动画会替换掉前一个动画,并继承之前的速度。

(3) curves.reponsiveSpringMotion:curves.reponsiveSpringMotion 对象构造弹性跟手动画曲线对象,该对象是 springMotion 的一种特例。

在本节案例中,要实现上述三个方法,在开始前需要设计 默认的 UI 布局。在声明页面之前,先使用@State 修饰器修饰两个变量 translateY 和 imgPos,这两个变量用于控制 Image 组件的相对移动距离和位置坐标信息。随后在 build 函数中,使用 Stack 组件作为最外部的容器组件,使用第一个 Image 组件用于放置整个 UI 设计的背景图片。第二个组件 Row 用于将本节控制动画的按钮横向放置于页面底部。最后一个 Image 组件则是本节动画效果的主要操作对象,对该 Image 的 translate 属性和 position 属性使用之前定义的 translateY 和 imgPos 变量进行设置,并为该 Image 组件绑定了 onTouch 事件。

完成基本的 UI 设计之后,需要为整个界面实现预期的动画效果。整体逻辑如下:

为 Button 组件 springCurve 绑定 onclik 事件，单击该按钮时触发该事件。在该事件中通过动画效果 curves.springCurve 操作由 @State 修饰的 translate 变量，通过该变量的改变达到对绑定该变量的 Image 组件动画效果的改变。

为第一个 Button 组件绑定的动画效果为 curves.springCurve 对象提供的动画效果，为第二个 Button 组件绑定的动画效果为 curves.springMotion 对象实现。最后一个动画效果在 Image 组件的 onTouch 事件实现，在 onTouch 事件中做了触摸类型判断，如果触摸类型为向上滑动则设置动画效果为 curves.spring-Motion，否则设置动画效果为 curves.responsiveSpringMotion，最后通过改变 imgPos 变量更改 Image 组件的位置。

```
2.    import curves from '@ohos.curves';
3.    @Entry
4.    @Component
5.    struct Index {
6.     @State translateY: number = 0
7.     @State imgPos: {
8.      x: number,
9.      y: number
10.    } = { x: 125, y: 400 }
11.
12.    build() {
13.     Column() {
14.      Stack(){
15.       Image($r("app.media.ground")).width('100%').height('100%')
16.       Row(){
17.        Button('spingCurve')
18.         .fontSize(20)
19.         .backgroundColor('#18183C')
20.         .onClick(() => {
21.          animateTo({
22.           duration: 2000,
23.           curve: curves.springCurve(100, 10, 80, 10)
24.          },
25.          () => {
26.           this.translateY = -20
27.          })
28.         this.translateY = 0
29.         })
30.        Button('spingMotion')
31.         .fontSize(20)
32.         .backgroundColor('#18183C')
33.         .onClick(() => {
34.          animateTo({
35.           duration: 15,
36.           curve: curves.springMotion(0.5, 0.5),
37.           onFinish: () => {
38.            animateTo({
39.             duration: 500,
40.             curve: curves.springMotion(0.5, 0.5),
41.            },
42.            () => {
43.             this.imgPos = { x: 125, y: 400 }
44.            })
45.           }
46.          }, () => {
47.           this.imgPos = { x: 125, y: 150 }
```

```
48.          })
49.        })
50.      }.margin(20)
51.      Image($r("app.media.basketball"))
52.        .width(100)
53.        .height(100)
54.        .translate({ y: this.translateY })
55.        .position(this.imgPos)
56.        .onTouch((event: TouchEvent) => {
57.          if (event.type == TouchType.Up) {
58.            animateTo({
59.              duration: 50,
60.              delay: 0,
61.              curve: curves.springMotion(),
62.              onFinish: () => {
63.              }
64.            }, () => {
65.              this.imgPos = { x: 125, y: 400 }
66.            })
67.          } else {
68.            animateTo({
69.              duration: 50,
70.              delay: 0,
71.              curve: curves.responsiveSpringMotion(),
72.              onFinish: () => {
73.              }
74.            }, () => {
75.              this.imgPos = {
76.                x: event.touches[0].screenX - 100 / 2,
77.                y: event.touches[0].screenY - 100 / 2
78.              }
79.            })
80.          }
81.        })
82.      }
83.      .width('100%')
84.      .height('100%')
85.      .alignContent(Alignment.Bottom)
86.
87.
88.    }
89.    .width('100%')
90.    .height('100%')
91.  }
92. }
```

9.2 Game 2048

本节带来一个综合的开发案例 Game 2048。先来介绍一下 2048 游戏本身。2048 游戏是一款益智类数字合并游戏，玩家需要通过滑动方块，让相同数字的方块合并在一起，直到组合出数字 2048 为止。游戏的规则相对简单，但是要想得到高分并合成更高的数字，则需要一定的策略和技巧。

游戏规则：

（1）游戏面板是一个 4×4 的方格，在开始时，会随机生成两个数字方块（一般是 2 或 4）。

（2）玩家可以通过上、下、左、右滑动操作来移动方块。所有方块会同时朝着滑动的方向移动，如果有两个相同数字的方块在一起滑动，它们就会合并成一个数字的方块，数字为原来两个方块数字的和。

（3）在每次移动后，游戏会随机在空白的方格中生成一个新的数字方块（一般是 2 或 4）。

（4）当玩家成功合并两个方块，生成 2048 数字方块时，游戏胜利。

（5）如果游戏面板被填满且没有可合并的方块，即没有移动可以继续合并方块，游戏结束。

在读者了解游戏大致规则后，将带领读者了解该项目的完整开发流程。如图 9-1 所示，在整个项目中，需要完成四个文件，一个页面文件 Index，将在该文件中完成整个游戏的页面显示。在/util/ColorUtil.ts 文件中实现对游戏中不同数字的颜色选择。

图 9-1　Game2048 项目目录

model 中实现了两个较为重要的业务逻辑，GameController.ts 文件中实现了游戏页面的控制逻辑，该文件负责处理游戏规则和操作，主要包含了 2048 游戏的核心逻辑，包括生成新的方块、移动合并方块、判断游戏是否结束等功能。通过在页面文件 Index.ets 调用相应的方法可以实现游戏中的对应操作。

GameDataSource.ets 文件是一个实现了 IDataSource 接口的 DataSource 类，该类用于在 2048 游戏中提供数据源。GameDataSource 类实现了 IDataSource 接口，用于在 2048 游戏中提供数据源，方便管理游戏面板方块的数据和获取。在构造函数中，通过传入的一维数组，将其转换为二维数组用于存储方块的数据，然后可以通过 totalCount 和 getData 方法获取相应的游戏数据。

接着，需要完成整个游戏的主页面用于交互操作，以下代码为 Index.ets 文件中主要的页面布局设置。既然 2048 游戏的主要操作页面由一个 4×4 大小的网格组成，所以接下来自然想到使用 Grid 组件和 GridItem 组件进行网格布局的设置。完成页面的基本设置之后，通过放置四个 Button 按钮，用于为页面添加交互逻辑，四个按钮分别用于控制 GridItem

组件中方块的移动方向。

```
1.   build() {
2.     Column() {
3.       Column() {
4.         Grid() {
5.           LazyForEach(new GameDataSource(this.flatCellArr), (item) => {
6.             GridItem() {
7.               Text(`${item === 0? '' : item}`)
8.                 .fontSize('85px')
9.                 .fontColor(item <= 4? '#000' : '#fcf8f5')
10.                .fontWeight(FontWeight.Bolder)
11.                .backgroundColor('#f0fff0')
12.                .width('100%')
13.                .height('100%')
14.                .textAlign(TextAlign.Center)
15.                .borderRadius(10)
16.                .backgroundColor(this.colorUtil.getCellBackgroundColor(item))
17.            }
18.          })
19.        }
20.        .columnsTemplate('1fr 1fr 1fr 1fr')
21.        .rowsTemplate('1fr 1fr 1fr 1fr')
22.        .columnsGap(10)
23.        .rowsGap(10)
24.        .width(this.screenSize.x)
25.        .padding(10)
26.        .backgroundColor('rgba(80,69,46,0.26)')
27.        .height(this.screenSize.x)
28.        .borderRadius(10)
29.        Button('向上', { type: ButtonType.Normal })
30.          .borderRadius(5)
31.          .width(100)
32.          .margin({ top: 20 })
33.          .onClick(() => {
34.            this.moveUp()
35.          })
36.        Row() {
37.          Button('向左', { type: ButtonType.Normal })
38.            .borderRadius(5)
39.            .width(100)
40.            .onClick(() => {
41.              this.moveLeft()
42.            })
43.          Button('向右', { type: ButtonType.Normal })
44.            .borderRadius(5)
45.            .width(100)
46.            .margin({ left: 50 })
47.            .onClick(() => {
48.              this.moveRight()
49.            })
50.        }.margin({ top: 20 })
51.
52.        Button('向下', { type: ButtonType.Normal })
53.          .borderRadius(5)
54.          .width(100)
55.          .margin({ top: 20 })
56.          .onClick(() => {
```

```
57.                this.moveDown()
58.            })
59.        }
60.        .alignItems(HorizontalAlign.Center)
61.        .justifyContent(FlexAlign.Center)
62.        .height('100%')
63.        .width('100%')
64.    }
65.    .alignItems(HorizontalAlign.Center)
66.    .justifyContent(FlexAlign.Start)
67.    .width('100%')
68.    .height('100%')
69. }
```

本节的完整代码最终展示出的效果如图 9-2 所示,完整的示例代码将在本书提供的代码仓库中给出。在这个案例中只是实现了 Game 2048 的基础功能,还有许多细节可以优化。例如,没有为整个游戏添加手势操作,整个游戏中滑块的移动需要通过 Button 组件来控制。如果读者有兴趣,可以在本节示例代码的基础上进行修改,进一步对该案例进行优化和改善。

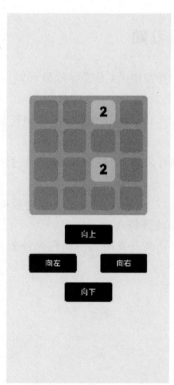

图 9-2 Game 2048 游戏结束和初始页面

9.3 本章小结

在本章中,读者学习了动画开发中的弹性效果实现以及通过一个 Game 2048 游戏案例展示了如何使用 HarmonyOS 的 UI 组件进行开发。

在动画开发中的弹性效果实现中,读者学习了如何使用动画曲线和动画时长来创建弹性动画。通过调整动画曲线的类型和时长,开发者可以实现不同的弹性效果,从而增加界面的交互性和吸引力。而在 Game 2048 案例中,从头开始构建了一个完整的 2048 游戏。此示例使用了 Grid、LazyForEach、CustomDialog 等 HarmonyOS 提供的组件来实现游戏板的布局、游戏逻辑和游戏结束提示,实现了向上、向下、向左和向右移动,并在移动结束后更新游戏状态和分数。游戏还包含了随机生成新数字、判断游戏结束等功能。

通过本章的学习,读者应该能够更加自信地开始进行鸿蒙应用程序的开发。不仅能够熟练地使用鸿蒙提供的 UI 组件和动画功能,还能够通过数据源和控制器来管理应用程序的数据和逻辑,实现更加复杂和功能丰富的应用程序。同时,通过实际案例的学习,读者能够更好地理解应用程序开发的整体流程和架构,为未来的项目开发打下坚实的基础。希望读者通过本章的学习,能够充分掌握鸿蒙应用程序开发的核心概念和技术,进一步提升自己在应用程序开发领域的能力,并能够开发出高质量、高效率的鸿蒙应用程序。无论是在个人项目开发中还是在企业级开发中,这些知识都将是宝贵的资产。祝愿读者在未来的鸿蒙应用程序开发之路上取得更多的成功。

9.4 课后习题

1. 在动画开发中,以下哪种效果可以用来实现自然的过渡和反弹效果?(　　)
   A. 渐变效果　　　B. 弹性效果　　　C. 淡入淡出效果　　D. 旋转效果
2. 在实现 Game 2048 游戏时,哪种数据结构最适合用于表示游戏的网格?(　　)
   A. 树　　　　　　B. 图　　　　　　C. 矩阵　　　　　　D. 队列
3. 在动画开发中,弹性效果通常通过调整动画的_____和_____来实现自然的过渡。
4. 在开发 Game 2048 时,每次移动后需要检查网格中的数字是否可以进行_____操作,以确保游戏的逻辑正确。
5. 解释在动画开发中如何实现弹性效果,并举例说明其应用场景和效果。

第10章

HarmonyOS应用/服务发布

HarmonyOS 通过数字证书与 Profile 文件等签名信息来保证应用/服务的完整性,应用/服务上架到 AppGallery Connect 必须通过签名校验。因此,需要使用发布证书和 Profile 文件对应用/服务进行签名后才能发布。

应用/服务发布到 AppGallery Connect 后,会将应用分发至应用市场,将服务分发至服务中心。消费者便可以通过终端设备上的应用市场 App 获取 HarmonyOS 应用,通过服务中心获取原子化服务。

10.1 发布流程

开发者完成 HarmonyOS 应用/服务开发后,需要将应用/服务打包成 App Pack(.app 文件),用于发布到华为应用市场。发布应用/服务的流程如图 10-1 所示。

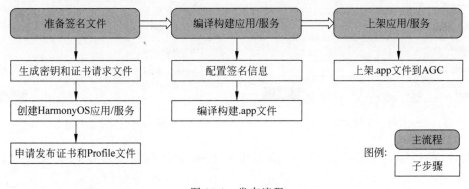

图 10-1 发布流程

10.2 生成密钥和证书请求文件

首先,需要打开 DevEco Studio,菜单选择"Build > Generate Key and CSR"。

随后需要生成 Key Store File,可以单击 Choose Existing 选择已有的密钥库文件(存储有密钥的.p12 文件),跳转后继续配置;如果没有密钥库文件,单击 New 按钮,跳转后进行创建。在 Create Key Store 界面,填写密钥库信息后,单击 OK 按钮。

（1）Key StoreFile：设置密钥库文件存储路径，并填写 p12 文件名。

（2）Password：设置密钥库密码，必须由大写字母、小写字母、数字和特殊符号中的两种以上字符的组合，长度至少为 8 位。请记住该密码，后续签名配置需要使用。

（3）Confirm password：再次输入密钥库密码，如图 10-2 所示。

随后，在 Generate Key and CSR 界面继续填写密钥信息后，单击 Next 按钮。

（1）Alias：密钥的别名信息，用于标识密钥名称。请记住该别名，后续签名配置需要使用。

（2）Password：密钥对应的密码，与密钥库密码保持一致，无须手动输入。

（3）Validity：证书有效期，建议设置为 25 年及以上，覆盖元服务的完整生命周期。

（4）Certificate：输入证书基本信息，如组织、城市或地区、国家码等，如图 10-3 所示。

图 10-2　生成密钥

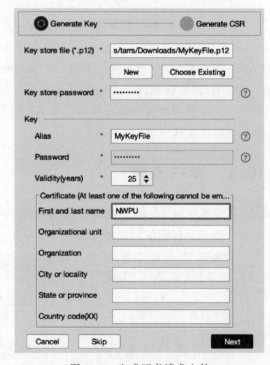

图 10-3　生成证书请求文件

最后，在 Generate Key and CSR 界面设置 CSR 文件存储路径和 CSR 文件名，单击 Finish 按钮。

10.3　申请发布证书

首先，需要读者登录 AppGallery Connect，该网页是华为官方提供的应用发布与认证渠道，直接在浏览器中搜索即可，打开网页后，选择"用户与访问"。在网页左侧的导航栏选择"证书管理"，进入"证书管理"页面，单击"新增证书"，如图 10-4 所示。

随后，在弹出"新增证书"界面填写相关信息后，单击"提交"按钮，如图 10-5 所示。

最后，证书申请成功后，"证书管理"页面会展示生成的证书内容，如图 10-6 所示。

第10章 HarmonyOS应用/服务发布

图 10-4　新增证书

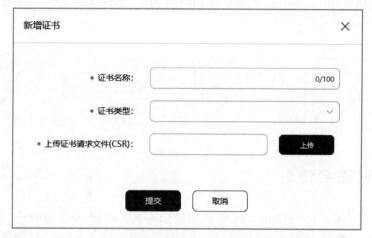

图 10-5　填写证书信息

图 10-6　查看证书

(1) 单击"下载"将生成的证书保存至本地。

(2) 每个账号最多申请 1 个发布证书，如果证书已过期或者无需使用，单击"废除"即可删除证书。

10.4　申请发布 Profile

首先，登录 AppGallery Connect，选择"我的项目"。在"我的项目"中找到需要发布的项目，单击项目卡片中需要发布的元服务。

随后，导航选择"HarmonyOS 应用> HAP Provision Profile 管理"，进入"管理 HAP Provision Profile"页面，单击"添加"按钮，如图 10-7 所示。

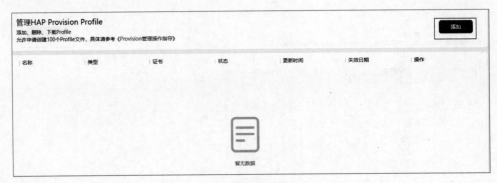

图 10-7　添加许可文件

在 HarmonyAppProvision 信息界面填写相关信息,单击"提交"按钮。申请成功,即可在"管理 HAP Provision Profile"页面查看 Profile 信息,如图 10-8 所示。单击"下载"按钮,将文件下载到本地。

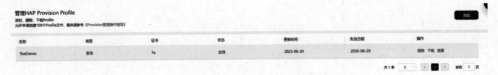

图 10-8　查看许可文件

10.5　配置签名信息

首先,打开 DevEco Studio,菜单选择"File > Project Structure",进入"Project Structure"界面。然后,导航选择"Project",单击"Signing Configs"页签,填写相关信息后,单击 OK 按钮。

(1) Store File:密钥库文件,选择生成密钥和证书请求文件时生成的.p12 文件。

(2) Store Password:密钥库密码,需要与生成密钥和证书请求文件时设置的密钥库密码保持一致。

(3) Key alias:密钥的别名信息,需要与生成密钥和证书请求文件时设置的别名保持一致。

(4) Key password:密钥的密码,需要与生成密钥和证书请求文件时设置的密码保持一致。

(5) Sign alg:固定设置为"SHA256withECDSA"。

(6) Profile file:选择申请发布 Profile 时下载的.p7b 文件。

(7) Certpath file:选择申请发布 Profile 时下载的.cer 文件。

10.6　编译打包

首先,打开 DevEco Studio,菜单选择"Build > Build Hap(s)/APP(s)> Build APP(s)"。然后,等待编译构建签名的 HarmonyOS 应用/元服务,编译完成后,将在工程目录"build > output > app > release"目录下,获取可用于上架的软件包。

(1) API 9 以前的应用/元服务软件包获取路径:工程目录 build > output > app >

release 目录。

(2) API 9 应用/元服务软件包获取路径：工程目录 build > output > default 目录。

10.7　上架 HarmonyOS 应用/元服务

首先，登录 AppGallery Connect，选择"我的应用"。在应用列表首页中单击"HarmonyOS 应用"页签，如图 10-9 所示。

图 10-9　上架文件

然后，单击待发布的应用/元服务，在左侧导航栏选择"应用信息"菜单。填写应用的基本信息，如语言、应用名称、应用介绍等，上传应用图标，待所有配置完成后单击"保存"按钮。最后，填写版本信息，如发布国家或地区、上传软件包、提交资质材料等，所有配置完成后单击右上角"提交审核"按钮。

10.8　本章小结

在本章中，详细讲解了 HarmonyOS 应用和服务的发布流程，包括生成密钥和证书请求文件、申请发布证书和 Profile、配置签名信息、编译打包以及上架应用或元服务。通过本章的学习，读者应掌握 HarmonyOS 应用和服务发布的完整流程，理解每个环节的具体操作步骤和注意事项，能够顺利完成应用的发布和上架。

10.9　课后习题

1. 在发布 HarmonyOS 应用时，生成密钥和证书请求文件的主要目的是（　　）。
   A. 提高应用的性能　　　　　　　　B. 确保应用的安全性和身份验证
   C. 增加应用的功能　　　　　　　　D. 优化应用的界面
2. 上架 HarmonyOS 应用/元服务的最后一步是（　　）。
   A. 编译打包　　　　　　　　　　　B. 配置签名信息
   C. 申请发布 Profile　　　　　　　　D. 提交审核并发布
3. 在发布 HarmonyOS 应用的过程中，申请发布证书是为了确保应用具有合法的_____和_____。
4. 配置签名信息的步骤中，需要使用生成的_____和_____来对应用进行数字签名。
5. 简述 HarmonyOS 应用的发布流程，包括关键步骤和每个步骤的重要性。
6. 为了在 HarmonyOS 上发布应用或服务，为何需要生成密钥和证书请求文件？这些文件的作用是什么？

参 考 文 献

[1] 李忠起,郭文文.鸿蒙开发对高职学生的机遇和挑战[J].家电维修,2024,(05):45-47.
[2] 倪雨晴,宋豆豆.华为鸿蒙生态新动作[N].21世纪经济报道,2024-04-12(002).DOI:10.28723/n.cnki.nsjbd.2024.001361.
[3] 刘小芬.鸿蒙系统架构及应用程序开发研究[J].电脑编程技巧与维护,2021,(12):3-5+12.DOI:10.16184/j.cnki.comprg.2021.12.001.
[4] 李艳,刘丹,田小东,等.HarmonyOS特点与应用前景分析[J].通信与信息技术,2019,(05):85-87.
[5] 李冲.鸿蒙系统:万物互联将成现实[J].华东科技,2021,(07):14-15.
[6] 王鹏飞.鸿蒙操作系统进入高职教育的前景展望[J].科技风,2021,(34):76-78.DOI:10.19392/j.cnki.1671-7341.202134026.
[7] 陈学雷,阎敬业,徐怡冬,等.宇宙黑暗时代探路者——鸿蒙计划[J].空间科学学报,2023,43(01):43-59.
[8] 孙永杰.鸿蒙OS大一统需产业合力[J].通信世界,2021,(01):9.DOI:10.13571/j.cnki.cww.2021.01.003.
[9] 刘婷宜.鸿蒙操作系统即将正式发布华为开辟全新时代[J].通信世界,2021,(11):9.DOI:10.13571/j.cnki.cww.2021.11.003.
[10] 孙鑫.华为鸿蒙操作系统的用户采纳研究[D].武汉:华中科技大学,2021.DOI:10.27157/d.cnki.ghzku.2021.005929.
[11] 冯昭.鸿蒙突围[J].中国品牌,2021,(07):46-50.
[12] 龙军,赵冬冬,茅维.HarmonyOS分布式流转的应用开发研究[J].电脑知识与技术,2023,19(35):50-52.DOI:10.14004/j.cnki.ckt.2023.1854.
[13] 贾丽.华为鸿蒙HarmonyOS3即将登场形成生态尚需时日[N].证券日报,2022-07-19(A03).DOI:10.28096/n.cnki.ncjrb.2022.002861.